作物病虫害气象监测预报技术

王纯枝　郭安红　著

气象出版社
China Meteorological Press

内容简介

病虫害是导致农业减产的重要生物灾害。病虫害的发生发展与最佳防治窗口期和气象条件密切相关,做好病虫害气象监测预报是"虫口夺粮""端牢中国饭碗"的重要环节,关乎国家粮食安全。针对绿色精准防控、应急防控需求,为了适应现代化农业稳产增产和保障我国粮食安全的需要,满足相关业界人士了解和掌握作物病虫害气象监测预报技术等相关信息,本书介绍了我国主要农作物病虫害发生发展气象等级预报技术,包括三大作物(小麦、玉米、水稻)病虫害短期、中长期发生发展气象等级预报技术;我国重大流行性、迁飞性病虫害有20多种,受外来入侵草地贪夜蛾等远距离迁飞性害虫的影响,近几年我国粮食生产形势面临较大威胁,给我国粮食安全带来较大影响,因此本书对重大迁飞性害虫迁飞轨迹气象模拟技术及病虫害气候风险评估技术、业务系统也进行了较详细的介绍;并就主要病虫害生理气象指标以及防控对策建议进行了简要的分析。本书可为农业、气象、植保、科研、教育、防灾减灾等相关行业从业人员提供参考和技术支持。

图书在版编目(CIP)数据

作物病虫害气象监测预报技术 / 王纯枝,郭安红著
. -- 北京 : 气象出版社,2024.5
ISBN 978-7-5029-8193-8

Ⅰ. ①作… Ⅱ. ①王… ②郭… Ⅲ. ①作物-病虫害防治 Ⅳ. ①S435

中国国家版本馆CIP数据核字(2024)第092761号

ZUOWU BINGCHONGHAI QIXIANG JIANCE YUBAO JISHU

作物病虫害气象监测预报技术

王纯枝 郭安红 著

出版发行:气象出版社

地 址:北京市海淀区中关村南大街46号		邮政编码:100081	
电 话:010-68407112(总编室) 010-68408042(发行部)			
网 址:http://www.qxcbs.com		E-mail:qxcbs@cma.gov.cn	
责任编辑:张锐锐 吕厚荃		终 审:张 斌	
责任校对:张硕杰		责任技编:赵相宁	
封面设计:地大彩印设计中心			
印 刷:北京建宏印刷有限公司			
开 本:710 mm×1000 mm 1/16		印 张:17.75	
字 数:370千字			
版 次:2024年5月第1版		印 次:2024年5月第1次印刷	
定 价:98.00元			

本书如存在文字不清、漏印以及缺页、倒页、脱页等,请与本社发行部联系调换。

序　一

　　农作物病虫害是影响农业生产的重要生物灾害,农作物病虫害的发生发展与气象条件有很大的关系,其频发重发是制约粮食高产稳产的重要因素之一。在气候变化背景下,农作物病虫害的发生发展形势愈加严峻,农作物病虫害监测、预防与防御是未来中国长期面临的一个重要课题,它对端牢"中国饭碗"尤为重要。

　　为充分发挥气象防灾减灾的第一道防线作用,中国气象局在"监测精密、预报精准、服务精细"的理念和目标引领下,中央气象台和各省(区、市)气象局共同担负着全国农作物病虫害的气象精密监测、精准预报和精细服务的重要使命。中央气象台从 2007 年开始系统地研究作物病虫害气象监测预报和服务业务技术体系,经过十多年持续不断的努力,至今已建立了稳定的作物病虫害发生发展和防治气象预报业务流程,制作发布了相关服务产品,取得了良好的社会经济效益。

　　王纯枝同志牵头撰写的《作物病虫害气象监测预报技术》是对多年来科学研究成果和一线业务技术应用的提炼和整理。其主要面向当前国家和地方气象部门病虫害气象监测预报业务与服务,既照顾到业务服务需求,做到内容具体翔实,又兼顾了技术的先进性和应用的可行性。对尚处于不断发展与完善中的中国农作物病虫害气象监测预报和风险预警业务,提供了重要的参考信息和应用技术借鉴。

　　《作物病虫害气象监测预报技术》从作物病虫害与气象条件的关系入手,对病虫害气象监测预报的概念、术语、定义、等级划分、准确性检验、全球和我国主要农作物病虫害发生概况等做了系统分析。在此基础上,详细介绍了分作物、分灾种作物病虫害气象等级预报的资料基础和技术方法,害虫迁飞扩散的气象模拟预报技术和方法,病虫害气象风险评估技术和国家级病虫害气象等级监测预报业务服务系统。

随着气候变化的延续,天气气候的极端性越来越强、越来越频繁,作物病虫害气象监测预报也更具挑战性。《作物病虫害气象监测预报技术》作为全国作物病虫害气象监测预报业务的起点,还需深入研究、不断应用,以期取得更多成果和效益,为全国农业气象业务的发展、作物病虫害防御气象保障贡献力量。

（中国工程院院士　李泽椿）

2023 年 12 月

序　二

　　与气候变暖相对应,农业病虫害越冬基数持续偏高、繁衍代数增加、扩散蔓延速度和范围扩大,加之近年来种植结构的改变、品种的更新、耕作制度和经营方式的变化,我国作物病虫害灾变规律发生了新变化。一些迁飞性和流行性病虫害暴发频率增加,地域性和偶发性病虫害发生范围扩大、危害程度增加。我国作物病虫害总体呈多发、重发态势,日益成为农业增产和农产品品质提高不可忽视的制约因素,其防控形势愈加严峻。因此,做好作物病虫害气象监测预报预警对农业防灾减灾、保障国家粮食安全具有重要意义。

　　作物病虫灾害的监测预警和防治,尤其离不开气象部门的大力支持和及时服务。中国气象局不仅能够实时接收全球气象观测和预报数据,而且能快速处理高、低空风动力场等数据,及时做出不同时效的天气预报和气候趋势预测。难能可贵、令人欣喜的是,气象系统还有一支从事作物病虫害气象研究和监测预警业务服务的专业团队,建立并开展了稳定运行的全国农业病虫害气象监测预报业务,为作物病虫害的防治工作提供了强有力的气象保障。

　　《作物病虫害气象监测预报技术》是作者在该领域多年技术研发和业务建设的成果总结,并在长期的业务实践中得到了应用检验和不断完善。这是一本系统论述农作物病虫害气象监测预报知识和技术的专业著作,内容涵盖了作物病虫害发生发展与气象要素的关系,小麦赤霉病、蚜虫、条锈病、白粉病发生发展气象等级预报技术,草地贪夜蛾、玉米螟发生发展气象等级预报技术,稻瘟病、稻飞虱、稻纵卷叶螟等发生发展气象等级预报技术,害虫迁飞扩散气象模拟预报、病虫害气候风险评估、病虫害生理气象指标及防控建议、病虫害气象等级预报业务系统等。理论与实践相结合，知识与技术相结合，具有内容丰富、技术可靠、应用性强的鲜明特点。

　　《作物病虫害气象监测预报技术》作为植保与气象交叉研究与应用的新成果，在一定程度上满足了作物病虫害防御气象保障相关知识和技能的需求，可更好地促进植保与气象的融合，科研与业务的结合，力争作物病虫害防治实践发挥事半功倍的效果。本书既是气象、农业等部门从事病虫害监测预测专业人员的参考书和工具书，对作物病虫害相关领域的教学、科研、防灾减灾等从业人员也具有参考价值。

（中国工程院院士　吴孔明）

2023 年 12 月

前　言

　　农作物病虫害是我国主要的自然灾害之一,具有种类多、影响范围大、发生频繁等特点。我国重要的农作物病虫、草、鼠害达 1400 多种,其中重大流行性、迁飞性病虫害有 20 多种。一般年份,我国每年粮食产量因病虫、鼠害损失 10％～15％,棉花减产 20％以上,经济损失年均超过 100 亿元。近年随着全球气候变暖和部分地区生态环境恶化,病虫害的流行呈现加重趋势,我国每年农作物主要病虫害发生面积平均在 3 亿 hm² 次以上。2019 年入侵我国的外来有害生物草地贪夜蛾,其每年在非洲 12 个国家的危害可造成玉米减产 830 万～2060 万 t,相当于损失 4000 万人到 1 亿人的口粮,并带来因大量使用化学农药防控而导致的人类健康和生态环境安全问题。气候变暖后各种病虫出现的范围也可能向高纬地区延伸,目前局限在热带的病原和寄生组织将会蔓延到亚热带甚至温带地区。农作物病虫害的频繁为害和大范围流行对我国国民经济,特别是对农业生产乃至粮食安全"国之大者"产生重大影响。

　　病虫害的发生发展与气象条件有着非常密切的关系,气象因子常常是病虫害暴发的直接驱动因子。另外,1949 年以来我国作物种植依据农业气候区划逐渐走向区域化、集约化,作物高产品种也不断推陈出新,大面积单一品种种植造成了对作物病虫害抗性降低。因天气气候条件和种植品种的同质性,病虫害的发生发展乃至流行都呈现区域性的特点。因此,开展农作物病虫害发生发展气象等级监测预报,发挥气象部门气象防灾减灾第一道防线作用,对植保等有关部门提前开展绿色精准防控、减少化学农药使用、保障国家粮食生产安全和农业可持续发展具有重要意义。

　　气象部门自 20 世纪 80 年代就开始对小麦、水稻等农作物病虫害发生发展与气象条件的关系作了较为深入的研究,建立了小麦赤霉病、稻瘟病等发生发展的气象指标。2007年开始,气象部门深入开展了气象条件对病虫害发生发展影响的理论研究和业务服务,在2008—2009年中国气象局基础建设项目、2015—2016年气象关键技术集成与应用重点项目、2011—2014年和2013—2015年公益性行业(气象)科研专项、2018—2021年国家重点研发计划项目、2019年中国气象局国内外作物产量气象预报专项、2021—2022年中国气象局创新发展专项、2022年乡村振兴专项等的支持下,国家气象中心先后联合江苏、安徽、四川、重庆、吉林、湖北、云南等省(市)农业气象业务科研部门,研究建立了小麦赤霉病、水稻稻瘟病、小麦蚜虫、玉米螟、玉米草地贪夜蛾等发生发展的一系列气象指标和模型,进一步深入开展了玉米草地贪夜蛾等迁飞型害虫迁飞的大气动力机制研究,建立了农作物主要病虫害发生发展气象等级预报和害虫迁飞轨迹模拟等业务技术方法和网络版业务服务平台,全国作物病虫害气象监测预报的精细化和准确率不断提高,逐步形成了病虫害气象等级动态预报业务能力。

面向"虫口夺粮"、保障国家粮食安全以及气象为农服务的需求,"十三五"期间和"十四五"以来,在一系列项目和相关省(区、市)气象局的支持下,国家气象中心分别针对短时间内迅速增殖的病害,发生发展历时较长的病虫害以及随大气低层风动力迁飞扩散的害虫的不同特点,建立了由促病指数预报、气象适宜度综合指数预报以及害虫迁飞气象模拟预报为核心内容的重大农作物病虫害发生发展气象等级预报技术体系,为病虫害防控关口"虫口夺粮"、绿色防控提供了预报服务技术支撑。农作物病虫害气象等级预报已成为现代农业气象业务的一个重要组成部分。但我国小麦、玉米、水稻种植区域广阔,作物品种多样、抗病虫性差异较大,不同病害感病机制复杂,相关的指标与预报技术仍需进一步细化和完善,在业务应用中,应针对本地气候特点、不同作物品种抗性以及种植管理特点开展本地化应用。

本书是作者团队在十多年作物病虫害气象监测预报领域技术研发和业务建设的相关成果积累和提炼,是面向全国农作物病虫害和外来入侵生物气象监测预报业务和服务的专业参考书。它不仅为全国主要作物病虫害气象监测预报提供必备的基础知识和基本的技术方法,同时也为外来入侵生物气象监测预报技术提供参考,是全国病虫害气象业务服务的基本工具书。同时,本书也可以为其他相关行业和高校人员提供相关知识、技术方法和信息资料。希望通过本书的出版能对相关科研工作者、业务技术等从业人员提供借鉴和帮助。

全书共有 8 章,第 1 章、第 7 章是全国农业气象服务中病虫害气象等级监测预报业务必备的基础知识和背景信息,第 2 至 6 章是全国农业病虫害气象监测预报业务的基本数据需求和技术方法,第 8 章是网络版病虫害业务系统介绍。其中,第 1 章由王纯枝、郭安红撰写,第 2 章第 2 节、第 6 章第 1、2 节由王纯枝撰写;第 2 章第 1 节由徐敏撰写;第 2 章第 3 节、第 6 章第 3 节由郭翔撰写;第 2 章第 4 节、第 6 章第 4 节由张蕾撰写;第 3 章第 1 节由王纯枝、袁福香撰写,第 2 节由袁福香撰写;第 4 章第 1 节由王纯枝、阳园燕撰写,第 2 节由王纯枝、郭瑞鸽撰写;第 4 章第 3 节、第 5 章第 2 节由刘维、王纯枝撰写;第 5 章第 1 节由邓环环、王纯枝、郭安红撰写;第 7 章、第 8 章由王纯枝撰写。全书由王纯枝、郭安红统稿。

本书依托中国气象局和中央气象台对全国农业气象业务的发展规划和项目成果,在具体研发过程中,得到王建林、毛留喜和侯英雨研究员的全力支持和悉心指导。感谢团队的刻苦钻研和通力协作,感谢吕厚荃、霍治国、曾娟、姜玉英、刘万才研究员,黄冲、刘杰、陆明红副研究员和秦华锋高级工程师在资料和撰写等方面提供的帮助和指导。

由于能力和时间有限,编写过程中难免有疏漏,望大家谅解,并不吝批评指正。

作　者

2023 年 8 月于北京

目　录

第1章　作物病虫害发生发展与气象要素的关系

病虫害由两部分组成:病害和虫害。病害主要由真菌、细菌和病毒引发,而虫害则由有害昆虫诱发。俗语道"旱生虫,湿生病",病虫害的发生发展与气象条件有着非常密切的关系,气象条件是病虫害发生流行的关键因素之一,天气、气候直接影响和制约病虫害的发生流行。农业病虫害的发生、发展和流行必须同时具备以下三个条件:一是有可供病虫滋生和食用的寄主植物;二是病虫本身处在对农作物有危害能力的发育阶段;三是有使病虫进一步发展蔓延的适宜环境。环境因子中,气象因子常常是病虫害暴发的直接驱动因子。几乎所有大范围流行性、暴发性、毁灭性的农作物重大病虫害的发生、发展、流行都与气象条件息息相关,或与气象灾害相伴发生。

鉴于两者发生发展与气象要素的关系和生物学特性差异,本章将分开讨论虫害、病害与气象要素的关系。

1.1　虫害与气象要素的关系

研究表明,温度、降水、湿度、风向、风速和光照(包括太阳辐射)等气象条件与害虫的生长发育、繁殖、越冬、分布、迁飞等活动有着密切的关系,同时也是虫害发生的自然控制因子。尤其是气象条件综合影响对于虫害发生发展有重要作用。这些气象要素还通过对寄主作物和天敌生长发育与繁殖的影响,间接地影响虫害的发生与危害。

没有一种生物能够完全不受外界温度的影响。农业害虫大多为变温动物,外界温度的高低直接决定了机体的温度,其生长发育和变态行为等都与温度有密切关系。在适温范围内,发育速率随着温度的升高而加快,发育时间也随温度升高而缩短;当环境温度达到发育起点温度时开始生长发育,而完成某一生长发育阶段则需要一定的总热量——有效积温;如果温度条件得不到满足,许多昆虫的虫态发育和繁殖活动等都会受到抑制。例如联合国粮农组织(FAO)全球预警的超级害虫——草地贪夜蛾,其幼虫阶段正常情况下有 6 个龄期,一般需经历 10~55 d,在不同温度条件下发育历期不同(吴孔明 等,2020)。草地贪夜蛾卵、幼虫、蛹的发育起点温度分别为 10.27 ℃、11.10 ℃、11.92 ℃;有效积温分别为 39~50 ℃·d、195~230 ℃·d、120~150 ℃·d。在一定的温度范围内,草地贪夜蛾发育速度随温度升高而加快。如在 30 ℃ 的条件下,草地贪夜蛾30 d左右就可以完成一个世代;而在 15 ℃ 条件下,完成一个世代则需 3 个月以上的时间,其中幼虫期的发育时间可长达 50~60 d,蛹的发育期可超过 40 d。低于 15 ℃或高于 35 ℃的极端温度条件下,幼虫的死亡率较高、化蛹率较低(吴孔明 等,2020)。

水分与许多昆虫的行为、生长发育、繁殖、寿命密切相关。喜湿性害虫通常要求湿度偏高(空气相对湿度≥70%),好干性害虫通常要求湿度偏低(空气相对湿度<50%)。例如对于喜干的蝗虫,在 70%的空气相对湿度时,由于性成熟早,完成生活史最快,因此寿命最短。另外,降水和雨量是影响害虫数量变动的主要因素。大雨、暴雨常使一些昆虫的卵、幼虫,甚至成虫受到强烈的机械伤害和水浸而致死,造成虫口数量急剧下降,减轻其危害。例如喜干的小麦蚜虫,其繁殖速率除受温度高低影响外,水分条件是影响其种群消长的另一关键气象因素,水分因子(降水和湿度)具有反向抑制作用,其中大雨有冲刷作用,大雨日数越多,越利于抑制小麦蚜虫发生发展;相反,无雨日数越多,越有利于小麦蚜虫的暴发流行(刘明春 等,2009;王纯枝 等,2020)。又例如具有杂食性、扩散能力和适应能力强的草地贪夜蛾,其幼虫喜欢一定湿度,但暴雨可使玉米心叶中幼虫溢出或淹死;干旱对蛹的存活率与发育速度没有直接影响,但降雨和灌溉都不利于蛹的存活(吴孔明 等,2020)。研究表明,降水偏少、干旱,易导致多数虫害严重发生。台风、暴雨可能使害虫田间虫口密度显著降低。

温度和水分等的综合影响作用方面,如草地贪夜蛾完成世代繁殖以及迁飞扩散与气象条件密切相关,其中温度、相对湿度等气象条件影响草地贪夜蛾的卵孵化率、幼虫发育速度、蛹存活率等;大气低层动力场、温度场以及湿度场影响着草地贪夜蛾迁飞的方向、起降行为以及迁飞的高度。

光对害虫的影响主要表现为光波、光强、光周期三个方面:光波与害虫的趋光性关系密切,昆虫一般看不见红色光波部分,但却能看见紫外线部分,因此可以采用黑光灯诱杀农业害虫。光强主要影响害虫的取食、栖息、交尾、产卵等昼夜节奏行为,且与害虫体色及群集程度有一定的关系。光周期是引起害虫滞育和休眠的重要因子。自然界的短光照会刺激害虫休眠。

风或气流影响方面主要表现为风与害虫取食、迁飞等活动的关系十分密切。一般弱风能刺激害虫起飞,强风抑制起飞;迁飞速度、方向基本与风速、风向一致。例如稻飞虱一般在 4—6 月由中南半岛等地随盛行气流迁飞进入我国境内,迁飞方向随当时的高空风向而定,降落地区基本上与我国的雨区从南向北推移相吻合。垂直气流、低空急流和降水还会影响迁飞害虫的降落行为、落区位置。

与气候变化造成的温度和降水异常相对应,暖冬可造成主要农作物害虫越冬基数增加、越冬死亡率降低、次年害虫发生加重、发生期提前、危害加重,并使得农作物迁飞型害虫迁入期提前、为害期延长。低温、阴雨、干旱和大风等不利气象条件或气象灾害将明显影响寄主作物的抗虫的能力,从而间接促使虫害的发生发展。还有研究表明,大气环流与黏虫、稻飞虱、稻纵卷叶螟等的迁飞扩散密切相关(赵圣菊,1981;霍治国 等,2002a;钱拴 等,2007;于彩霞 等,2014;王纯枝 等,2019),海温与稻飞虱、稻纵卷叶螟迁入量呈遥相关关系(冼晓青 等,2007;高苹 等,2008);部分研究也指出了副热带高压的位置及强度的变化与中国稻飞虱的迁飞、种群发展密切相关(侯婷婷 等,2003;郭安红 等,2022)。

1.2　病害与气象要素的关系

作物病害是指由细菌、真菌和病毒等病原微生物侵染作物体并造成其生长发育受阻、籽粒品质下降或变质的受害状态。大多数作物病害的发生流行与温度、湿度、降雨、风向、风速和光照等气象要素关系密切,湿度是导致作物病害发生发展和蔓延最重要的气象因子,气象条件也是自然控制因子,往往综合影响病害的发生程度。

降雨有利于大多数病菌的繁殖和扩散,绝大多数真菌孢子在植株叶面有液态水存在时产生量和萌发率显著提高。如小麦条锈菌夏孢子的萌发和入侵需要饱和湿度或叶面具有水滴;早春病叶内潜育菌丝开始复苏并产生孢子,若有春雨和结露有利于病菌的侵染、发展和蔓延。

温度和水分的综合影响作用方面,由于病害多为细菌、真菌和病毒引起,细菌的繁殖、真菌的分生孢子和菌丝生长必须有适宜的温湿条件,故对环境气象条件有一定的严格要求。例如稻瘟病是一种真菌性水稻病害,当气温 20～30 ℃、空气相对湿度 90% 以上、稻株体表水膜保持 6～10 h,稻瘟病容易发生。又例如玉米大(小)斑病也属于真菌性病害,大斑病病菌喜中温高湿,气温 20～25 ℃,湿度 90% 以上易发病流行;气温 20～32 ℃,相对湿度 90% 以上,小斑病易流行。

另外,病菌孢子很轻,只要遇到最轻微的气流就会从孢子堆中向外飞散;同时强风还能在寄主植物体上制造伤口,为病菌侵染创造条件,风雨交加有利于病菌传播与侵染。病菌的侵染循环包括侵入期、潜育期、发病期,每个阶段均需要一定的气象条件,气象要素对病菌侵染循环和流行有密切的影响。从传播方式上,病害还分为气传、土传和虫传型,其中气传型病害主要受气象要素的直接影响,特别是受风和垂直气流等的影响。

以玉米南方锈病为例,每年 8 月为玉米南方锈病向北方玉米主产区扩散和危害关键期。该病害病原菌萌发、入侵和在寄主内扩展的适宜温度为 24～28 ℃,最适温度为 26 ℃;病害发生的适宜气象条件是日平均气温 25 ℃左右,且雨日较多,易大发生。2015 年第 13 号台风"苏迪罗"于 8 月 8 日凌晨,以中心附近最大风力 15 级(48 m·s^{-1})在台湾省花莲市登陆,并于同日晚 22 时中心附近最大风力 13 级(38 m·s^{-1})在福建省莆田市登陆,之后北上深入内陆、影响范围广、强度大,是 2015 年登陆我国最强的台风。其北上路径和带来的强风雨为南方锈病菌源的大范围传播提供了非常有利的条件,台风影响福建、江西、浙江、江苏、安徽、湖南、湖北、河南、陕西、山西、山东 11省,强气流给玉米产区带来大量夏孢子,黄淮海玉米主产区当年 8 月平均气温为25.5 ℃,满足病菌侵入、侵染所需的适宜温度条件,8 月中下旬出现连阴雨天气,适温高湿导致当年南方锈病发病是历史最重年份,发病面积为 523.9 万 hm²,防治面积为 365.5 万 hm²,挽回损失 112.8 万 t,实际损失 75.6 万 t,分别是 2008—2014 年平均值的 4.5 倍、4.1 倍、7.5 倍、8.8 倍。2015 年南方锈病主要发生范围为海南、广东、广西、福建、云南、贵州、重庆、湖南、湖北、浙江、上海、江苏、安徽、河南、山东、陕西、山西、河北、北京、辽宁 20 个省(区、市),其中北京、河北、山西、陕西、山东、河南、安徽、江苏等黄淮海夏玉米区发生面积占全国发生面积的 87.8%(刘杰 等,2016)。

1.3 作物病虫害气象监测预报的基本概念、术语和定义

作物病虫害气象监测预报主要包括与病虫害发生发展密切相关的气象条件(要素)的监测分析、病虫害发生程度的气象预测和病虫害发生发展气象等级预报、迁飞型害虫迁飞扩散路径预报。目前国家级农业气象业务服务主要发布病虫害发生发展气象等级预报产品、害虫迁飞扩散轨迹预报产品。

病虫害发生发展密切相关的气象条件(要素)的监测主要是对与病虫害生理活动、侵染循环和迁飞传播等密切相关的光、温、湿、风或气流等气象条件进行监测分析。

病虫害发生程度的气象预测是指利用经验的、统计的、数学模式等的技术方法,根据病虫害与气候气象条件的相关分析,对某个区域或较大范围的病虫害发生期(流行期)预测、发生量(发生程度)预测和流行程度进行长、中短期气象预测预报服务。按预报内容划分主要有病虫害发生期(流行期)预测、发生量、发生程度和流行程度预测。

病虫害发生发展气象等级预报是指利用现代数理统计、机器学习等方法,根据气象条件对病害发生流行和害虫生长发育影响的程度建立定量评价指标和预测预报模型,预报未来一段时间气象条件对作物病虫害发生发展的适宜程度等级。这是一种病虫害发生发展程度的气象适宜度潜势或气象风险的预报,与病虫害发生程度预测预报概念有所不同。病虫害气象等级预报是对病虫害发生发展所需气象条件的满足程度的综合评判,这是一种病虫害发生发展环境气象条件预报,而不是病虫害是否发生或发生程度的预报,但却是病虫害发生预报的一个必要基础。因其具有明确的生物学意义,故可对病虫害最终是否发生或流行提供具有一定准确性的预估,在防治服务上具有较好的服务效益。

迁飞型害虫迁飞扩散路径预报是指利用迁飞轨迹模拟模型,与迁飞高度层数值大气预报大气动力场、温度场、湿度场相结合,模拟预报害虫迁飞扩散轨迹。

作物病虫害发生发展气象等级预报所涉及的主要术语定义如下:

作物病害(crop disease):由细菌、真菌等病原微生物侵染作物体并造成其生长发育受阻、籽粒品质下降或变质的受害状态。

作物虫害(crop pest):由有害昆虫取食作物体并造成其生长发育受阻、产量下降

或籽粒品质下降的受害状态。

作物病虫害气象等级预报（meteorological grade forecast of crop disease and pest）：利用气象条件对作物病虫害发生发展影响的评价指标、模型算法和等级划分预报气象条件对作物病虫害发生发展的适宜程度。

促病暖湿日（warm and humid day to promote disease）：温度、湿度达到适宜病原微生物生理活动、进而使作物感病的日时间单元。

促病指数（disease promotion index）：促病暖湿日出现的天数、作物易感病关键时段与促病暖湿日出现的契合对病害最终发生程度影响的定量评价。短中期内也可称天气促病指数。

病虫害气象适宜度（meteorological suitability of disease and pest）：虫害发生发展关键危害阶段或病原微生物繁殖、传播扩散、侵染为害等各关键阶段光、温、湿、降水量和风等气象要素对其有利的影响程度。

病虫害气象适宜度综合指数（comprehensive meteorological suitability index of disease and pest）：由光、温、湿、降水量和风等病虫害气象适宜度对病虫害最终发生程度影响的定量评价。

1.4 作物病虫害发生发展气象等级划分

作物病虫害发生发展气象等级可划分为 3～5 级，5 个级别分别为不适宜、较不适宜、较适宜、适宜和最适宜，与农业农村部病虫测报标准中发生程度的 5 级划分相对应（轻发生、中等偏轻发生、中等发生、中等偏重发生、大发生）。国家气象中心业务服务中作物病虫害发生发展气象等级的划分参照中国气象局《气象灾害预警信号发布与传播办法》（中国气象局〔2007〕第 16 号令）有关方法，即根据气象灾害可能造成的危害程度、紧急程度和发展态势确定等级。目前分为 3 级：①高，预警颜色为红色，表示气象条件适宜病虫害的发生发展；②较高，预警颜色为橙色，表示气象条件较适宜病虫害的发生发展；③低，预警颜色为蓝色，表示气象条件不适宜病虫害的发生发展。病虫害发生发展气象等级划分标识和服务提示见表 1.1。

表 1.1 病虫害发生发展气象等级预报等级划分标识和服务提示

气象等级	区域标注颜色	适宜等级	服务提示
高	红色	气象条件适宜病虫害的发生发展	密切监测病虫情发展和天气条件，在防治适宜期及时开展生物防治和化学防治，最大程度减轻灾害损失
较高	橙色	气象条件较适宜病虫害的发生发展	密切监测病虫情发展和天气条件，在防治适宜期及时开展普防普治，最大程度减免灾害发生
低	蓝色	气象条件不适宜病虫害的发生发展	改良田间生态环境，密切监测病虫情发展和天气条件，防控病虫扩散危害

根据农业部门建立的病虫情(病情指数、病穗率、百株虫量、发生面积、发生面积率、发生等级等)历史序列资料,划分气象条件适宜、较适宜和不适宜病虫害发生发展的促病指数、气象适宜度指数等取值范围。值得注意的是,近年来农业部门为粮食丰产稳产加大了对有害生物的防治力度,有部分病虫情资料为防治后资料,需要进行处理或者参考未防治试验田的数据进行分析。通过病虫害发生发展气象等级指标的划分,结合作物发育期信息、农业植保部门病虫情监测实况、气象要素监测、天气气候预报预测以及地理信息数据,进行作物病虫害发生发展气象等级预报服务,为病虫害针对性监测和防控提供技术和服务支持。

将气象要素监测实况输入促病指数预报模型和虫害气象适宜度综合指数预报模型,可进行气象条件适宜程度的定量分析和评价;将预报模型与智能网格数值天气预报产品结合,可进行病虫害发生发展气象等级预报。

1.5 作物病虫害发生发展气象等级预报技术方法

传统病虫害预测预报方法包括经验预测法、实验预测法和统计预测法(张孝羲等,1985;郭建平,2016)。目前,有学者在此基础上,开始运用现代非线性理论,发展了人工神经网络、相空间重构预测法(马飞 等,2002)、小波分析(靳然 等,2015)、马尔可夫链(吴华新 等,2003)、支持向量机和局部支持向量回归(王秀美 等,2016)、模糊认知图(FCM)算法(Zhang et al. ,2019)等方法运用到蚜虫等害虫预测预报中,但这些方法由于算法复杂、训练过程长、维数较高、参数较多或不能满足全局算法一致等局限性较传统的统计预测法在业务中应用有限,统计预测法因在业务中具有组建模型相对简单、参数获取简便、应用推广便捷等优点,仍是一种广泛应用的方法(刘明春 等,2009;程芳芳 等,2012;郭建平,2016;王纯枝 等,2019)。但机器学习等新方法的应用是一种发展趋势,第 2 章中进行了相关研究。

农业植保部门对病虫害发生程度预报技术主要为两种:有效基数预测法和综合预测法。有效基数预测法是根据当代有效虫口基数、生殖力、存活率来预测下一代的发生程度。综合预测法是依据当地成虫诱测和卵调查数量,结合主要寄主作物生育期、种植分布和未来天气预报,做出幼虫发生区域、发生面积和发生程度的预报。

农作物病虫害发生发展气象等级预报的方法主要是依据农作物病虫害发生发展所需的光、温、水、湿等环境气象条件,即病虫生理气象指标,研究害虫各生长发育阶段和病害发展流行的主要气象影响因子或影响条件,结合病虫历史实际发生情况,利用现代数理统计方法等,分析、诊断和预测病虫害发生发展环境气象条件的适宜程度。

农作物病虫害气象等级预报技术和预报预警指标研究首先通过分析作物病虫害发生发展与短中长期不同尺度的气象条件、气候因子的相关关系,筛选出影响作物病虫害发生发展的光、温、水、湿等关键气象因子以及主要海温环流因子;利用病虫害历史发生情况和气象条件对病虫害发生发展适宜、不适宜指标,利用现代数理统计方法、机器学习方法等,分析、诊断和预测预报作物病虫害发生发展环境气象条件的适宜程度。建立作物病虫害发生发展气象等级预报模型及害虫迁飞轨迹预报技术并划分气象等级指标。相关的技术路线如图 1.1 所示。

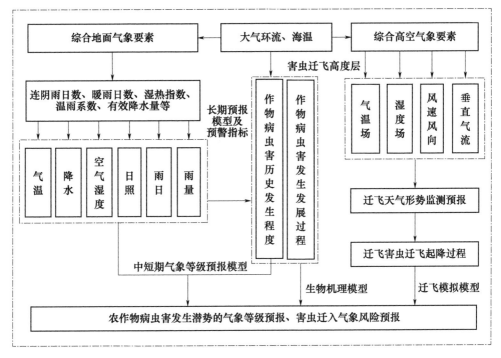

图 1.1　作物病虫害气象等级预报和预警指标研究技术路线

在农业病虫害发生发展气象等级预报中,由于引起病害的绝大多数细菌和真菌都是环境适宜条件下短时间内以无性繁殖方式迅速增殖侵害生物有机体,所以其气象预报重点关注对产量影响较大的关键时段的促病气象条件;而害虫一般有较大的虫源基数(上一世代繁殖产生的越冬或不越冬基数),并且发生发展历程较病害时间长,因此虫害气象等级预报主要关注关键生长发育阶段主要生理活动的适宜、不适宜气象条件。迁飞型害虫则还需要考虑迁入虫源,害虫迁飞气象模拟预报通过引入或改进国内外迁飞轨迹模拟模型、并与数值天气预报相结合,可进行迁飞路径和落区预报。

针对病虫危害的不同特点,分类建立了三种预报技术方法,即以促病指数预报、气象适宜度综合指数预报以及害虫迁飞气象模拟预报技术为核心的主要农作物重大病虫害发生发展气象等级预报技术体系。因此农作物病害和虫害发生发展气象等级预测预报主要采用下面三种不同的技术路线(图 1.2—图 1.4)。第 2 章~第 5 章将按照分作物、分病虫害种类分别阐述。

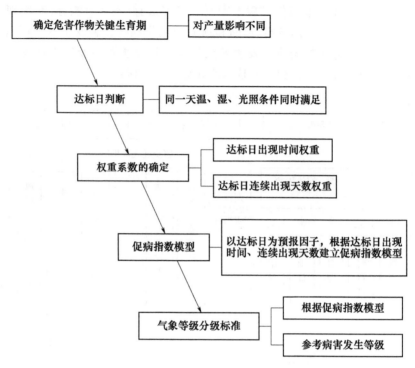

图 1.2 作物病害发生发展气象等级预报技术路线

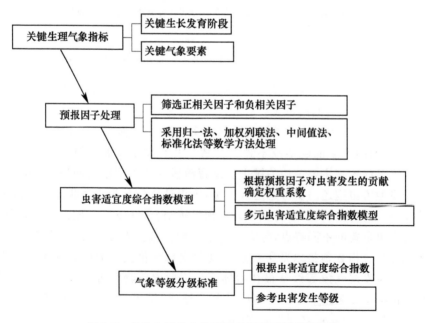

图 1.3 作物虫害发生发展气象等级预报技术路线

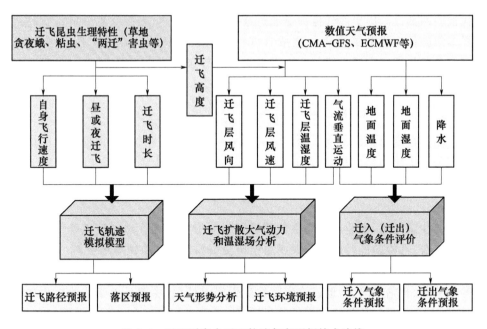

图 1.4　迁飞型害虫迁飞轨迹气象预报技术路线

基于大气环流因子、海温因子建立的作物病虫害长期预测模型预报时效为 1~2 个月以上,而基于气象要素建立的气象适宜度综合指数或促病指数模型的临近预报是对长期预测模型的一个订正。长期、中短期预报模型的结合使用,将更有利于对作物病虫害的发生发展气象等级进行预报预警。

1.6　作物病虫害气象等级预报建模资料及预报准确性检验

作物病虫害气象等级预报建模资料主要包括气象资料和病虫害发生情况资料。病虫害资料来源于农业部门建立的病虫情历史资料。其中包括根据发生面积划分发生程度,根据病情指数(病穗率)、百株(丛)虫量、发生面积比率、灯诱虫量等划分发生程度。

促病指数预报模型选择病害侵染关键时段的日气象资料进行分析整理并用于模型构建。由于小麦条锈病等病害侵染周期长、生活史复杂,该类病害适宜建立气象适宜度综合指数预报模型,需根据关键生长发育阶段选择和处理气象因子。虫害气象等级预报主要关注寄主作物关键生长发育阶段害虫主要生理活动的适宜、不适宜气象条件,建立气象适宜度综合指数模型。

作物病虫害发生发展气象等级预报模型的检验包括站点历史回代检验和空间回代检验两部分。历史回代检验是通过选择典型代表站,利用气象资料计算各站检验样本年的促病指数或虫害气象适宜度综合指数并判断气象条件适宜程度等级。根据气象条件适宜程度等级与病虫害发生流行等级的吻合程度来判定,模型预报准确率计算采用下式:

$$预报准确率 = \frac{预报与实际相符站数}{实际发生相应级别站数} \times 100\% \tag{1.1}$$

空间回代检验是通过选取病虫害大发生年和轻发生年,利用预报区域内所有气象站点大发生年和轻发生年气象资料计算天气促病指数或气象适宜度指数并判断气象条件适宜程度等级。根据区域气象条件适宜程度等级与病虫害发生流行的实况来判定。

需要注意的是,农业部门病虫情等级资料一般划分为 5 级。气象条件分级划分一般为 3 级,在检验的时候要兼顾病虫情历史资料以及病虫情等级资料。

在气象等级预报结果的准确性检验中存在下述两种情况:一方面,存在气象预报等级较高、预估风险大,但最终实际发生偏轻的情况,主要是由于防治效果较好所致,实际上并不是气象等级预报的结果错误;而另一方面存在气象预报等级较低、预估风险小,但最终实际发生偏重的情况,这才是预报结果的错误所在。因此在预报结果准确性检验过程中需甄别上述两种情况,第一种情况可采用相关部门未加防治的试验田(系统田)进行检验。而第二种情况可以定义为漏报:漏报为气象等级预报结果为中等以下,而实际发生程度为中等偏重以上。这种情况需要综合分析菌源量、耕作制度、品种、复种指数和施肥水平、浇灌条件等的影响,以提高预报准确率。

1.7　全球和我国主要农作物病虫害发生概况

1.7.1　全球主要农作物病虫害发生概况

(1)小麦蚜虫

小麦蚜虫在世界主产麦区均有分布,图 1.5 显示了麦长管蚜的全球地理分布情况。

(2)草地贪夜蛾

草地贪夜蛾因其远距离迁飞特性和较强的适应性,在世界许多国家和地区已有分布。截至 2023 年 7 月 26 日,全球 125 个国家和地区均有草地贪夜蛾分布为害。其中美洲 45 个,非洲 50 个(含加那利群岛,Canary Islands 隶属于欧洲西班牙),亚洲 25 个,大洋洲 5 个。图 1.6 是草地贪夜蛾的全球地理分布情况。

（3）蝗虫

蝗虫灾害是一种世界性生物灾害，全球常年发生面积达 4680 万 km²，全球 1/8 的人口受到蝗灾的袭扰（韩海斌 等，2017）。其中全世界发生危害最严重的沙漠蝗分布于非洲、中东和亚洲西南部，栖息于半干旱和干旱的沙漠。图 1.7 为沙漠蝗的全球地理分布和 2020 年以来维持的虫灾威胁风险情况。

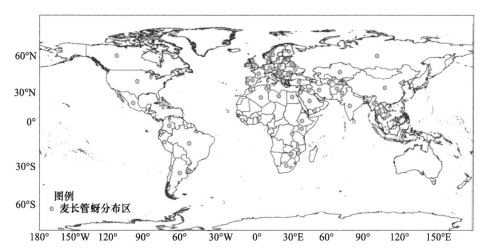

图 1.5　麦长管蚜的全球地理分布（数据和信息来源于 CABI：http://www.plantwise.org/ KnowledgeBank/Map/GLOBAL/Sitobion_avenae/）

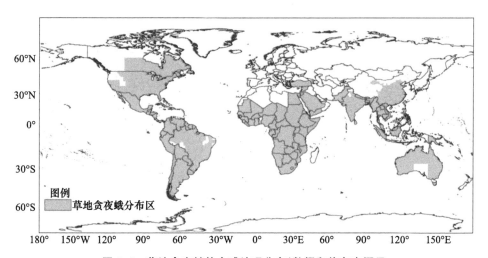

图 1.6　草地贪夜蛾的全球地理分布（数据和信息来源于 FAO：https://gd.eppo.int/taxon/LAPHFR/distribution）

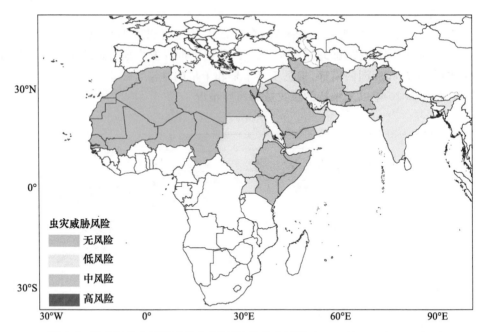

图 1.7　沙漠蝗的全球地理分布(数据和信息来源于:https://www.fao.org/ag/

locusts/en/archives/1340/2517/2518/index.html)

1.7.2　我国主要农作物病虫害发生概况

20 世纪 80 年代以来,我国农作物病虫害发生面积总体呈增加趋势(图 1.8),2012 年以后略有下降态势,但均高于历史平均值;1980—2020 年年均发生面积约 2.7 亿 hm²[①]。历史上发生面积最大的年份为 2012 年,约 3.8 亿 hm²;其次为 2010 年,约 3.7 亿 hm²;2010—2020 年年均发生面积约 3.3 亿 hm²、高于历史平均值,发生面积以 2012 年最大,其次为 2010 年,第三高为 2013 年。不同年代间比较,发生面积最大值出现在 21 世纪 00 年代,即 2001—2010 年。

1.7.2.1　小麦病虫害

(1)小麦条锈病

20 世纪 80 年代以来,全国小麦条锈病发生面积呈波动变化趋势,2000 年以前多数年份发生面积在 150 万 hm² 以下,1980—2020 年年均发生面积约 218 万 hm²。历史上发生面积最大的年份为 1990 年,其次为 2002 年;2010—2020 年年均发生面积约 250 万 hm²,高于历史平均值,发生面积以 2017 年最大,其次为 2018 年(图 1.9)。

---

① 本书采用的病虫害发生面积数据包含多代(次)病虫发生面积的重复累计。

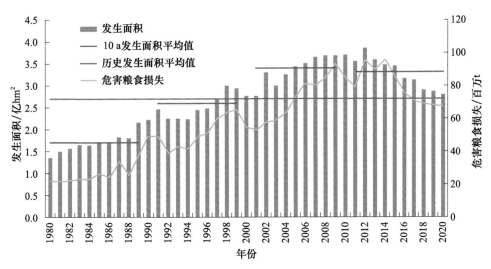

图 1.8　1980—2020 年中国农作物病虫害历年发生面积和危害粮食损失

（注：资料引自姜玉英、汤金仪等的相关演示文稿。因统计时间与统计口径的差异，图中个别
数据与截至 2020 年 12 月 31 日实况汇总数据略有出入。下同。）

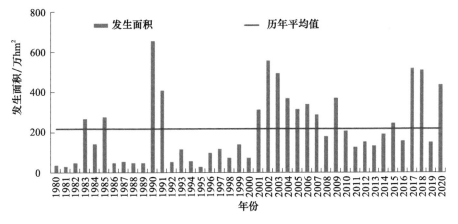

图 1.9　1980—2020 年中国小麦条锈病发生面积和历年平均值

（2）小麦赤霉病

20 世纪 80 年代以来，多数年份全国小麦赤霉病发生面积多在历史平均值上下波动，1980—2020 年年均发生面积约 397 万 hm²。历史上发生面积最大的年份为2012 年，其次为 1998 年；2010—2020 年年均发生面积约 540 万 hm²、高于历史平均值，发生面积以 2012 年最大，其次为 2017 年（图 1.10）。

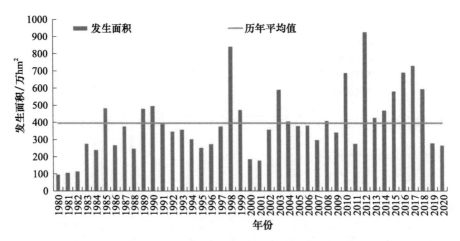

图 1.10 1980—2020 年中国小麦赤霉病发生面积和历年平均值

（3）小麦蚜虫

20 世纪 80 年代以来，全国小麦蚜虫发生面积呈波动变化趋势，1980—2020 年年均发生面积约 1375 万 hm²。历史上发生面积最大的年份为 1999 年，其次为 2009 年和 2020 年；2010—2020 年年均发生面积约 1530 万 hm²、高于历史平均值，发生面积以 2010 年最大，其次为 2012 年，2014 年和 2015 年发生面积均在 1690 万 hm² 以上（图 1.11）。

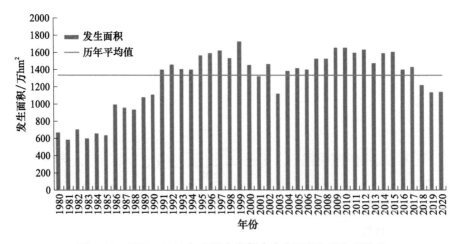

图 1.11 1980—2020 年中国小麦蚜虫发生面积和历年平均值

1.7.2.2 玉米病虫害

（1）玉米螟

20 世纪 80 年代以来，全国玉米螟发生面积总体呈增加趋势；2013 年发生面积达最大(2453.3 万 hm^2),之后有所下降(图 1.12)。2012 年一代玉米螟在黑龙江偏重至大发生、辽宁偏重发生,田间被害株率一般为 20%,最高可达 50% 以上;同年二代玉米螟在河北、四川偏重发生;三代玉米螟在山西、河北偏重发生。2021 年玉米螟在东北地区偏重发生。

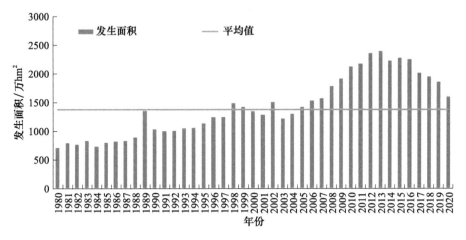

图 1.12　1980—2020 年中国玉米螟发生面积和历年平均值

(2)黏虫

黏虫为间歇性猖獗发生的杂食性害虫,危害玉米、谷子、水稻、小米、高粱、小麦等多种作物。2012 年发生面积及其造成损失最大,三代黏虫在东北、华北大暴发;其他发生较重年份有 2013 年、2014 年、2015 年、2019 年。2020 年(图 1.13)黑龙江双城 7 月上中旬黏虫诱蛾量达 409 头,是 2019 年和 2018 年同期的 3.5 倍和 5.8 倍。2021 年二代黏虫发生面积大、比 2020 年增加 15%,其中宁夏中北部、内蒙古西部、山西中部、陕西北部、甘肃中部和云南南部等局部地区出现高密度集中危害田块,百株虫量超 500 头,最高达 2000 头。

(3)玉米大斑病

玉米大斑病与玉米小斑病均属于玉米叶部病害,在早期的病情观测上合并观测。玉米大斑病主要分布在我国东北地区、华北北部、西北和南方地区海拔较高、气温较低的玉米产区。2012 年东北地区玉米大斑病发生面积较大,黑龙江平均病株率为 10%～50%,最高达 80%～100%;吉林省 9 个市(州)均有发生,发病株率平均为 80% 以上。2020 年黑龙江哈尔滨、齐齐哈尔、绥化、大庆等地偏重发生。玉米小斑病在我国主要发生于河北、河南、北京、天津、山东、广东、广西、陕西、湖北等省(区、市)。图 1.14 是 2008—2021 年全国玉米大斑病发生面积、造成玉米产量损失历年实况。

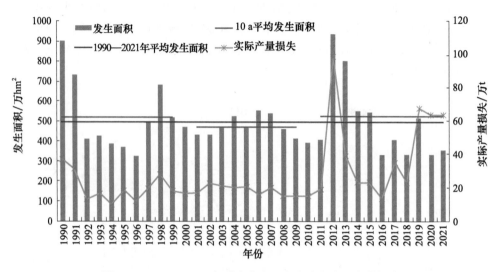

图 1.13　1990—2021 年黏虫发生面积和作物实际产量损失

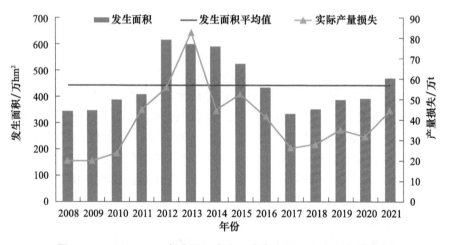

图 1.14　2008—2021 年中国玉米大斑病发生面积和实际产量损失

1.7.2.3　水稻病虫害

（1）稻飞虱

20 世纪 80 年代以来，全国水稻稻飞虱发生面积呈"先增后减"趋势，1980—2020 年年均发生面积约 1940 万 hm^2。历史上发生面积最大的年份为 2007 年，其次为 2006 年（图 1.15）；2010—2020 年年均发生面积约 2320 万 hm^2、高于历史平均值，发生面积以 2012 年最大，其次为 2010 年。

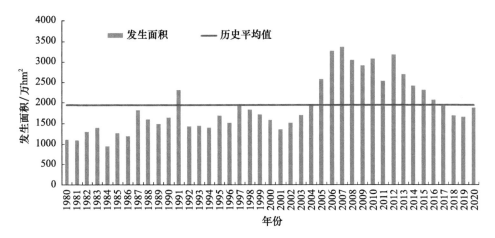

图 1.15　1980—2020 年中国稻飞虱发生面积和历年平均值

（2）稻纵卷叶螟

20 世纪 80 年代以来,全国水稻稻纵卷叶螟发生面积与稻飞虱类似,也呈"先增后减"趋势,1980—2020 年年均发生面积约 1460 万 hm²。历史上发生面积最大的年份为 2007 年,其次为 2008 年(图 1.16);2010—2020 年年均发生面积约 1500 万 hm²、高于历史平均值,发生面积以 2010 年最大,其次为 2012 年。

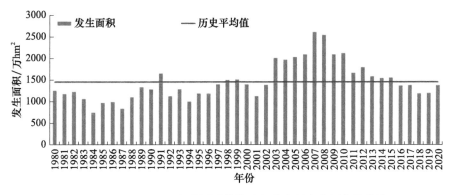

图 1.16　1980—2020 年中国稻纵卷叶螟发生面积和历年平均值

（3）稻瘟病

20 世纪 80 年代以来,全国水稻稻瘟病发生面积均在历史平均值上下波动,1980—2020 年年均发生面积约 430 万 hm²。历史上发生面积最大的年份为 1993 年,其次为 1985 年(图 1.17);21 世纪以来发生面积最大的年份为 2005 年,其次为 2006 年,发生面积均在 550 万 hm² 以上,但低于历史上面积最大的 1993 年和次大的 1985 年。

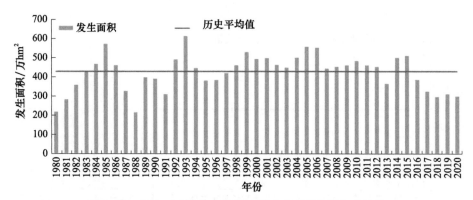

图 1.17　1980—2020 年中国稻瘟病发生面积和历年平均值

1.7.2.4　其他虫害

目前已知的蝗虫种类有 1 万多种,我国有 900 余种,在农、林、牧业上曾发生为害的约 60 种以上,为害较显著的约有 20 种,其中东亚飞蝗属于危害性较大的种类,具有长距离飞行性能。中国史籍中的蝗灾,主要是东亚飞蝗,一年有两代,第一代称为夏蝗,第二代为秋蝗,在黄淮海地区常发生,我国历史上先后发生过 800 多次,被戏称为"旱魔特使"。

1986—1998 年间,夏蝗常年发生面积为 50 万～60 万 hm²,秋蝗发生面积为 40 万～50 万 hm²。1991—2000 年(夏秋),全国东亚飞蝗发生面积累计达 1356 万 hm²,每年平均约 136 万 hm²,其中 1995—2000 年(夏秋)全国蝗虫发生面积累计达 961 万 hm²、每年平均 160 万 hm²;2001—2010 年,全国东亚飞蝗发生面积累计达 1940 万 hm²,每年平均 194 万 hm²,世纪之交年代际发生面积呈明显增加态势;2011—2020 年,全国东亚飞蝗发生面积累计达 1120 万 hm²,每年平均 112 万 hm²,较 21 世纪初减少;1980—2020 年 41 年来由东亚飞蝗造成的实际损失呈"先增加后减少"趋势,1998 年损失最大,其次为 1999 年(图 1.18)。

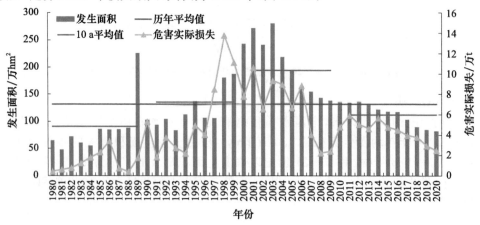

图 1.18　1980—2020 年中国东亚飞蝗发生面积和历年平均值

1.7.3 我国农作物一类病虫害名录

2020年3月26日发布、2020年5月1日实施的《农作物病虫害防治条例》(中华人民共和国国务院令第725号)将常年发生面积特别大或者可能给农业生产造成特别重大损失的农作物病虫害定义为一类农作物病虫害(农业农村部种植业管理司等,2021)。根据《农作物病虫害防治条例》有关规定,农业农村部为进一步加强农作物病虫害分类管理,针对近年农作物病虫害发生新形势、新变化、新威胁,组织修订了2020年9月15日公布的《一类农作物病虫害名录》,并于2023年3月7日发布了农业农村部第654号公告(http://www.moa.gov.cn/govpublic/ZZYGLS/202303/t20230314_6422981.htm),公布了最新的《一类农作物病虫害名录(2023年)》,以此取代了2020年发布后实施的《一类农作物病虫害名录》(农业农村部公告第333号),旧名录被同时废止。《一类农作物病虫害名录(2023年)》中收录了我国近年对农作物构成最大威胁的病虫害,包括玉米螟、稻纵卷叶螟、水稻稻瘟病、小麦赤霉病等。与旧名录相比,一类农作物病虫害种类由17种增加至19种,其中害虫仍为10种,病害由7种增加为8种,新增了害鼠1种;新名录增加了第18种"大豆根腐病"和第19种"褐家鼠";去除了害虫中第9种"马铃薯甲虫"和第10种"苹果蠹蛾",分别修订替换为"亚洲玉米螟"和"蔬菜蓟马";将排序中第15种"马铃薯晚疫病"病害修订为"玉米南方锈病";将第16种"柑橘黄龙病"修订为"马铃薯晚疫病";将第17种"梨火疫病"修订为"油菜菌核病"。2023年全国最新的一类农作物病虫害名录具体内容如下。

1.7.3.1 害虫(10种)

农作物一类害虫共有10种。

(1)草地贪夜蛾 *Spodoptera frugiperda* (Smith)

草地贪夜蛾俗称秋黏虫,原产于美洲的热带和亚热带地区,广泛分布于美洲大陆,是当地重要的农业害虫,也是杂食性害虫,已经记录到的寄主为76科353种(陆永跃 等,2020)。该虫主要为害玉米、水稻、棉花、高粱、苜蓿、大麦、小麦、粟、花生、大豆、甘蔗、马铃薯、油菜等作物。2018年12月被发现侵入我国云南。2019年10月草地贪夜蛾就已扩展到西南、华南、江南、长江中下游、黄淮、西北和华北地区的26省(区、市)(吴孔明 等,2020)。成虫飞行能力极强,可在几百米的高空中借助风力进行远距离定向迁飞,每晚可飞行100 km,若在产卵前可迁飞500 km。其食量大,可导致玉米减产20%～72%(陆永跃 等,2020),成为我国一种新的常发性农业重大害虫。

(2)飞蝗 *Locusta migratoria* Linnaeus(飞蝗和其他迁移性蝗虫)

飞蝗是世界上分布范围最为广泛的蝗虫,足迹遍及欧、亚、非、澳四大洲,已知有命名的约10个亚种。其中,东亚飞蝗在我国分布极广,主要为害小麦、玉米、高粱、水稻、谷子等多种禾本科作物,成、若虫咬食植物的叶片和茎,大发生时成群迁飞,可以把成片的农作物吃成光杆,历史上发生的许多次蝗灾,都由东亚飞蝗暴发造成。我国另外两个亚种为亚洲飞蝗、西藏飞蝗。亚洲飞蝗主要分布于西北干旱、半干旱草原区,西藏飞蝗则生活在青藏高寒区的河谷与湖泊沿岸地带。

(3)草地螟 *Loxostege sticticalis* Linnaeus

草地螟是一种世界性迁飞害虫,幼虫具有群集性、突发性、杂食性等特点,可为害 45 科 250 多种植物,主要分布在欧亚大陆和北美洲,在我国主要在华北、东北和西北等 10 余个省(市、区)发生为害。

(4)黏虫[东方黏虫 *Mythimna separate* (Walker)和劳氏黏虫 *Leucania loryi* Duponchel]

黏虫是一种典型的远距离迁飞害虫,每年在我国南北往返迁飞为害,尤其喜食禾本科作物,是我国玉米、小麦和水稻三大主粮作物上的重大害虫,对我国粮食安全有重大威胁。同属的劳氏黏虫和黏虫往往混合发生,给小麦、玉米和水稻等造成严重的产量损失。

(5)稻飞虱[褐飞虱 *Nilaparvata lugens* (Stål)和白背飞虱 *Sogatella furcifera* (Horváth)]

稻飞虱有远距离迁飞习性,是许多亚洲国家水稻生产的重要害虫,近年来对水稻造成巨大危害,目前在我国迁飞为害的主要种为褐飞虱和白背飞虱。稻飞虱不但能刺吸韧皮部汁液为害稻株,造成水稻生长缓慢、分蘖延迟、空瘪粒增加,而且在取食过程中,还可传播水稻病毒病,严重影响水稻生产,造成水稻倒伏,使稻谷减产或绝收。

(6)稻纵卷叶螟 *Cnaphalocrocis medinalis* (Guenée)

稻纵卷叶螟,俗称刮青虫、白叶虫、小苞虫,为远距离迁飞性害虫,在我国,稻纵卷叶螟与稻飞虱一起被称为"两迁"害虫。稻纵卷叶螟广泛分布于亚洲和东非水稻产区,幼虫缀丝纵卷水稻叶片成虫苞,并且藏身其中取食叶肉,仅留表皮,形成白色条斑,严重时"虫苞累累,白叶满田",导致水稻千粒重降低、秕粒增加,造成减产。

(7)二化螟 *Chilo suppressalis* (Walker)

二化螟,俗称钻心虫,是我国水稻等禾本科作物上一种重要的钻蛀性害虫。其食性杂,寄主植物除水稻外,还包括茭白、野茭白、甘蔗、高粱、玉米、小麦、粟、稗、慈姑、蚕豆、油菜等。二化螟在水稻苗期为害时可造成枯鞘、枯心,孕穗期和穗期为害则造成枯孕穗、白穗和虫伤株等症状,严重影响水稻的产量和质量。

(8)小麦蚜虫[麦长管蚜 *Sitobion avenae* (Fabricius)、禾谷缢管蚜 *Rhopalosiphum padi* (Linnaeus)、麦二叉蚜 *Schizaphis graminum* (Rondani)]

小麦蚜虫俗称油虫、腻虫、蜜虫,是各小麦产区的常发性害虫,不仅吸食小麦营养、影响光合作用,还传播麦类病毒病,导致小麦减产和品质下降,严重威胁小麦生产(曹雅忠 等,2006;王纯枝 等,2020)。在我国为害小麦的蚜虫种类主要有麦长管蚜、禾谷缢管蚜和麦二叉蚜等。

(9)亚洲玉米螟 *Ostrinia furnacalis*（Guenée）

亚洲玉米螟又名玉米钻心虫,属于鳞翅目螟蛾科,是制约我国玉米产量和品质的主要害虫之一。幼虫可取食、钻蛀玉米的茎叶、雌穗和籽粒,并可诱发和加重玉米穗腐病,导致玉米平均减产 15%～40%。

(10)蔬菜蓟马〔豆大蓟马 *Megalurothrips usitatus*（Bagnall）、瓜蓟马 *Thrips palmi* Karny、西花蓟马 *Frankliniella occidentalis*（Pergande）、花蓟马 *Frankliniella intonsa*（Trybom）〕

蓟马是缨翅目昆虫的通称,蔬菜上发生的蓟马有 20 多种,其中为害较重的有豆大蓟马、瓜蓟马、西花蓟马、花蓟马等。

1.7.3.2　病害(8 种)

农作物一类病害共有 8 种。

(1)小麦条锈病 *Puccinia striiformis* f. sp. *tritici* Erikss.

小麦条锈病由条形柄锈菌小麦专化型真菌引起,广泛分布于世界各地冷凉、温热的小麦主产区,是我国小麦最重要的病害之一,甚至被称为"国病",流行年份可导致小麦减产 40%以上,严重时还可能造成绝收(马占鸿,2018)。小麦条锈菌主要为害小麦,少数小种也可侵染大麦、黑麦等其他禾本科植物。该病病菌主要为害叶片,叶鞘、茎秆和穗部也可受害,在植株上发病时,叶表面最初会有褪绿斑,然后会出现椭圆形鲜黄色夏孢子,夏孢子条状成行排列,并与叶脉平行,很像缝细的针脚,虚线段状排列。小麦条锈病病菌产生的孢子(尤其夏孢子和锈孢子)可随高空气流进行远距离传播,具有流行暴发成灾的特点。

(2)小麦赤霉病 *Fusarium graminearum* Schwabe

小麦赤霉病是由禾谷镰刀菌侵染引起的真菌病害,又被称为烂麦头、红麦头、麦穗枯等,普遍发生于小麦产区,气候湿润、多雨的温带地区发生较重,在我国主要集中在长江中下游地区、华南冬麦区及东北春麦区,近年来则逐渐向北扩展蔓延,在黄河流域及周边地区均有发生。小麦赤霉病病菌能侵害小麦的各个生育阶段,引起穗腐、茎腐、苗腐、秆腐,尤以穗腐危害最重,一般流行年份可引起 10%～30%的产量损失,大流行年份可导致部分田块绝收(陈然 等,2014;陈云 等,2017)。该病菌还能产生多种真菌毒素,如脱氧雪腐镰刀菌烯醇(DON,也称呕吐毒素)、玉米赤霉烯酮(ZEN)等,严重威胁人畜健康。

(3)稻瘟病 *Pyricularia oryzae* Cavara

稻瘟病是由稻瘟病菌引起的真菌病害,也是全球水稻生产上最严重的病害之一,有"水稻癌症"之称。其主要侵染寄主为禾本科植物,它同纹枯病、白叶枯病并称为水稻三大病害,每年全球因稻瘟病造成的水稻产量损失达10%～30%。我国最早关于稻瘟病的文字记载可追溯到明朝宋应星所著的《天工开物》中,"发炎火"指的就是稻瘟病。稻瘟菌主要侵染水稻地上部位,由于侵染点不同引起的病症和病害程度也不同,其中叶瘟和穗颈瘟较为常见,造成的危害也较大,而在水稻抽穗灌浆期,穗颈瘟的发生可造成高达80%的产量损失。

(4)南方水稻黑条矮缩病 Southern rice black-streaked dwarf virus

南方水稻黑条矮缩病毒病于2001年在广东省阳西县发现,当时因其发病症状和水稻黑条矮缩病极为相似,所以被认为是水稻黑条矮缩病毒。直到2008年,其病原物被鉴定为一个水稻病毒新种,并命名为南方水稻黑条矮缩病。自发现以来,该病害在长江以南广大稻区危害,发生面积逐年增大,2009年开始大暴发,在广东、广西、湖南、湖北、江西、浙江等水稻产区普遍发生,局部受害严重,有些地区甚至绝收(雷文斌,2014)。

(5)玉米南方锈病 Puccinia polysora Underw.

玉米南方锈病由多堆柄锈菌引起,是我国玉米上的重要病害之一。该病害广泛发生于热带至温带玉米种植区,为真菌性病害,其暴发流行时对玉米产量和品质都有较大影响,部分流行年份玉米产量损失高达50%,严重时甚至造成绝收(Sun Q et al., 2021;马占鸿 等,2022)。

(6)马铃薯晚疫病 Phytophthora infestans (Mont.)de Bary

马铃薯晚疫病又称为马铃薯瘟,由致病疫霉引起,是世界范围内对马铃薯破坏性最大的病害之一(中华人民共和国农业部种植业管理司,2010)。在1845年的爱尔兰,晚疫病摧毁了所有的马铃薯,而马铃薯是当地人民的主要食物来源,从而导致成千上万的人死亡。当马铃薯叶片受害时,先在叶尖或叶缘出现水渍状褪绿斑,逐渐扩大为圆形暗绿色病斑,在潮湿时,病斑扩展迅速,可扩及叶的大半甚至全叶,边缘还会产生一圈白霉,在叶背面特别明显。发病严重时,成片的植株都会变成焦黑。

(7)油菜菌核病 Sclerotinia sclerotiorum (Lib.)de Bary

油菜菌核病是由核盘菌导致的一种世界性真菌病害,也是我国油菜主产区的最主要病害,平均每年可造成油菜籽产量损失10%～20%,在发病严重的长三角区域损失可达80%(李腾,2022)。油菜菌核病还导致油菜种子含油量降低、脂肪酸组成发生变化,严重影响菜籽油的品质。

(8)大豆根腐病(疫霉属 Phytophthora spp.、腐霉属 Pythium spp.、镰刀菌属 Fusarium spp.、拟茎点霉属 Phomopsis spp. 和丝核菌 Rhizoctonia spp.)

大豆根腐病是一种世界性土传病害,自1917年美国最先发现并报道大豆根腐病后,目前在世界各大豆产区均有该病发生与危害状况的报道,国内大豆根腐病主要分布于东北春大豆区和黄淮大豆产区。大豆根腐病可由多种病菌引起,主要有疫霉属、腐霉属、镰刀菌属、拟茎点霉属和丝核菌(姜雪 等,2023)。该病在大豆生长的各个时期都可发生,一旦感染上根腐病,将会导致烂种、死苗、根腐和茎腐,发病植株的根部变为褐色,侧根腐烂,茎基部变褐腐烂。

1.7.3.3　害鼠(1 种)

褐家鼠 *Rattus norvegicus* (Berkenhout)。

1.7.3.4　特殊情形

全国农业植物检疫性有害生物及新发、突发农作物病虫害,严重威胁农业生产时参照一类农作物病虫害管理。

1.7.3.5　病虫害名录增补

2023 年 11 月 10 日,根据《农作物病虫害防治条例》有关规定,农业农村部发布了第 723 号 公告 (http://www. moa. gov. cn/govpublic/ZZYGLS/202311/t20231114_6440469. htm),决定将番茄潜叶蛾增补纳入《一类农作物病虫害名录》管理。

番茄潜叶蛾[*Tuta absoluta* (Meyrick)]是世界性入侵害虫,具有寄主作物多、适生区域广、繁殖能力强、造成危害损失重等特点。2017 年,番茄潜叶蛾传入我国,被农业农村部列为农业外来入侵物种。目前,番茄潜叶蛾已在我国新疆、云南、山西、甘肃、四川、内蒙古、北京、辽宁、山东等省(区、市)定殖,呈扩展蔓延态势,严重危害番茄生产,一般可导致减产 20%~30%,重者达 50%以上,严重威胁"菜篮子"供应保障的安全。

第2章 小麦病虫害发生发展气象等级预报技术

本章主要以小麦赤霉病、蚜虫、条锈病和白粉病为例,介绍小麦病虫害发生发展气象等级预报技术。

2.1 小麦赤霉病发生发展气象等级预报技术

小麦赤霉病是威胁我国小麦产量和品质的主要病害,且可防不可治。20 世纪 90 年代以来,我国赤霉病的年平均发生面积在 415 万 hm² 以上,其中长江流域麦区(包括江苏、安徽、湖北和四川等省)是小麦赤霉病发生最严重的地区。在小麦整个生长季赤霉病均可危害,造成苗枯、茎腐、茎基腐和穗腐,最常见的是穗腐。麦穗受害后,麦粒变得皱缩干瘪,品质低劣,产量降低、种子出苗率低,并含有致呕毒素和类雌性毒素造成人畜中毒。因此,建立小麦赤霉病发生发展气象等级预报技术可为气象部门开展预报预警、做好为农服务,以及相关部门与农民进行适期防治提供技术支撑。

2.1.1 小麦赤霉病发生发展气象等级指标

2.1.1.1 小麦赤霉病农田小气候气象指标的确定

(1)赤霉病发生发展农田小气候监测点的布设

江苏省 2010 年以来小麦种植面积维持在 210 万 hm² 左右,占全国小麦面积的 9%,位列全国第四,是最大的弱筋小麦主产省份,对中国小麦产业至关重要。江苏省小麦赤霉病流行频率高,发生程度重,每年发生面积超过 67 万 hm²,成为小麦威胁最大的病害。江苏省赤霉病具有 3 个特征:(1)田间菌源充足,各地稻桩子囊壳丛带菌率均远超大发生指标,且有逐年增加的趋势,沿江、里下河、沿淮部分地区高于 10%;(2)自然发病程度重,近年来小麦赤霉病每年均有自然发病重的田块,重发田块病穗率在 20% 以上,重发年份个别失治田块甚至造成绝收;(3)品种间发病程度差异大,江苏省各地主栽品种普遍易感赤霉病或耐病性较弱,特别是沿海、沿淮、里下河北部高感品种种植面积较大。

为有效确定小麦赤霉病发生发展的气象等级指标,2013—2014 年在江苏省 5 个农业生态区(太湖流域和东部地区、沿江地区、里下河和东部沿海地区、沿淮地区、宁镇扬丘陵地区)内的小麦种植区建立了 13 个农田小气候监测点,兼顾空间分布的均匀性和代表性,站点位置分别布设在张家港、金坛、通州、丹阳、高邮、仪征、靖江、东海、东台、丰县、洪泽、宜兴、兴化(图 2.1)。在这些站点进行小麦赤霉病病情系统消长动态监测的同时,还进行农田小气候同步观测试验。农田小气候观测站每天 24 h 不间断对试验点麦田的温度、湿度、降水、辐射等气象要素进行自动监测记录,尤其在小麦抽穗扬花期,对田间赤霉病发生发展气象条件进行跟踪观测。

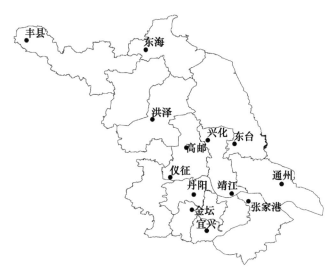

图 2.1　2013—2014 年布设的江苏省小麦赤霉病发生发展气象条件实时监测站点

(2)影响小麦赤霉病发生发展的主要气象因子

以赤霉病病穗率观测值较长(1975—2014 年)的南通市作为分析样本,根据小麦抽穗扬花期间的日平均气温、日最高气温、日最低气温、日平均相对湿度、总降水量、降水日数、日照时数、风速等气象因子,利用相关分析法,计算各单一气象因子或多种气象要素的组合因子与赤霉病病穗率的相关关系,分析感病期各气象要素对赤霉病的诱发程度。

分析结果表明,小麦抽穗扬花期间的日平均气温、日平均相对湿度与赤霉病流行的等级密切相关(表 2.1):其日平均气温与赤霉病病穗率的相关系数为 0.58,F 值为 19.54,通过极显著水平(α=0.001)统计信度检验;日平均相对湿度与赤霉病病穗率的相关系数为 0.65,F 值为 27.95,统计信度同样通过 α=0.001 极显著水平的统计检验。

表 2.1　各气象要素与赤霉病病穗率相关系数

气象要素	日平均气温	日最高气温	日最低气温	日平均相对湿度	总降水量	降水日数	日照时数	风速
相关系数	0.58	0.27	0.25	0.65	0.20	0.24	0.29	0.26
F 值	19.54	6.97	5.23	27.95	4.10	4.89	7.87	6.03

因此,高温高湿天气与抽穗扬花期重叠是小麦赤霉病发生流行的重要致灾气象条件。

(3)小麦赤霉病农田小气候气象指标的确定

利用 2013—2014 年江苏各小气候试验点整点观测的温、湿度值(若整点数据缺失,则用最邻近的非整点观测数据代替),计算该试验点的日平均温度、湿度。为使数据具有可比性,延续以往气象资料的取值办法,即以北京时间 20 时为日界,对北京时 02 时、08 时、14 时、20 时四个时次的观测值求平均得到某日的日均值。

根据小麦赤霉病始见病日至病情稳定期病情系统消长动态监测数据,分时段统计农田小气候日平均温度(T_c)与日平均相对湿度(RH)同时满足不同数值组合的出现频率,其中 $T_c \in [12,19]$(单位:℃)、RH$\in [60,85]$(单位:%),步长 δ 均取 1。

小麦赤霉病是典型的气候型病害,一般在抽穗扬花期和高温高湿气象条件下受侵染,至显症有 3～15 d 的潜伏期,因此选取了以病情系统消长动态监测日为始日,前推 3 d、5 d、7 d、10 d、15 d 这 5 种可能时段。应用枚举法,分别对每种时段内,小气候观测站气象条件同时满足不同 T_c 与 RH(其中 $T_c \in [12,19]$、RH$\in [60,85]$、$\delta=1$)共 208 种数值组合的出现频率,与赤霉病病穗率做相关分析,并进行显著性检验,找出适宜赤霉病发生发展的农田小气候温湿度条件。

以赤霉病病情系统消长动态监测日为始日,前推 3 d、5 d、7 d、10 d 这 4 个时段,所有 T_c 与 RH 不同组合的出现频率与赤霉病病穗率关系均不密切,全部组合均未通过 $\alpha=0.1$ 的显著性检验。而前推 15 d 时段中,部分 T_c 与 RH 组合的出现频率与赤霉病病穗率关系密切,表 2.2 和表 2.3 分别给出了 208 种数值组合中通过 $\alpha=0.1$、$\alpha=0.05$ 的显著性检验的统计结果,说明赤霉病菌从侵染到显症的潜伏期为 10～15 d。

表 2.2 病穗率与前 15 d 时段内农田小气候同时满足不同温湿度组合出现频率的相关系数
(通过 $\alpha=0.1$ 的显著性检验)

同时满足条件	$T_c \geqslant 14$℃ RH$\geqslant 61$%	$T_c \geqslant 15$℃ RH$\geqslant 61$%	$T_c \geqslant 16$℃ RH$\geqslant 61$%	$T_c \geqslant 14$℃ RH$\geqslant 62$%	$T_c \geqslant 15$℃ RH$\geqslant 62$%	$T_c \geqslant 16$℃ RH$\geqslant 62$%	$T_c \geqslant 15$℃ RH$\geqslant 63$%
相关系数	0.28	0.35	0.31	0.29	0.36	0.32	0.31
同时满足条件	$T_c \geqslant 16$℃ RH$\geqslant 63$%	$T_c \geqslant 15$℃ RH$\geqslant 64$%	$T_c \geqslant 16$℃ RH$\geqslant 64$%	$T_c \geqslant 14$℃ RH$\geqslant 65$%	$T_c \geqslant 15$℃ RH$\geqslant 65$%	$T_c \geqslant 16$℃ RH$\geqslant 65$%	$T_c \geqslant 14$℃ RH$\geqslant 66$%
相关系数	0.28	0.32	0.29	0.29	0.35	0.32	0.29
同时满足条件	$T_c \geqslant 15$℃ RH$\geqslant 66$%	$T_c \geqslant 16$℃ RH$\geqslant 66$%	$T_c \geqslant 15$℃ RH$\geqslant 67$%	$T_c \geqslant 16$℃ RH$\geqslant 67$%	$T_c \geqslant 15$℃ RH$\geqslant 68$%	$T_c \geqslant 16$℃ RH$\geqslant 68$%	$T_c \geqslant 16$℃ RH$\geqslant 80$%
相关系数	0.35	0.32	0.28	0.32	0.28	0.32	0.29
同时满足条件	$T_c \geqslant 16$℃ RH$\geqslant 81$%	$T_c \geqslant 18$℃ RH$\geqslant 81$%	$T_c \geqslant 16$℃ RH$\geqslant 82$%	$T_c \geqslant 17$℃ RH$\geqslant 82$%	$T_c \geqslant 18$℃ RH$\geqslant 82$%	$T_c \geqslant 16$℃ RH$\geqslant 83$%	$T_c \geqslant 17$℃ RH$\geqslant 83$%
相关系数	0.30	0.28	0.32	0.29	0.31	0.35	0.31

同时满足	$T_c \geqslant 18℃$	$T_c \geqslant 16℃$	$T_c \geqslant 17℃$	$T_c \geqslant 18℃$	$T_c \geqslant 16℃$
条件	$RH \geqslant 83\%$	$RH \geqslant 84\%$	$RH \geqslant 84\%$	$RH \geqslant 84\%$	$RH \geqslant 85\%$
相关系数	0.35	0.35	0.28	0.31	0.33

表 2.3　病穗率与前 15 d 时段内农田小气候同时满足不同温湿度组合出现频率的相关系数（通过 $\alpha = 0.05$ 显著性检验）

同时达	$T_c \geqslant 15℃$	$T_c \geqslant 15℃$	$T_c \geqslant 15℃$	$T_c \geqslant 15℃$	$T_c \geqslant 16℃$	$T_c \geqslant 18℃$	$T_c \geqslant 16℃$	$T_c \geqslant 16℃$
到条件	$RH \geqslant 61\%$	$RH \geqslant 62\%$	$RH \geqslant 65\%$	$RH \geqslant 66\%$	$RH \geqslant 83\%$	$RH \geqslant 83\%$	$RH \geqslant 84\%$	$RH \geqslant 85\%$
相关系数	0.35	0.36	0.35	0.35	0.35	0.35	0.35	0.33

　　从表 2.2、表 2.3 可以得出：病情系统消长动态监测日前推 15 d 时段内，农田小气候气象条件同时达到日平均气温 $T_c \geqslant 14$ ℃、日平均相对湿度 $RH \geqslant 61\%$，即为赤霉病发生达标日，其出现频率（达标日数与某时段总天数的比值）与赤霉病病穗率呈线性正相关，相关系数 $r = 0.28$，$p = 0.093324 < 0.1$，通过了 $\alpha = 0.1$ 的显著性检验。其中，小气候气象条件同时达到日平均气温 $T_c \geqslant 15$ ℃、日平均相对湿度 $RH \geqslant 62\%$ 的出现频率与赤霉病病穗率关系最密切，相关系数 $r = 0.36$，$p = 0.032612 < 0.05$，通过了 $\alpha = 0.05$ 的显著性检验。

　　因此，可以把农田小气候同时达到日平均气温 $T_c \geqslant 14$ ℃、日平均相对湿度 $RH \geqslant 61\%$ 的天气作为一个赤霉病发生达标日。农田小气候条件同时满足日平均气温 $T_c \geqslant 15$ ℃、日平均相对湿度 $RH \geqslant 62\%$ 的达标日最适宜小麦赤霉病发生发展。

2.1.1.2　小麦赤霉病自动气象站指标的确定

　　（1）作物层温、湿度与自动气象站温度、湿度及风速的关系

　　将农田小气候观测的作物层气象资料与同时段自动气象站气象要素观测值进行对比和回归分析，找出赤霉病发生达标日农田小气候指标所对应的自动气象站气象指标。

　　影响农田作物层温度、湿度的气候因素包括风速、气温、空气湿度等。针对 2013—2014 年小麦易感病关键期，利用江苏 5 个农田生态区 13 个试验监测点的农田小气候 24 h 整点观测的温度、湿度，以及同区域自动气象站定时温度（T）、湿度、风速资料，进行相关分析（样本不考虑不同站点之间的差异性）。风速采用 2 min 定时风速，取 1 位小数。空气湿度采用空气中实际水汽压与当时气温下的饱和水汽压之比（U），以百分数（%）表示，取整数。

　　结果表明：①自动气象站温度与农田小气候温度呈高度正相关，相关系数为 0.96，拟合优度 R^2 为 0.923，非常接近于 1，拟合效果好（图 2.2），通过了 $\alpha = 0.001$ 的显著性检验。②自动气象站湿度与农田小气候湿度呈高度正相关，相关系数为

0.94,通过了 $\alpha=0.001$ 的显著性检验(图 2.3)。③自动气象站风速与农田小气候温度呈弱相关,相关系数为 0.30,通过了 $\alpha=0.05$ 的显著性检验,自动气象站风速与农田小气候观测湿度的相关系数为 0.36,通过了 $\alpha=0.05$ 的显著性检验。

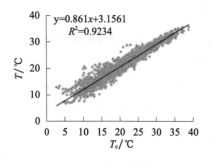

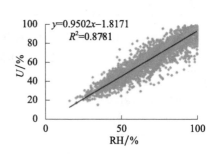

图 2.2　田间小气候观测温度与同区域自动气象站温度散点图　　　图 2.3　田间小气候观测空气湿度与同区域自动气象站空气湿度散点图

(2)小麦赤霉病发生达标日自动气象站指标的确定

由于各气候因子之间关系复杂,可能存在相互作用,相关系数好不一定表明该要素是主要影响因子,为此,采用多元回归分析方法,通过 F 统计量检验各因子对农田小气候温湿度的方差贡献,来确定影响农田小气候的主要气象因子,建立自动气象站风速、气温、相对湿度与农田小气候风速、温度和相对湿度的标准化多元回归方程,计算出适宜赤霉病发生发展的自动气象站气象条件。

表 2.4 给出田间小气候温、湿度多元回归各自变量回归效果的检验统计量。可以看出,风速对田间小气候温度、湿度的变化影响均较弱,可以忽略。

表 2.4　田间小气候温度、湿度多元回归自变量回归效果检验统计量

	自动气象站温度	自动气象站湿度	自动气象站风速
田间小气候温度	98.54*	—	2.69
田间小气候湿度	—	112.2*	2.81

注:"*"表示通过 $\alpha=0.05$ 的显著性检验。

据以上分析,最终建立的回归方程为:

$$T=0.861T_c+3.156 \tag{2.1}$$

$$U=0.950\text{RH}-1.817 \tag{2.2}$$

式中,T_c、RH 分别表示田间小气候温度、湿度;T、U 分别表示同区域自动气象站温度、湿度。

根据公式(2.1)、(2.2),计算得到

当 $T_c=14$ ℃时,$T=15.2$ ℃;当 RH=61% 时,$U=56.1\%$;

当 $T_c=15$ ℃时,$T=16.1$ ℃;当 RH=62% 时,$U=57.1\%$。

即小麦赤霉病发生达标日基于自动气象站观测的气象条件为同时达到日平均气温 $T\geqslant15.2$ ℃、日平均相对湿度 $U\geqslant56.1\%$；最适宜小麦赤霉病发生发展的指标是自动气象站温湿度观测值同时满足日平均气温 $T\geqslant16.1$ ℃、日平均相对湿度 $U\geqslant57.1\%$。

（3）小麦赤霉病发生达标日自动气象站指标的检验

赤霉病发生达标日基于自动气象站观测的气象条件为：同时达到日平均气温 $T\geqslant15.2$ ℃、日平均相对湿度 $U\geqslant56.1\%$。小麦易感病关键期内，满足此条件的日期记为达标日，某时段达标日的出现频率记为达标率。

按照上述标准，应用 2015 年 5 个生态区 13 个试验点的自动气象站温、湿度资料，计算出赤霉病发生达标日出现频率（图 2.4），即达标率（%）与 15 d 后监测的小麦病穗率（%）的关系图。从图中可以看出：①赤霉病发生达标日的出现频率与小麦病穗率存在正相关关系，达标率越高，小麦病穗率越多，两变量间相关系数 $r=0.74$。②模型有极显著的统计学意义，通过了 $\alpha=0.001$ 的显著性检验。

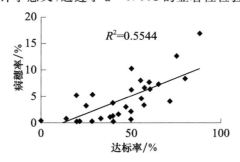

图 2.4　2015 年赤霉病发生达标率与小麦病穗率关系图

因此，把自动气象站同时达到日平均气温 $T\geqslant15.2$ ℃、日平均相对湿度 $U\geqslant56.1\%$ 的日期作为赤霉病发生达标日具有较高的可信度。

2.1.1.3　建立湿热指数判别小麦赤霉病发生发展的气象等级

（1）小麦赤霉病湿热指数的建立

小麦易感病关键期的天气状况对发病轻重起着决定性作用。自动气象站气象条件同时达到日平均气温 $T\geqslant16.1$ ℃、日平均相对湿度 $U\geqslant57.1\%$ 的达标日最适宜小麦赤霉病发生发展，但是影响程度与温、湿度偏离状态密切相关。高温、高湿对赤霉病的诱发作用大，同时为了更方便地应用研究成果，利用上述两要素，采用和、积、商等多种组合形式，进行反复计算，最终发现以其代数和形式构造的湿热指数，在判别小麦赤霉病发生流行的气象适宜性中效果最优。

湿热指数表达式为：

$$W=\left(\frac{1}{n}\sum_{i=1}^{n}\frac{T_i-16.1}{T_0}+\frac{1}{n}\sum_{i=1}^{n}\frac{U_i-57.1}{U_0}\right)\times100 \tag{2.3}$$

式中,W 为某时段湿热指数,T 为对应时段内自动气象站日平均温度,T_0 为该地区某时段所处月份的多年平均温度,U 为对应时段内自动气象站日平均相对湿度,U_0 为该地区某时段所处月份的多年平均相对湿度。

利用 W 判别小麦赤霉病发生流行的气象适宜性,需要确定 W 的界限值。根据公式(2.3),计算 2013 年、2014 年 5 个生态区 13 个站点各时段的 W 值,与霉病病情系统消长动态监测的 15 d 后相应时段内赤霉病病穗率增加量(某时段末日监测的病穗率与首日病穗率之差)进行统计分析(图 2.5)。

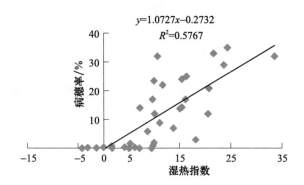

$$y=1.0727x-0.2732$$
$$R^2=0.5767$$

图 2.5　各时段湿热指数与赤霉病病穗率增加量(%)

由图 2.5 得到以下线性拟合模型:

$$S=1.0727W-0.273 \tag{2.4}$$

式中,S 为某时段赤霉病病穗率增加量(%)(某时段末日监测的病穗率与首日病穗率之差),W 为 15 d 前对应时段的湿热指数值。对方程回归系数的显著性检验,$P<0.001$,达到了极显著水平。

利用方程(2.4),得到 $W=9.6$ 时,$S=10\%$;$W=18.9$ 时,$S=20\%$;$W=28.3$ 时,$S=30\%$。即:当湿热指数 $W<9.6$ 时,15 d 后小麦赤霉病病穗率增加小于 10%,赤霉病发生发展的气象适宜性等级为 1 级;当 $9.6 \leqslant W<18.9$ 时,15 d 后小麦赤霉病病穗率增加量为 10%~20%,赤霉病发生发展的气象适宜性等级为 2 级;当 $18.9 \leqslant W<28.3$ 时,15 d 后小麦赤霉病病穗率增加量为 20%~30%,赤霉病发生发展的气象适宜性等级为 3 级;当湿热指数 $W \geqslant 28.3$ 时,15 d 后小麦赤霉病病穗率增加将超过 30%,气象条件对赤霉病的流行非常适宜,赤霉病发生发展的气象适宜性等级为 4 级。

实际应用中,一般从小麦抽穗扬花期开始,根据气象要素的实况值计算 W,判别前期气象条件是否适宜赤霉病发生发展;应用欧洲中期天气预报中心(ECMWF)细网格(0.25°×0.25°)数值预报、T639 等中、短期数值预报产品,预测未来几天的温度和空气相对湿度,计算 W,判别赤霉病发生流行的气象适宜性等级,对赤霉病发生发展进行动态监测预报,指导农户科学防治赤霉病,减少防治成本。

(2)小麦赤霉病湿热指数的回代检验

2003年江苏省小麦赤霉病发生较重,2004年、2008年江苏省小麦赤霉病中等到轻发生,因此选取计算了2003年、2004年、2008年6个站点:洪泽(沿淮地区)、东台(里下河及东部沿海地区)、通州和金坛(沿江及苏南地区)、仪征(宁镇扬丘陵地区)、宜兴(太湖周边地区)的湿热指数,检验其动态判别赤霉病发生发展的气象条件适宜性等级的准确率。从表2.5—表2.7可以看出,2003年判别结果与实际相符的有15例,错误4例,判别准确率为78.9%;2004年判别结果与实际相符的有9例,错误1例,判别准确率为90.0%;2008年判别结果与实际相符的有8例,错误2例,判别准确率为80.0%。

表2.5　2003年湿热指数动态判别小麦赤霉病气象条件适宜度回代检验

站名	时段/(月-日)	W	气象条件适宜度等级	预测15 d后病穗率增加/%	实际病穗率增加/%	预测正确性
洪泽	4-20—4-25	−2.7	1	<10	3.4	+
	4-26—4-30	16.2	2	[10,20)	18.2	+
	5-1—5-5	18.1	2	[10,20)	13.4	+
	5-6—5-10	25.1	3	[20,30)	45.2	−
东台	4-16—4-19	11.1	2	[10,20)	3.0	−
	4-20—4-25	1.6	1	<10	6.0	+
	4-26—4-30	17.7	2	[10,20)	20.0	+
	5-1—5-5	19.0	3	[20,30)	21.0	+
	5-6—5-10	13.8	2	[10,20)	5.0	−
通州	4-18—4-23	22.9	3	[20,30)	27.0	+
	4-24—4-26	−11.1	1	<10	7.6	+
	4-27—4-29	20.8	3	[20,30)	21.6	+
	4-30—5-5	15.5	2	[10,20)	15.4	+
金坛	4-16—4-22	23.7	3	[20,30)	21.0	+
	4-23—4-27	−7.1	1	<10	7.0	+
	4-28—5-4	18.7	2	[10,20)	18.0	+
	5-5—5-7	11.1	2	[10,20)	2.5	−
仪征	4-19—4-30	30.7	4	≥30	48.5	+
宜兴	4-18—5-2	19.2	3	[20,30)	28.5	+

注:"+"代表判别正确;"−"代表判别错误,下同。

表 2.6　2004 年湿热指数动态判别小麦赤霉病气象条件适宜度回代检验

站名	时段/ (月-日)	W	气象条件适宜 度等级	预测 15 d 后病穗 率增加/%	实际病穗率 增加/%	预测正 确性
洪泽	5-1—5-5	7.2	1	<10	0.8	+
	5-6—5-10	−4.2	1	<10	0.6	+
东台	4-28—5-2	4.2	1	<10	1.2	+
	5-3—5-5	11.7	2	[10,20)	1.3	−
	5-6—5-10	−1.4	1	<10	0.3	+
通州	4-20—4-28	15.1	2	[10,20)	10.4	+
	4-29—5-2	9.5	1	<10	8.0	+
金坛	4-19—4-28	8.7	1	<10	0.4	+
	4-29—5-9	5.3	1	<10	0.2	+
仪征	4-8—4-25	−7.3	1	<10	1.0	+

表 2.7　2008 年湿热指数动态判别小麦赤霉病气象条件适宜度回代检验

站名	时段/ (月-日)	W	气象条件适宜 度等级	预测 15 d 后病穗 率增加/%	实际病穗率 增加/%	预测正 确性
洪泽	4-30—5-5	8.1	1	<10	0.2	+
	5-6—5-9	14.4	2	[10,20)	0.4	−
东台	4-20—4-25	5.2	1	<10	1.4	+
	4-26—4-29	−12.0	1	<10	3.5	+
	4-30—5-5	16.4	2	[10,20)	8.3	−
通州	4-22—4-27	5.1	1	<10	3.5	+
	4-28—5-2	1.7	1	<10	7.5	+
金坛	4-19—4-25	7.1	1	<10	2.8	+
	4-26—5-3	0.0	1	<10	4.2	+
宜兴	4-23—4-30	−0.1	1	<10	1.6+	

（3）小麦赤霉病湿热指数的应用检验

表 2.8 为 2015 年应用湿热指数动态判别江苏省小麦赤霉病气象条件适宜性检验结果，判别结果与实际相符的有 24 例，错误 6 例，判别准确率为 80.0%。

由此可见，应用湿热指数动态判别赤霉病发生流行的气象适宜性等级效果较好。

表 2.8 2015 年应用湿热指数动态判别小麦赤霉病气象条件适宜性检验结果

生态区	站名	时段/ (月-日)	W	气象条件适 宜度等级	预测病穗率 增加/%	实际病穗率 增加/%	预测正 确性
沿淮及淮 北地区	洪泽	4-17—4-19	8.9	1	<10	3.0	+
		4-20—4-25	8.5	1	<10	1.0	+
		4-26—4-30	9.4	1	<10	7.0	+
		5-1—5-5	13.6	2	[10,20)	7.5	—
		5-6—5-10	14.3	2	[10,20)	12.5	+
	丰县	4-26—5-2	4.3	1	<10	0.6	+
		5-3—5-9	8.2	1	<10	0.1	+
里下河及 东部沿海 地区	东台	4-25—4-29	8.4	1	<10	0.4	+
		4-30—5-5	13.7	2	[10,20)	1.4	—
		5-6—5-10	9.4	1	<10	0	+
	兴化	4-20—4-24	−0.3	1	<10	0.4	+
		4-25—4-27	6.0	1	<10	2.0	+
		4-28—5-1	16.2	2	[10,20)	10.1	+
		5-2—5-5	12.8	2	[10,20)	6.1	—
		5-6—5-9	5.7	1	<10	6.2	+
宁镇扬丘 陵地区	靖江	4-10—4-14	−2.1	1	<10	0.2	+
		4-15—4-20	1.7	1	<10	0	+
		4-21—5-5	8.9	1	<10	0.1	+
		5-6—5-9	4.7	1	<10	3.5	+
	丹阳	4-19—4-25	4.7	1	<10	1.3	+
		4-26—5-3	14.1	2	[10,20)	16.9	+
		5-4—5-10	10.9	2	[10,20)	7.8	—
沿江东部及 苏南地区	金坛	4-5—4-19	0.6	1	<10	0.1	+
		4-20—4-28	8.2	1	<10	4.5	+
	张家港	4-10—4-14	−0.6	1	<10	0.01	+
		4-15—4-19	9.8	2	[10,20)	0.02	—
		4-20—4-26	3.6	1	<10	0.14	+
		4-27—5-9	7.5	1	<10	0.87	+
太湖周边 地区	宜兴	4-21—4-28	2.8	1	<10	1.31	+
		4-29—5-2	17.1	2	[10,20)	0.79	—

2.1.2 基于促病指数的小麦赤霉病等级预报方法

2.1.2.1 建立小麦赤霉病促病指数的技术路线

促病指数预报模型主要针对细菌和真菌在适宜环境条件下短时间内以无性繁殖方式迅速增殖,进而侵害生物有机体而建立的预报模型。其预报重点关注对产量影响较大的关键时段、也是病菌侵染迅猛阶段的促病气象条件。在预报技术方法上,通过以日为单位的气象条件适宜达标单元,判断气象条件促进或抑制病害侵染流行的累积效应。这类模型主要适用于小麦赤霉病气象等级预报模型。

一般情况下,温暖潮湿的天气气候条件利于各种作物病害的发生发展,因此,首先通过判断逐日温度、湿度等气象条件是否达到病菌生理活动适宜的条件,如果达到则记为促病暖湿日,并以促病暖湿日作为预报因子。其次,在危害关键时段内暖湿日连续出现会极大地促使病菌侵染繁殖,因此根据促病暖湿日连续出现的天数、促病暖湿日与病害影响作物产量形成关键时段的吻合程度确定促病指数预报模型的影响系数;最后根据历史病害发生程度与促病指数之间的相关性确定病害发生发展气象等级分级指标(适宜、较适宜和不适宜)。建立促病指数预报模型技术路线如图 2.6 所示。

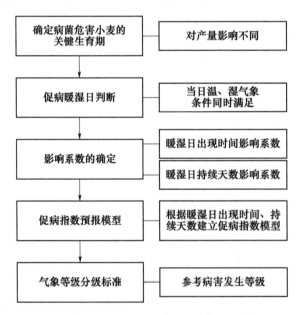

图 2.6 建立促病指数预报模型的技术路线

2.1.2.2 促病指数预报模型建立方法

(1)促病暖湿日的判断

如前所述,温暖潮湿的天气气候条件利于作物病害的发生发展,并且研究表明温暖潮湿的天数与一部分病害的发生蔓延具有较好的正相关关系,因此,采用出现促病暖湿日作为这类病害发生发展的预报变量,通过计算其对病害侵染流行的累积效应——促病指数,进而判断气象条件对病害发生流行的影响程度。

对于不同的病原微生物,促使其发生发展的促病暖湿日的判断标准不同,但一般以适宜病菌各种生理活动的温度、空气相对湿度、降水等为主要表达特征;此外,光照条件偏弱也有利于病菌的侵染和繁殖。病菌各种生理活动对气象条件的需求多来源于对病菌生物学研究的相关文献,并且不同的作物种植区域各种病原微生物的生理气象指标略有不同。例如,江淮地区多以日平均气温≥15 ℃、相对湿度≥85%作为小麦赤霉病诱发的促病暖湿日标准,而在四川盆地平坝麦区小麦赤霉病促病暖湿日的判断标准为日平均气温≥12 ℃、日照为 0 且日平均空气相对湿度≥85%。

(2)促病暖湿日出现时间的影响系数

一般情况下,在作物产量形成关键时段感染病害对作物产量影响最大,由此判断当促病暖湿日出现在作物产量形成关键时段对病害及其危害的诱发作用影响要大于其他时段。小麦赤霉病在小麦整个生长季节里均可发生危害,但在抽穗扬花期侵染对产量影响最大,因此在抽穗扬花期间出现暖湿日对病害发生发展及其后续对产量的影响要大于其他时段。为此,在建立模型的时候集中选取在抽穗扬花期出现的促病暖湿日作为预报因子。

有研究表明(李娟,2023),暖湿日出现时间与病害影响作物产量形成关键时段的吻合程度越高,对病害发生发展以及对作物产量的影响越大。在小麦整个抽穗扬花期的时段内,各时间段赤霉病侵染致病的程度不一,其中抽穗扬花盛期感病对产量影响大于在抽穗扬花始期和末期,相应地促病暖湿日出现在抽穗扬花盛期对病害的诱发作用影响要比在抽穗扬花始期和末期大,病害发展后对产量的影响也更大,因此可以根据相关研究(张旭辉 等,2008)和数理计算方法将促病暖湿日出现时间的影响系数进行厘定。

(3)促病暖湿日连续出现的影响系数

促病暖湿日连续出现表明病害发生发展所需要的气象条件在较长时段内都能得到满足,将会极大地促进病害的发生发展,并且这种影响会随着连续时间延长而呈非线性的增长,因此可以通过专家打分法、数值试验法等数理统计方法得出促病暖湿日连续出现的影响系数。

(4)促病指数预报模型

$$Z = \sum_{i=1}^{n} C_i A_i D_i \qquad (2.5)$$

式中,促病指数 Z 为病害危害关键时段内促病暖湿日 D_i 及其出现时间影响系数 A_i、连续出现时长影响系数 C_i 的函数。其中 D_i 为判断第 i 日是否为促病暖湿日,若是取 $D_i=1$;否则 $D_i=0$;A_i 为第 i 个暖湿日出现时间对促病指数的影响系数,可以认为,时段内每个暖湿日出现都具有相同的作用和影响,取值为1,也可以根据暖湿日在病害危害关键时段内出现时间不同作用和影响不同而确定影响系数;C_i 为第 i 个暖湿日持续出现对促病指数的影响系数,一般情况下持续时间越长影响越大。

促病指数计算出了暖湿日出现对病害侵染流行的累积效应,是促病气象条件的评判,然后需要根据农业部门建立的病情指数(病穗率)历史序列资料,划分气象条件适宜、较适宜和不适宜病害发生发展的促病指数取值范围。

(5)促病指数预报模型的回代检验

促病指数预报模型的回代检验包括站点历史回代检验和空间回代检验两部分。

历史回代检验:选择典型代表站,利用历史气象资料计算各站每年的促病指数并判断气象条件适宜程度等级。根据气象条件适宜程度等级与小麦赤霉病病害发生发展等级的吻合程度来判定,准确率计算方法如下:

$$\text{预报准确率} = \frac{\text{预报与实际相符站数}}{\text{实际发生相应级别站数}} \times 100\% \tag{2.6}$$

空间回代检验:选取小麦赤霉病病害大发生年和轻发生年,利用预报区域内所有气象站点大发生年和轻发生年气象资料,计算促病指数并判断气象条件适宜程度等级。根据区域气象条件适宜程度等级与小麦赤霉病病害发生发展的实况来判定。

需要注意的是,农业部门小麦赤霉病病情等级资料划分为5级。由于气象条件分级依据业务应用便捷性划分不完全一致,在检验时要兼顾病情指数历史及病情等级资料。

2.1.2.3 利用促病指数预报小麦赤霉病气象等级的案例

(1)促病暖湿日判断

小麦赤霉病是适温、高湿条件下发生的病害,发病的气象条件为日平均气温 $\geqslant$ 15 ℃,3 d 以上连续阴雨或连续大雾或相对湿度在 85%～90%。因此,将日平均气温 $\geqslant$ 15 ℃、相对湿度 $\geqslant$ 85% 的天气作为适宜赤霉病发生天气,记为促病暖湿日 D_i。研究表明,小麦生长季内累计暖湿日总和与赤霉病发生的相关性通过 0.001 的显著性检验,相关系数为 0.52。

(2)促病指数影响系数的确定

在小麦抽穗扬花期赤霉病感病时,促病暖湿日对赤霉病的影响程度与其出现的时间及持续的天数密切相关。抽穗开花盛期的一个促病暖湿日对赤霉病的诱发作用明显高于抽穗开花初期和末期一个促病暖湿日的作用;同时,促病暖湿日连续出现的时间越长,对赤霉病的诱发作用越大。为此,定义了促病暖湿日出现时间的影响系数和促病暖湿日连续出现的影响系数。

促病暖湿日出现时间的影响系数 A_i 计算方法如下:

$$A_i = (1/\sqrt{2\pi}\sigma)e^{-(i-\mu)^2/(2\sigma^2)} \bigg/ \sum_{i=1}^{n} (1/\sqrt{2\pi}\sigma)e^{-(i-\mu)^2/(2\sigma^2)} \tag{2.7}$$

式中,i 为小麦抽穗扬花期内的日期序号,n 是抽穗扬花期的总天数,μ 和 σ 分别为 i 的均值和方差。江淮地区冬小麦一般在 4 月下旬—5 月上旬抽穗扬花,因此 i 的取值为 4 月 21 日等于 1,4 月 22 等于 2,以此类推,5 月 10 日等于 20。按照最优化技术二维寻优的变量轮换原理,根据反复迭代结果,最终确定 $\sigma=7$。表 2.9 为抽穗扬花期逐日促病暖湿日对赤霉病诱发的影响系数,连续出现促病暖湿日的影响系数(C_i)由数值试验得出,结果见表 2.10。

表 2.9　抽穗扬花期逐日促病暖湿日与赤霉病诱发的影响系数对应关系

日期/ (日/月)	30/4— 1/5	29/4— 2/5	28/4— 3/5	27/4— 4/5	26/4— 5/5	25/4— 6/5	24/4— 7/5	23/4— 8/5	22/4— 9/5	21/4— 10/5
影响系数 A_i	0.067	0.066	0.0636	0.0596	0.055	0.0495	0.044	0.038	0.0328	0.027

表 2.10　促病暖湿日持续出现与赤霉病诱发影响系数

持续天数/d	1	2	3	≥4
影响系数 C_i	1.0	1.5	2.0	3.0

(3)赤霉病气象等级分级标准

通过江淮地区赤霉病促病指数与小麦赤霉病发生程度(病穗率、发生面积等)建立分级指标,确定江淮地区小麦赤霉病促病指数分级标准(表 2.11)。

表 2.11　江淮地区小麦赤霉病促病指数分级标准

赤霉病发生发展气象条件	促病指数 Z 值	发生发展气象等级
适宜	≥1.25	高
基本适宜	0.45~1.24	较高
不适宜	0~0.44	低

2.1.3　基于综合影响指数的小麦赤霉病等级预报法

2.1.3.1　资料介绍

小麦生育期观测资料来自 2002—2017 年江苏 10 个农业气象观测站的《作物生长发育状况记录年报表》,站点分别为昆山、沭阳、大丰、如皋、兴化、淮安、盱眙、滨海、赣榆、徐州。

小麦赤霉病病穗率数据来自江苏省农业部门"系统田"观测资料,"系统田"是指不进行人为化学防治的田块,数据涵盖了 13 个市,时间尺度为 2002—2017 年;另外还收集了 1997—2013 年盐城市建湖县、1995—2014 年盐城市阜宁县、1982—2018 年南通市通州区小麦病穗率资料。

气象资料来自江苏省气象局,2002—2017 年苏州、无锡、常州、南通、镇江、南京、扬州、泰州、盐城、淮安、宿迁、徐州、连云港13个市逐日降水量、天气现象、相对湿度、日照时数、平均风速、平均气温及1997—2013年盐城市建湖县、1995—2014年盐城市阜宁县、1982—2018年南通市通州区的逐日天气现象、相对湿度、平均气温。

2.1.3.2 小麦赤霉病综合影响指数的构建方法

总体思路：首先对收集到的小麦赤霉病病穗率资料进行分类整理，其次确定抽穗扬花期的具体时间段，然后利用合成分析法（施能 等,1997）分析抽穗扬花期在不同发病程度下的气象条件，并计算各气象因子与病穗率之间的相关性，利用相关普查和灰色关联法（刘思峰 等,2010），筛选出关键气象影响因子，并对各关键气象因子的影响程度进行权重赋值，最后构建小麦赤霉病的综合影响指数。

分类整理小麦赤霉病病穗率资料：不考虑区域差异,2002—2017年江苏省13个市的历年小麦赤霉病病穗率样本共208个,按照国家标准《小麦赤霉病测报技术规范》(GB/T 15796—2011)(中华人民共和国农业部,2011)中规定的赤霉病发生程度分级指标,将赤霉病的发生程度分为5级,即0级（未发生）、1级（轻发生,病穗率0.1%～10%）、2级（偏轻发生,病穗率10%～20%）、3级（中等发生,病穗率20%～30%）、4级（偏重发生,病穗率30%～40%）、5级（大发生,病穗率40%以上）。

确定小麦抽穗扬花期的具体时间段：抽穗扬花期是赤霉病感病的关键期,因此其具体时间段的确定非常重要。基于2002—2017年江苏省10个农业气象观测站的小麦生育期观测资料,对不同年份的生育期起止时间进行平均处理,考虑到江苏省南北纬跨度较大,因此以淮河灌溉总渠和长江为界线分为三个区域,以平均日期划分各区域抽穗扬花期的起止时间,最终确定苏南地区、江淮之间、淮北地区的平均抽穗扬花期分别为：4月上旬—4月中旬、4月中旬—4月下旬、4月下旬—5月上旬。

分析小麦抽穗扬花期在不同发病程度下的气象条件：利用合成分析法,统计赤霉病各等级对应的累积降水量、累积雨日、平均相对湿度、平均日照时数、平均风速、平均气温、降水持续3 d或以上的雨日总数,得到赤霉病不同发病程度下的气象条件平均状况。

关键气象影响因子的筛选和权重赋值方法：首先对不同程度下的病穗率与各气象因子的相关性进行普查,初步筛选出相关性较高的因子,然后利用灰色关联法式(2.8)确定关键气象影响因子及其权重。该方法是对系统动态过程的发展态势进行量化比较分析,利用因子间的几何接近,诊断和确定因子对系统主体行为的影响程度,即关联性大小。基本特征是：对样本数量多寡没有严格要求,不要求序列数据必须符合严格的正态分布,不会产生与定性分析大相径庭的结论,计算便捷。由于覆盖全省且时间序列较完整的小麦病穗率观测数据非常有限,可通过灰色关联分析方法采用有限站点和时间的病穗率数据来研究不同气象因子对赤霉病不同发生程度的影响权重。

$$RR_i = \frac{1}{m}\sum_{j=1}^{m}\frac{\min\limits_{i}\min\limits_{j}|x_0(j)-x_i(j)|+\rho\max\limits_{i}\max\limits_{j}|x_0(j)-x_i(j)|}{|x_0(j)-x_i(j)|+\rho\max\limits_{i}\max\limits_{j}|x_0(j)-x_i(j)|} \tag{2.8}$$

式中，$x_0(j)$ 为参考序列第 j 年的值，$x_i(j)$ 是指第 i 类比较序列第 j 年的值，m 表示总年数。$\rho \in (0,1)$ 为分辨系数，其作用是削弱两极最大差数值太大造成的失真，从而提高关联系数之间的差异显著性，一般取值为 0.5。RR_i 为灰色关联度，该值越大说明参考序列和比较序列的关联程度越大，反之越小。

（1）小麦赤霉病不同发生程度下的气象因子平均状况

有研究表明：小麦抽穗扬花期温度、湿度、光照、风对赤霉病的发生发展均有影响，其中高温、高湿是左右赤霉病流行的主导因素（张汉琳，1987），该天气条件有利于病菌孢子释放、侵染；小麦抽穗后的降雨次数，是赤霉病发生的关键环境因素；雨日条件下，小麦抽穗后 20 d 或 30 d 内日照时数与赤霉病发病率呈极显著负相关（曹祥康 等，1994）；风的大小和方向会影响局部环流，引起温度和湿度的改变（叶彩玲等，2005）。因此，在初步选择赤霉病的气象影响因子时，围绕湿度、温度、光照、风等四大类要素共选择了 7 项因子。在 2002—2017 年赤霉病 0～5 级的发生程度下，抽穗扬花期的平均气象条件为（表 2.12）：当赤霉病发生程度达 3～5 级时，累积降水量达 48.5～54.6 mm、累积雨日 6.9～8.5 d、平均相对湿度 70.7%～73.2%、平均日照时数 5.4～6.2 h、平均风速 2.5～2.6 m·s^{-1}、平均气温 16.1～16.9 ℃、降水持续 3 d 或以上的雨日 3.9～5 d。对于累积降水量、累积雨日、平均相对湿度、平均日照时数、持续 3 d 或以上的雨日 5 项因子随着病穗率的等级增高量值也在逐步增加，但平均风速和平均气温在赤霉病不同发生程度下的差异很小，风速差异小主要是由于抽穗扬花期内日平均风速通常不大，即使有短时间的大风天气被平均后数值也会较小；平均气温差异小是因为气温只要符合一定条件，均可能导致赤霉病的发生。

表 2.12　2002—2017 年江苏省小麦赤霉病不同发生程度下的气象因子平均状况（徐敏 等，2019）

病穗率等级	累积降水量/mm	累积雨日/d	平均相对湿度/%	平均日照时数/h	平均风速/(m·s⁻¹)	平均气温/℃	降水连续≥3/d 的雨日/d
0	27.5	5.9	65.5	6.8	2.7	16.6	2.3
1	31.6	5.8	62.9	8.0	2.5	18.7	1.8
2	39.1	6.9	70.4	6.4	2.8	17.2	3.3
3	54.6	6.9	70.7	5.4	2.5	16.1	3.9
4	53.1	8.5	71.1	5.6	2.5	16.5	5.0
5	48.5	7.4	73.2	6.2	2.6	16.9	4.8

（2）小麦赤霉病关键气象影响因子的相关普查

从 2002—2017 年江苏省各地小麦赤霉病病穗率与各气象因子的相关系数来看（表 2.13），平均相对湿度与病穗率的相关性最高，呈显著的正相关，13 个地（市）中有 7 个市的相关系数通过了 0.05 的显著性检验；累积降水量、累积雨日、连续降水≥3

d 的雨日与病穗率均呈正相关,相关程度稍弱于平均相对湿度;平均日照时数与病穗率呈反相关,与曹祥康等(1994)的研究结论一致,但仅有 3 个市通过显著性检验;平均风速和平均气温与病穗率的相关性较弱。因此,经相关性普查后,保留平均相对湿度、累积降水量、累积雨日、连续降水≥3 d 的雨日、平均气温作为赤霉病关键气象影响因子的筛选对象。需要说明的是,保留平均气温是因为它是赤霉病发生流行的必要条件,尽管近年来气温条件基本都满足,但为确保构建的赤霉病综合影响指数也能适用,因此予以保留。

表 2.13 2002—2017 年江苏省各地小麦赤霉病病穗率与各气象因子的相关系数(徐敏 等,2019)

地区	累积降水量	累积雨日	平均相对湿度	平均日照时数	平均风速	平均气温	降水连续≥3 d 的雨日数
苏州	0.658*	0.396	0.516*	−0.342	0.029	0.318	0.263
无锡	0.215	0.622*	0.497*	−0.496*	0.451	0.022	0.678*
常州	0.542*	0.342	0.514*	−0.329	−0.180	0.454	0.209
南通	0.608*	0.491*	0.562*	−0.486*	−0.322	−0.031	0.575*
镇江	0.252	0.469*	0.662*	−0.384	0.092	−0.023	0.528*
南京	0.170	0.394	0.334	−0.315	−0.232	0.169	0.178
扬州	0.101	0.234	0.094	−0.231	−0.405	0.228	0.390
泰州	0.258	0.100	0.548*	−0.306	−0.135	−0.031	0.263
盐城	0.608*	0.616*	0.712*	−0.666*	0.083	0.295	0.640*
淮安	0.167	0.273	0.365	−0.041	−0.503*	0.161	0.289
宿迁	0.049	−0.036	−0.075	0.112	−0.001	0.179	0.041
徐州	0.436	0.059	0.245	0.029	−0.613*	0.093	0.032
连云港	0.169	0.030	0.229	−0.103	−0.185	0.044	0.140

注:带"＊"号的值表示通过 0.05 的显著性检验。

(3)小麦赤霉病关键气象影响因子的最终确定和权重赋值

将平均相对湿度、累积降水量、累积雨日、连续降水≥3 d 的雨日数、平均气温 5 项因子进行不同组合,分别计算病穗率与气象因子的灰色关联度,由于当赤霉病达 3 级或以上时对小麦的生长和品质才具有比较大的影响,因此仅考虑 3 级或以上等级时的定量影响,另外,由于病穗率数据有限,为了尽量避免计算出的关联度的偶然性,将 13 个市的病穗率等级及其对应的气象条件,按照不同等级,统一分类计算。不同组合下得到的同一项因子的灰色关联度和权重有差异,由于累积降水量、累积雨日、连续降水≥3 d 的雨日数均属于降水类因子,若都作为赤霉病的关键影响因子,则具有重复性。考虑不同组合下不同因子的灰色关联度的稳定性,以及日常业务中的实用性,最终确定累计雨日、平均相对湿度、平均气温为影响赤霉病的关键气象影响因子。

灰色关联度值 RR 越大表示气象因子对病穗率的影响作用越强,贡献作用越显著,反之亦然。通常,当 0<RR≤0.30 时,关联度为轻;当 0.30<RR≤0.60 时,关联度为中等;当 0.60<RR≤1.00 时,关联度为强。从表 2.14 可知,2002—2017 年江苏省小麦赤霉病达中等及以上程度时,累积雨日与病穗率的关联度值均在 0.619 以上,说明累积雨日对病穗率的作用显著;平均相对湿度与病穗率的关联度值在 0.581~0.683,说明平均相对湿度对病穗率的作用为中等到显著、以显著为主;平均气温与病穗率的关联度值在 0.518~0.672,说明平均气温对病穗率的作用同样是中等到显著、但以中等为主。采用单因子的关联度与 3 个关键气象因子关联度之和的比值,来确定关键气象因子对赤霉病不同发生程度的定量影响权重(表 2.15),结果表明:当赤霉病达 3 级或 4 级时,累积雨日和平均相对湿度对病穗率的影响权重均大于平均气温;当赤霉病达 5 级时,累积雨日和平均相对湿度对病穗率的影响权重均小于平均气温;从平均状况来看,累积雨日、平均相对湿度、平均气温对病穗率的平均影响权重分别为 0.348、0.340、0.312,即雨湿条件较气温条件更重要。

表 2.14　2002—2017 年江苏省小麦赤霉病达中等及以上程度时病穗率与关键气象因子的灰色关联度

病穗率等级	累积雨日	平均相对湿度	平均气温
3	0.619	0.682	0.594
4	0.749	0.683	0.518
5	0.628	0.581	0.672

表 2.15　2002—2017 年江苏省小麦赤霉病达中等及以上程度时关键气象因子的影响权重

病穗率等级	累积雨日	平均相对湿度	平均气温
3	0.327	0.360	0.314
4	0.384	0.350	0.266
5	0.334	0.309	0.357
平均	0.348	0.340	0.312

基于小麦抽穗扬花期累积雨日、平均相对湿度、平均气温对赤霉病发生流行的定量影响权重,构建综合影响指数,具体构建公式如下:

$$Z = aR_d + bH + cT \tag{2.9}$$

式中,Z 是小麦赤霉病综合影响指数,a、b、c 分别为 R_d(累积雨日)、H(平均相对湿度)、T(平均气温)对病穗率的影响权重,分别为 0.348、0.340、0.312;当 R_d、H、T 越大,则 Z 越大,表明赤霉病发生程度越严重。

(4)小麦赤霉病综合影响指数的试报检验和回代检验

①小麦赤霉病综合影响指数的试报检验

利用江苏省盐城建湖县(1997—2013 年)、阜宁县(1995—2014 年)和南通市通州区(1982—2018 年)较长时间尺度的病穗率资料进行独立样本检验,与各地相应时段内的综合影响指数进行对比分析,若相关系数通过显著性检验,则认为构建的综合影响指数具有一定的可靠性;另外通过回代计算 2002—2017 年江苏 13 个市的小麦赤霉病历年综合影响指数,与实际的病穗率时间序列进行对比,若时间变化特征较为一致,则认为建立的综合影响指数具有可行性。

按照公式(2.9)计算以上三地历年来的综合影响指数,与对应的病穗率等级进行对照,如果两者间具备较好的对应关系,则说明构建的综合影响指数对赤霉病发生程度具备较好的指示意义,也能间接证明以上计算出的关键气象因子影响权重的合理性。从图 2.7 可以看出:综合影响指数与病穗率等级的时间变化特征基本一致,两者具有较好的对应关系,其中 1998 年、2003 年、2012 年、2015 年、2016 年为综合影响指数的高值年,对应的赤霉病发生程度均达 3 级或以上,说明高综合影响指数对应高病穗率等级,反之亦然;通州区、建湖县、阜宁县综合影响指数与病穗率等级相关系数分别达 0.468、0.570、0.430,分别通过了 0.05、0.01、0.05 的显著性检验。另外,从年际变化来看,2010 年以来的赤霉病的严重程度有所增加,这与陈永明等(2015)的研究结论"近年来江苏东部麦区赤霉病流行频率增加,发生危害程度加重"相一致。

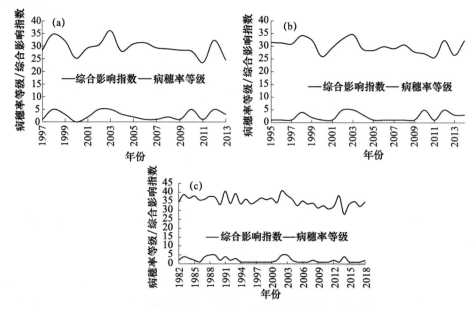

图 2.7　系统田综合影响指数与病穗率等级(徐敏 等,2019)

(a)1997—2013 年盐城建湖县;(b)1995—2014 年盐城阜宁县;(c)1982—2018 年南通市通州区

②小麦赤霉病综合影响指数的回代检验

按照公式(2.9)计算 2002—2017 年江苏省 13 个市的综合影响指数,与实际的小麦赤霉病病穗率进行对比,即通过历史回代进行验证。2002—2017 年江苏省各地系统田赤霉病的历年病穗率和综合影响指数具有较好的对应关系,挑选盐城、镇江、南通、苏州四地赤霉病发生相对较重的地区进行对比(图 2.8),四地病穗率与综合影响指数的相关系数分别达 0.633、0.656、0.557、0.543,盐城和镇江的相关系数通过了0.01 的显著性检验,南通和苏州的相关系数通过了 0.02 的显著性检验。2003 年、2012 年、2015 年、2016 年四地赤霉病病穗率都在 20% 以上,为近 16 a 来赤霉病发病最严重的年份,基本对应着高综合影响指数;2004—2009 年和 2011 年各地病穗率均在 20% 以下,发生程度较轻,基本对应低综合影响指数。

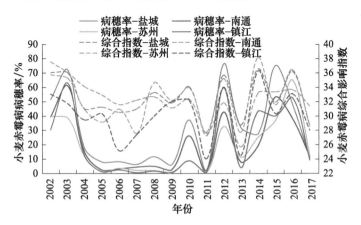

图 2.8　2002—2017 年盐城、南通、镇江、苏州小麦赤霉病病穗率与综合影响指数(徐敏 等,2019)

　　2010 年以来,江苏小麦赤霉病发生严重的频次有所增加,东部沿海发生尤为严重,这也许与气候变暖有关。经统计,1961—2017 年,江苏 4—5 月全省平均气温呈现显著的升高趋势(图 2.9),线性倾向率达 0.4 ℃/(10 a),2012 年以来增温最为显著;2012—2017 年江苏各地的多年平均气温偏高(与 1981—2010 年的气候态相比),偏高幅

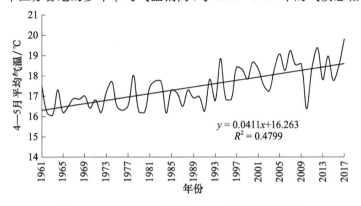

$$y = 0.0411x + 16.263$$
$$R^2 = 0.4799$$

图 2.9　1961—2017 年江苏 4—5 月全省平均气温

度集中在 0.5～0.8℃,其中 2016—2017 年偏高最为明显,东部沿海地区的年平均气温距平均超过 1℃;2012—2017 年江苏淮河以南地区的多年平均降水距平百分率均为正值(与 1981—2010 年的气候态相比),总体偏多 10%～30%、局部偏多 40%～50%;其中 2016 年偏多最为显著,淮河以南大部分地区偏多 60%～80%。由此可见,2010 年以来,江苏的气温呈现显著的增加趋势,尤其东部沿海地区偏高最显著;降水偏多,特别是 2016 年偏多最明显,与 2016 年为赤霉病大发生年相对应。

2.1.3.3 基于综合影响指数反演出的赤霉病等级空间分布特征

为了在业务中更具实用性,利用百分位法(吴敏金,1990;徐敏 等,2019)对综合影响指数进行等级划分,临界值参照近 16 a 小麦赤霉病发生程度为 0 级、1 级、2 级、3 级、4 级、5 级出现的概率来确定。计算 2002—2017 年江苏 13 个市的历年综合影响指数,按照综合影响指数等级指标划分赤霉病等级,与实际的赤霉病等级进行对照,以此验证综合影响指数的等级指标。

利用百分位法划分综合影响指数的等级,小麦赤霉病发生程度为 0 级、1 级、2 级、3 级、4 级、5 级出现概率分别为 8.6%、44.7%、15.9%、7.2%、5.8%、17.8%,即赤霉病发生程度达中等以下的概率占七成,其中"轻发生"的概率最大;发生程度达中等及以上的概率占三成,其中"大发生"的概率最大。具体等级指标见表 2.16,以此确定 13 个市 208 个样本的赤霉病等级,与实际的赤霉病等级进行对照发现,经综合影响指数判定的赤霉病等级与实际等级完全一致的样本占 43%,偏差一级的占 29%,偏差 2～5 级的共占 28%。存在误差的主要原因是:气象条件是赤霉病发生发展的必要条件,并不是充分条件;赤霉病的发生等级除受抽穗扬花期的湿度、降水持续时间、温度等的影响外,还与菌源量、品种、复种指数、施肥水平、浇灌条件等相关(肖晶晶 等,2011)。

表 2.16 2002—2017 年江苏省小麦赤霉病综合影响指数等级指标

赤霉病等级	0	1	2	3	4	5
综合影响指数(Z)	$Z{\leqslant}26.21$	$26.21{<}Z{\leqslant}31.28$	$31.28{<}Z{\leqslant}32.60$	$32.60{<}Z{\leqslant}33.30$	$33.30{<}Z{\leqslant}34.0$	${>}34.0$

基于小麦赤霉病综合影响指数等级指标,统计 2002—2017 年江苏省各地赤霉病不同发生程度的发生次数,从空间分布来看(图 2.10):赤霉病等级达 3～5 级的总次数是南多北少,江淮之间东部沿海和太湖周边地区赤霉病达 3 级及以上等级的发生频率为 44%～50%,其他地区达 13%～31%,盐城和南通达 5 级的次数最多、均为 6 次。从 2002—2017 年实际的赤霉病等级空间分布可知(图 2.11):赤霉病等级达

3～5 级的总次数同样是南多北少,江淮之间东部沿海和太湖周边地区赤霉病达 3 级及以上等级的发生频率为 38%～50%,其他地区达 6%～31%,盐城达 5 级的次数最多,为 5 次。由此可见,基于小麦赤霉病综合影响指数等级指标反演的赤霉病空间分布和实际的赤霉病等级空间分布较为一致。

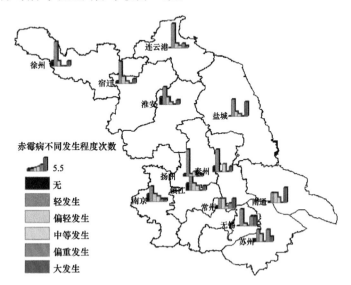

图 2.10　2002—2017 年基于综合影响指数等级指标计算出的江苏省
各地小麦赤霉病不同发生程度累计次数(徐敏 等,2019)

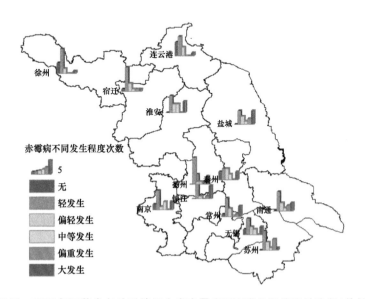

图 2.11　2002—2017 年江苏省各地系统田小麦赤霉病不同发生程度累计次数(徐敏 等,2019)

　　基于江苏地区小麦赤霉病病穗率与抽穗扬花期气象资料,采用相关普查和灰色关联法,确定了赤霉病的关键气象影响因子及其权重,分别为累积雨日(权重0.348)、平均相对湿度(权重0.340)、平均气温(权重0.312),这与霍治国等(2009)的研究结果相一致,他们认为:"湿度大是赤霉病发生发展的必要条件之一,在一定程度上决定了其发生与发展,湿度大通常都是由降水导致,并且降水的持续时间长短对湿度的大小有着重要影响。另外,真菌的发育速度也受温度的影响"。利用关键气象影响因子,构建了小麦赤霉病综合影响指数,采用百分位法和近16 a来各等级出现的概率设定临界阈值,从而确定基于综合影响指数的赤霉病等级指标。通过盐城建湖县、阜宁县和南通市通州区的病穗率进行试报检验以及2002—2017年病穗率进行拟合检验,经验证,综合影响指数与病穗率具有较好的对应关系,基于综合影响指数等级指标确定的赤霉病等级与实际的赤霉病等级也具有较好的一致性,因此可应用于业务中。各区抽穗扬花期平均时段为20 d,目前数值天气预报的预报时效长达1个月,利用该综合影响指数和等级指标可在抽穗扬花期前进行赤霉病等级预测,在抽穗扬花期结束后,也可对抽穗扬花期内是否适合赤霉病发生发展的气象条件进行影响评估,弥补基于大尺度因子的赤霉病预测模型仅限于预测的不足,同时该综合影响指数不仅包含温度和湿度,而且还包含了累积雨日,比徐云等(2016)建立的湿热指数考虑更全面。

　　从2002—2017年赤霉病发生的时间变化来看,2010年起江苏小麦赤霉病发生严重的频次有所增加,对应的气候背景是气温呈现显著的线性增加趋势,降水总体偏多,而温度和降水正是诱发赤霉病的关键气象要素,因此,可认为2010年以来赤霉病加重的原因可能与气候变暖相关,这与已有研究相吻合,即气温升高、降水增多的气候背景对赤霉病的发生流行具有促进作用(祝新建,2009),气候变暖则有利于子囊壳产生和子囊孢子释放(王建新 等,2002),近年来气候变暖、秸秆还田和赤霉病菌对多菌灵的抗性上升使江苏省小麦赤霉病流行频率提高(姚克兵 等,2018)。此外,暖冬易造成赤霉病病菌越冬基数增加、越冬死亡率下降、次年发病严重程度可能加重,还可能造成病害提前、危害期延长(霍治国 等,2009)。据多个全球气候模型预测结果表明,全球变暖的趋势仍将维持,全球平均降水强度将以2%/K的比率随气温升高而增加(吴福婷 等,2013)。气候变化对生态系统的影响已成为政府、科学家和公众所普遍关注的热点(王维玮 等,2016;姚玉璧 等,2018)。因此,在气候变暖的背景下,赤霉病的科学防治变得尤为重要。

　　无论是小麦赤霉病综合影响指数等级指标反演的赤霉病空间分布,还是实际的赤霉病等级空间分布,2002年以来江苏的小麦赤霉病都呈现出南重北轻的空间格局,与1965—2002年的空间分布一致(张旭晖 等,2009);但赤霉病发生最严重的区域有所变化,1965—2002年太湖周边地区发病最高,沿江东部及苏南地区次之(张旭晖 等,2009),而2002—2017年江淮之间东部沿海地区(主要集中在盐城)赤霉病大发生的概率明显高于其他地方。造成这一特点的可能原因是:受秸秆持续还田影响,田间菌源量充足(乔玉强 等,2013);小麦生育进程差异大,感病品种种植比例高(仲凤翔 等,2013);施肥水平高,氮肥用量大(刘小宁 等,2015);气候偏暖,利于赤霉病的流行(陈永明 等,2015)。

由于小麦赤霉病的发生发展是一个复杂的动态变化过程,除了与抽穗扬花期的气象条件和气候背景密切相关外,还受秸秆还田、菌源基数、氮肥施用量等因素的影响,本节在构建关键气象因子综合影响指数时,并未考虑这些因子,这也是构建的综合影响指数和等级指标与实际情况存在偏差的原因之一。今后可从融合多种影响因子的角度建立更合理的综合影响指数和等级指标,为准确研判赤霉病等级、科学指导防控提供更加可靠的依据。

2.1.4　基于机器学习算法的小麦赤霉病等级预报法

2.1.4.1　资料与预处理

(1)小麦赤霉病病穗率数据:收集整理了 2002—2018 年苏州、无锡、常州、南通、镇江、南京、扬州、泰州、盐城、淮安、宿迁、徐州、连云港 13 个市的病穗率数据。该数据由江苏省农业植保部门在不进行人为化学防治的麦田(系统调查田),按照国家标准《小麦赤霉病测报技术规范》(GB/T 15796—2011)观测,在 5 月末计算出病穗率。调查时间从抽穗始期开始,每日观察,始见病穗后,每 3 d 调查一次,至病情稳定为止;调查地点是选择当地一块系统调查田,面积不小于 667 m^2,栽种当地代表性品种 2~3 个,其中必须有一个感病品种,分早、中、迟 3 个播期,播期间隔 10~15 d,每个品种种植面积不小于 67 m^2,生长期均不喷杀菌剂防治;调查方法是在已发现病穗的田块随机固定 500 穗,然后调查病穗数。

(2)小麦生育期观测资料:来自江苏省气象局 2002—2018 年 10 个农业气象观测站的《作物生长发育状况记录年报表》,生育期由专业的农业气象技术人员按照《农业气象观测规范 冬小麦》(QX/T 200—2015)观测所得,观测站点分别为昆山、沭阳、大丰、如皋、兴化、淮安、盱眙、滨海、赣榆、徐州。

(3)小麦生育期内气象资料:来自江苏省气象局 2002—2018 年 13 个市逐日气温、降水量、相对湿度、日照时数、天气现象、风速等。

(4)资料预处理

按照江苏省冬小麦的生育期,结合赤霉病菌流行规律,将分析时段分为:越冬期(上年 12 月—当年 2 月,即冬季)、拔节期(3 月)、抽穗扬花前期(4 月上旬)、抽穗扬花期(4 月中旬—5 月上旬)。在建病穗率预测模型前,初步选出对病穗率有影响且符合生物学意义的气象因子非常关键,主要依据已有研究结果进行初步筛选。抽穗扬花期是赤霉病菌侵染关键期,主要影响因子是温度、湿度、降水、光照和风,其中温、湿度的匹配程度是关键(张汉琳,1987;肖晶晶 等,2011;徐敏 等,2019)。抽穗扬花前期,赤霉病菌主要影响因子是温度、湿度、降水、光照(吴春艳 等,2003)。拔节期和越冬期对赤霉病具有前期影响,其中拔节期影响赤霉病菌的主要气象因子是气温、降水、湿度、光照(贾金明,2002;刁春友 等,2006;姜明波 等,2018);越冬期影响赤霉病菌的主要气象因子是气温,霍治国等(2009)指出,冬季高温易使小麦赤霉病发病时的菌源数增多,一定程度上会增加小麦感染病菌的风险程度。另外,考虑到冬季降雪会对气温产生影响,尤其积雪融化造成的低温不利于赤霉病菌存活,所以越冬期影响因子还加入了积雪深度。最终初步入选的气象因子见表2.17。

由于江苏省南北跨度大,不同区域的抽穗扬花期存在一定差异,按照气候相似性原则,综合考虑农业区划,江苏可分为3个区:苏南(苏州、无锡、常州、南京、镇江)、苏中(南通、扬州、泰州、淮安、盐城)、苏北(宿迁、徐州、连云港)。通过历年生育期观测资料,计算出苏南、苏中、苏北抽穗扬花期平均起止时间分别为:4月上旬—中旬、4月中旬—下旬、4月下旬—5月上旬。

表 2.17 用于分析评估对小麦赤霉病病穗率影响重要性的气象因子

时段	气象因子	个数
越冬期 (上年 12 月— 当年 2 月)	冬季平均最高气温、冬季最低气温≤0 ℃日数、冬季累积最大积雪深度、冬季雪深≥1 cm 日数、冬季雪深≥5 cm 日数、冬季雪深≥10 cm 日数、冬季雪深≥20 cm 日数、冬季雪深≥30 cm 日数、冬季降水量、冬季日降水量≥0.1 mm 日数、冬季日照时数、冬季平均相对湿度	12
拔节期 (3 月)	3 月平均气温、3 月最低气温≤0 ℃日数、3 月降水量、3 月日降水量≥0.1 mm 日数、3 月日降水量≥1 mm 日数、3 月日降水量≥5 mm 日数、3 月日降水量≥10 mm 日数、3 月日降水量≥25 mm 日数、3 月平均相对湿度、3 月日照时数	10
抽穗扬花前期 (4 月上旬)	4 月上旬平均气温、4 月上旬降水量、4 月上旬降水量≥0.1 mm 日数、4 月上旬平均相对湿度、4 月上旬累积日照时数	5
抽穗扬花期 (4 月中旬— 5 月上旬)	抽穗扬花期平均气温、抽穗扬花期累积降水量、抽穗扬花期累积雨日、抽穗扬花期降水连续≥3 d 的雨日总数、抽穗扬花期平均相对湿度、抽穗扬花期平均日照时数、抽穗扬花期平均风速、抽穗扬花期平均最大风速	8

2.1.4.2 基于随机森林算法建立赤霉病等级预报模型

(1)随机森林算法基本原理

近年来,随着人工智能技术的飞速发展,随机森林等机器学习算法在特征变量重要性评估和预测模型构建等方面开始凸显优势。随机森林(Random Forest)是Breiman(2001)将 Bagging 集成学习理论与随机子空间相结合,提出的一种组合分类智能算法。该算法能有效解决高维变量问题,可以评估变量的重要性,具备分析复杂相互作用分类特征的能力,训练速度快,收敛规则遵循大数定律、泛化误差具有收敛性,不易产生过拟合(Iverson et al.,2008)。大量的理论和实证研究证明了随机森林法是一种自然的非线性建模工具,是目前数据挖掘、生物信息学的最热门的前沿研究领域之一,在生态学、医学、管理学、经济学等众多领域得到了广泛应用,如作物分类(石礼娟 等,2017;王利民 等,2018)、灾害风险评估(吴孝情 等,2017;赖成光 等,2015)、生物物种分布影响因素评估(张雷 等,2011a,2011b)等,均取得了较好的效果,构建的非线性预测模型预测精度高。随机森林算法所具有的计算特性和优点,理论上为评估多种气象因子对小麦赤霉病的影响重要性、全面理解不同生育期影响赤霉病发生流行的主导气象因子和非主导气象因子提供了一种新的思路。

随机森林算法是以决策树为基础分类器的一个集成学习模型 $\{h(X,\theta_k);k=1,\cdots,L\}$,$\{\theta_k\}$ 表示独立同分布的随机变量,输入特征变量 X 时,每一棵树只投一票给其认为最佳的分类结果。所谓决策树(Han et al.,2007)是单个分类器,是一种从无次序、无规则的训练样本中推理出决策树表示形式的分类规则的方法,相当于一种布尔函数。随机森林的分类结果由每棵树投票中得票数最多的类确定(Biau,2012),最终分类决策方法见式(2.10):

$$H(x) = \arg\max_{Y} \sum_{i} I[h_i(x) = Y] \tag{2.10}$$

式中,$H(x)$ 表示随机森林模型,$h_i(x)$ 表示每个决策树分类器,Y 为目标变量,即病穗率,$I[h_i(x)=Y]$ 为指示性函数。

随机森林算法是高维学数据分析方法之一,主要用于高维数据分类和回归,并可计算出自变量对因变量的重要性评分(Donnelly et al.,1996)。该算法采用的是自助抽样方法(Bootstrap),运算过程中涉及决策树棵数 N_{tree} 和节点数 M_{try} 两个参数的设定。一般而言,模型的计算量与每次生成的树的数量成正比,在 N_{tree} 增加时,在模型预测精度不能提高的情况下,N_{tree} 值设定应尽可能小。M_{try} 值要在模型构建过程中通过逐次计算来挑选最优值,回归模型中一般为变量个数的三分之一。由于随机森林算法对样本数据的量纲和单位不敏感,所以运算时无须对样本数据进行归一化处理。

随机森林算法是通过预测精度法计算每个特征变量的重要性,利用该算法本身所具有的变量重要性度量可以对特征变量的重要性进行排序,然后从中筛选出对最终结果影响较大的特征变量,删除一些和目标变量无关或者冗余的特征变量。从而简化特征数据集,使得预测模型更精确。在随机森林模型中评价特征变量重要性的主要指标是精度平均减少值(I_{MSE})和节点不纯度减少值(I_{NP})。I_{MSE} 是指变量随机取值后模型估算误差相对于原来误差的升高幅度,I_{NP} 是指变量对各个决策树节点的影响程度,I_{MSE} 或 I_{NP} 值越大,说明该变量越重要,反之则相对不重要。在此采用 I_{MSE} 作为变量重要性的评价指标(王超 等,2019)。

（2）分生育期分区域重要特征变量的筛选与评价

针对苏南、苏中、苏北 3 个区域,按照越冬期、拔节期、抽穗扬花前期、抽穗扬花期 4 个时段,通过随机森林算法,以各生育期气象因子(表 2.1)为输入向量(2002—2018 年 13 个市,每年 4 个时段共 35 个气象因子,累计 7735 个气象因子样本),以病穗率为输出向量(2002—2018 年 13 个市,共 221 个病穗率样本),分区域、分生育期对输入向量进行重要性排序,计算各特征向量的 I_{MSE}。

在成百上千次的机器学习过程中,并非每一次计算出的变量重要性排序结果都完全一致(Verikas et al.,2011),此时可通过计算各区域、各生育期 50 次模拟结果的 I_{MSE} 平均值来进行重要性排序,筛选出重要特征变量再进行随机森林建模可降低不重要变量对模型精度的干扰。以苏南为例,越冬期(图 2.12a)排在前 4 位的特征变量依次是:冬季平均最高气温、冬季雪深≥1 cm 日数、冬季日降水量≥0.1 mm 日数、冬季累积最大积雪深度;由于冬季累积最大积雪深度与冬季雪深≥5 cm 日数之间存在较为明显的拐点,将出现拐点前的特征变量确定为相对重要的变量(王超 等,2019)。由排序可知,冬季平均最高气温对病穗率的重要性大于其他同期变量。从植物病害生理学角度,在越冬期气温偏高或降水日数越多,则利于赤霉病菌的越冬存活,冬季雪深≥1 cm 的日数越多或冬季累积最大积雪深度越大,则不利于赤霉病菌的越冬存活,从冬季平均最高气温、冬季雪深≥1 cm 日数、冬季日降水量≥0.1 mm 日数、冬季累积最大积雪深度与病穗率的相关性也能反映这一关系,这 4 个特征变量与病穗率的相关系数分别为 0.132、−0.172、0.150、−0.124,均通过了 0.05 的显著性检验。拔节期(图 2.12b)相对重要的特征变量依次为:3 月日照时数、3 月平均相对湿度、3 月累积降水量、3 月最低气温≤0℃日数、3 月降水量≥1 mm 日数,这 5 个特征变量与病穗率的相关系数分别为:−0.403、0.460、0.442、0.229、0.304,均通过了 0.001 的显著性检验。拔节期是小麦越冬后的关键生育期,决定着成穗率的高低,若日照偏少、降雨频繁且雨量偏多、田间湿度持续偏大,则会影响植株的增大,生长缓慢,易感染赤霉病菌;若天气回暖后气温急剧下降,最低气温<0℃时会发生冻害,所以当拔节期<0℃的天数偏多时,也容易影响植株体的生长,存在后期感染赤霉病菌的风险。抽穗扬花期(图 2.12c)相对重要的特征变量依次为:抽穗扬花期平均相对湿度、抽穗扬花期降水连续≥3 d 的雨日总数、抽穗扬花期累积降水量、抽穗扬花期日平均日照时数、抽穗扬花期累积雨日、抽穗扬花期平均气温,该生育期是赤霉病菌侵染的关键期,若降雨偏多,尤其当持续降雨≥3 d 的雨日总数偏多,导致田间相对湿度偏大,加上气温偏高,则非常有利于病菌孢子释放、侵染、流行,前 5 个特征变量与病穗率的相关系数分别为:0.428、0.338、0.286、−0.290、0.278,均通过了 0.001 的显著性检验,说明平均相对湿度、持续降雨≥3 d 的雨日数、累积降水量、累积雨日与病穗率呈显著正相关、累积日照与病穗率呈显著反相关,因为日照多意味着天气晴好,对赤霉病的发生发展具有抑制作用,抽穗扬花期平均气温与

病穗率的相关性不明显,主要是因为近年来气温条件通常都达到了赤霉病发生发展的条件。

对苏中、苏北各生育期影响病穗率的重要特征变量进行筛选(表 2.18)的结果显示,不同区域间由于赤霉病发生概率的差异以及地理气候等不同,筛选出的重要特征变量也存在一定差异,但对病穗率具有主导作用的变量基本一致。

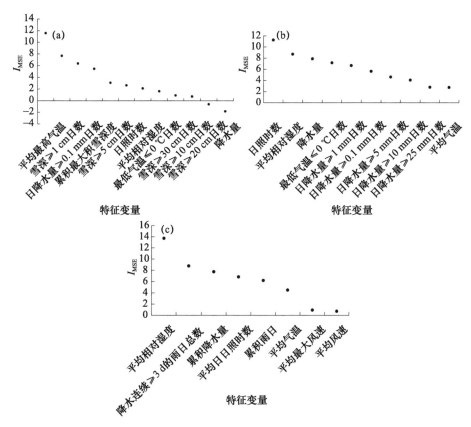

图 2.12　苏南地区小麦赤霉病病穗率不同生育期气象因子影响重要性排序

(a)越冬期;(b)拔节期;(c)抽穗扬花期

表 2.18　基于随机森林算法筛选出的影响病穗率的重要特征变量

越冬期至抽穗扬花期影响病穗率的重要特征变量		个数
苏南	抽穗扬花期(平均相对湿度、降水连续≥3 d 的雨日总数、累积降水量、日平均日照时数、累积雨日、平均气温)	15
	拔节期(累积日照时数、平均相对湿度、累积降水量、最低气温≤0 ℃日数、日降水量≥1 mm 日数)	
	越冬期(平均最高气温、雪深≥1 cm 日数、日降水量≥0.1 mm 日数、累积最大积雪深度)	

续表

越冬期至抽穗扬花期影响病穗率的重要特征变量	个数
抽穗扬花期(平均相对湿度、降水连续≥3 d的雨日总数、日平均日照时数、累积降水量、平均气温)	16
苏中 抽穗扬花前期(平均相对湿度、累积日照时数、降水量≥0.1 mm日数)	
拔节期(累积降水量、平均相对湿度、日降水量≥1 mm日数、平均气温、日降水量≥0.1 mm日数)	
越冬期(平均最高气温、雪深≥1 cm日数、累积降水量)	
抽穗扬花期(平均相对湿度、日平均日照时数、降水连续≥3 d的雨日总数、平均气温、累积降水量、累积雨日)	17
苏北 抽穗扬花前期(累积降水量、日降水量≥0.1 mm日数、累积日照时数)	
拔节期(日降水量≥0.1 mm日数、累积降水量、日降水量≥1 mm日数、日降水量≥5 mm日数、累积日照时数)	
越冬期(累积降水量、累积最大积雪深度、日降水量≥0.1 mm日数)	

(3)按不同起报时间建立病穗率预报模型

赤霉病可危害麦类的幼苗、茎秆和麦穗,苗期危害形成苗腐,拔节期形成茎秆基腐,其中以危害麦穗的损失最大,即赤霉病对不同生育阶段的小麦具有不同的影响,且该影响是连续过程,这一规律为分时段建立病穗率预测模型提供了可行性。分时段病穗率预测模型的构建思路:以表 2.18 中筛选出的影响病穗率的重要特征变量为输入向量,若起报时间是 3 月初,则选用越冬期的重要特征变量为预报因子;若起报时间是 4 月初,则选用越冬期和拔节期的重要特征变量为预报因子,随着生育进程不断推进,预报因子在逐步增多,树节点预选的变量个数 M_{try} 根据预报因子总数而定,决策树棵数 N_{tree} 设定为 600,病穗率为输出向量,利用随机森林算法建立病穗率预测模型,为了避免高相关模型的偶然性,均重复建模 50 次,每次建模均随机抽取 3/4 的样本数作为训练样本、1/4 的样本数作为测试样本。由于不同区域的生育进程有所不同,苏南、苏中、苏北的起报时间也存在差异,起报时间不同使得预报时效也存在相应的差异,每年病穗率通常在当年 5 月末由植保站计算提供,根据最早的起报时间可以在 3 月初进行预测,意味着可以提前近 3 个月对病穗率进行预测,随着起报时间逐步向后推移,预测时效则逐步缩短,最短为提前 10 d。相关预测信息详见表 2.19、模型参数设置见表 2.20。

每一个起报时间,不同的 M_{try},通过重复建模 50 次,可以生成 50 个模型,不同模型对应的模拟精度存在差异,由于训练样本的模型精度均很高且相近,所以根据测试样本的模型精度来挑选最优随机森林模型,将筛选出的最优模型进行等权重集成,在一定程度上可以减少模型的随机误差和高相关的偶然性(徐敏 等,2017)。

表 2.19　利用随机森林算法建立病穗率预测模型的相关预测信息

苏南			苏中			苏北		
起报时间	预报因子	预测时效	起报时间	预报因子	预测时效	起报时间	预报因子	预测时效
3月初	S1 气象因子	提前近3个月	3月初	S1 气象因子	提前近3个月	3月初	S1 气象因子	提前近3个月
4月初	S1+S2气象因子	提前近2个月	4月初	S1+S2气象因子	提前近2个月	4月初	S1+S2气象因子	提前近2个月
4月下旬	S1+S2+S4气象因子	提前1个月	4月中旬	S1+S2+S3气象因子	提前40 d	4月中旬	S1+S2+S3气象因子	提前40 d
			5月上旬	S1+S2+S3+S4气象因子	提前20 d	5月中旬	S1+S2+S3+S4气象因子	提前10 d

注:S1:越冬期,S2:拔节期,S3:抽穗扬花前期,S4:抽穗扬花期。

表 2.20　随机森林建模过程中参数设置

苏南(病穗率样本数85)			苏中(病穗率样本数85)			苏北(病穗率样本数51)		
起报时间	M_{try}	N_{tree}	起报时间	M_{try}	N_{tree}	起报时间	M_{try}	N_{tree}
3月初	1,2	600	3月初	1,2	600	3月初	1,2	600
4月初	2,3,4	600	4月初	2,3,4	600	4月初	2,3,4	600
4月下旬	3,4,5,6,7,8	600	4月中旬	3,4,5	600	4月中旬	3,4,5	600
			5月上旬	4,5,6,7,8,9		5月中旬	5,6,7,8,9,10	
累计建模次数	550		累计建模次数	700		累计建模次数	700	

不同起报时间最优模型模拟精度比较发现(表 2.21):起报时间越接近乳熟期,随机森林模型模拟出的病穗率与实际病穗率的相关系数越高,说明在建立随机森林预测模型时,输入的影响病穗率的重要特征变量越多,则模型预测准确率越高;除了苏北地区训练样本的相关系数通过 0.01 显著性检验以外,其余均通过了 0.001 显著性检验,说明建立的随机森林模型具有较高的准确性;苏南和苏中地区,随机森林模型模拟出的病穗率与实际病穗率的相关系数高于苏北,这与赤霉病"南重北轻"的区域特征有关(徐敏 等,2019)。2002—2018 年,苏中、苏南、苏北年均病穗率分别为23.0%、19.5%、8.5%,苏中和苏南病穗率超过 20.0% 的年份远远多于苏北,其中沿海地区是近年来赤霉病的重发生区域,在用随机森林算法进行数据挖掘时,赤霉病发生频次多的区域更容易寻找病穗率与气象因子的非线性关系,即在每一棵决策树中更容易找寻出对病穗率影响大的变量;如果发生赤霉病的样本数很少,则较难捕捉病穗率与气象因子的对应关系。

表 2.21 不同起报时间最优随机森林模型的预报准确率

起报时间	训练样本模拟出的病穗率与实际病穗率的相关系数			测试样本预测出的病穗率与实际病穗率的相关系数		
	苏南	苏中	苏北	苏南	苏中	苏北
3月初	0.922 **	0.916 **	0.882 **	0.748 **	0.740 **	0.698 *
4月初	0.962 **	0.965 **	0.923 **	0.817 **	0.876 **	0.759 *
4月中旬		0.975 **	0.924 **		0.939 **	0.763 *
4月下旬	0.968 **			0.855 **		
5月上旬		0.977 **			0.923 **	
5月中旬			0.936 **			0.765 *
病穗率样本数	63	63	39	22	22	12

注:* 通过了 0.01 的显著性检验,** 通过了 0.001 的显著性检验。

(4)不同生育期重要特征变量贡献率评价

为了了解筛选出的各生育期重要特征变量在随机森林模型中的影响程度,计算了各时段重要特征变量的贡献率。计算思路:首先计算以苏南、苏中、苏北最迟起报时间建立的 6 个最优模型中,各重要特征变量的 I_{MSE} 值占所有变量 I_{MSE} 累加值的比例;然后将 6 个模型中相同的重要特征变量比例进行平均;最后将属于同一生育期的变量权重进行累加,则得到各生育期重要特征变量的贡献率,其中苏南地区由于抽穗扬花时间最早(4 月上旬),不再单独计算抽穗扬花前期的贡献率。从图 2.13 可以看出,各生育期重要特征变量贡献率的排序为:抽穗扬花期(前期和高峰期)>拔节期>越冬期,说明抽穗扬花期的气象条件对最终的病穗率影响最大,起主导作用。苏南、苏中、苏北抽穗扬花期重要特征变量的贡献率分别为 40.5%、65.1%、76.5%,其次是拔节期,越冬期对病穗率具有前期影响,影响程度相对弱一些;拔节期和越冬期重要特征变量的贡献率从苏南到苏北依次递减,这与抽穗扬花时间的早晚有关,苏南地区生育进程通常快于苏中和苏北,抽穗扬花时间与拔节期间隔短,而苏北地区由于气温偏低,生育进程相对慢一些,抽穗扬花期要晚于苏中和苏南。

(5)不同起报时间的最优随机森林模型的模拟验证

不同起报时间最优模型集成后的病穗率模拟值与实际病穗率进行对比(图 2.14)发现:2002—2018 年 13 个地市不同起报时间的病穗率模拟值与实际值的波动趋势均一致,起报时间越接近乳熟期,模拟值总体越接近实际值,与表 2.21 得到的结论一致,说明随机森林模型对病穗率的预测具有较高的可靠性。病穗率模拟值波动幅度与实际值存在差异,低值区模拟值略偏大、高值区模拟值偏小,存在一定的

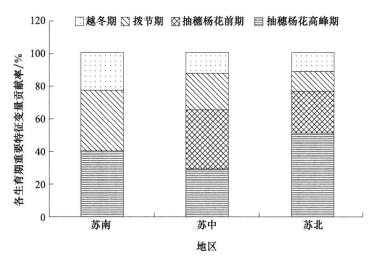

图 2.13　不同地区各生育期重要特征变量的贡献率

系统性误差,因此,在具体使用过程中需要考虑这一特性。苏南、苏中、苏北最迟起报时间的病穗率模拟值与实际值的标准差分别是 17.6%、21.3%、10.2%,标准差反应的是模拟值与实际值的偏差程度,说明随机森林模型对苏中的模拟误差大于苏南和苏北,主要是因为苏中病穗率≥40.0%的次数多于苏南和苏北,而模型对于高值的模拟值偏小。

2.1.4.3　基于随机森林算法反演出的赤霉病等级空间分布特征

在农业气象业务服务中,通常采用赤霉病发生等级开展服务(王龙俊 等,2017),因此对模拟出的病穗率进行等级划分,进行进一步的验证。按照国家标准《小麦赤霉病测报技术规范》(GB/T 15796—2011)规定的赤霉病发生程度分级指标,赤霉病的发生程度可分为 5 级,即 0 级(未发生)、1 级(轻发生,病穗率 0.1%~10.0%)、2级(中等偏轻发生,病穗率 10.1%~20.0%)、3 级(中等发生,病穗率 20.1%~30.0%)、4 级(偏重发生,病穗率 30.1%~40.0%)、5 级(大发生,病穗率≥40.1%)。从图 2.15 可以看出,最迟起报时间建立的随机森林最优模型集成后的模拟等级与实际等级的空间分布总体一致,赤霉病发生程度均为"南强北弱",尤其是沿海和苏南地区更为明显,说明随机森林模型的分级结果能揭示出赤霉病总的空间格局和内在规律。淮北地区由于本身赤霉病发生程度较轻,2002—2018 年宿迁、徐州、连云港等3 个市均仅有 1 次达到 5 级,由于样本数太少,未能模拟出"大发生"。统计结果表明,苏南、苏中、苏北最优模型集成后的赤霉病等级与实际赤霉病等级完全一致的准确率分别是 62.4%、64.7%、62.7%,明显高于徐敏 等(2019)利用赤霉病综合影响指数判定全省赤霉病等级完全一致的准确率,偏差一级的分别占 34.1%、32.9%、25.5%,

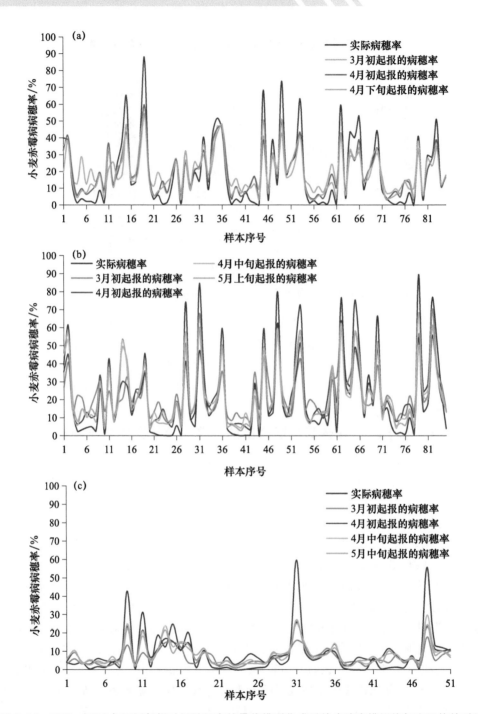

图 2.14　2002—2018 年不同起报时间随机森林最优模型集成后的病穗率模拟值与实际值的对比
（a）苏南（苏州、无锡、常州、镇江、南京）；（b）苏中（南通、扬州、泰州、盐城、淮安）；（c）苏北（宿迁、徐州、连云港）

偏差两级的分别占 3.5%、2.4%(含三级)、11.8%,其中偏差一级的主要集中在"轻发生"和"大发生"。上述结果说明随机森林模型对赤霉病等级的模拟能力总体较好。在实际应用中,当预测等级为"大发生"时,需要格外注意,因为实际将发生的等级很可能比预测的要严重。由此表明随机森林最优模型在赤霉病等级模拟方面同样具有较好的适用性,为建立赤霉病发生等级预测模型提供了新思路。

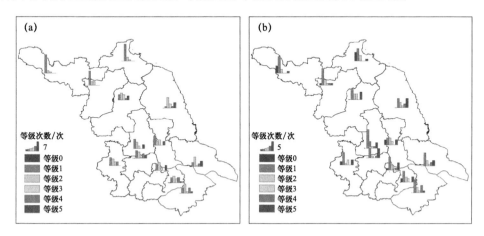

图 2.15　2002—2018 年最迟起报时间基于随机森林最优模型模拟出的小麦赤霉病各等级次数与实际等级次数
(a)模拟等级;(b)实际等级

由此可见,以江苏小麦赤霉病病穗率为研究对象,利用随机森林机器学习算法,以精度平均减少值为评价指标,结合赤霉病菌的病理,分生育期、分区域筛选出对病穗率影响相对重要的特征变量,然后根据不同的起报时间,通过训练样本和测试样本的多次学习,选取最优预测模型,并进行模型模拟精度的验证。得到的主要结论:(1)随机森林算法重要性度量表明,小麦在不同的生育阶段,对赤霉病菌产生影响的气象因子不同,越冬期主要是气温和降雪;拔节期主要是日照、降雨量、湿度和雨日;抽穗扬花期主要是湿度、降水连续≥3 d 的雨日和日照。甄别出的重要特征变量排序结果符合赤霉病菌发育、释放、侵染和流行的生理学规律。(2)苏南、苏中、苏北抽穗扬花期重要特征变量的贡献率分别为 40.5%、65.1%、76.5%,该生育期的气象条件对最终的病穗率影响最大,具有决定性作用;拔节期气象条件的影响程度位列第二;越冬期气象条件的影响程度相对较弱。拔节期和越冬期的气象条件对病穗率的大小具有前期影响。(3)苏南、苏中、苏北开始进行病穗率预测的时间最早可在 3 月初,最迟预测时间分别是 4 月下旬、5 月上旬、5 月中旬,预测时效最长可达近 3 个月,起报时间越接近乳熟期,输入的重要特征变量越多,病穗率预测准确率也越高。经过检验,模型对病穗率时间波动特征模拟得很好,对赤霉病"中等"和"偏重"等级模拟得也较好。

不同起报时间的最优随机森林模型对于"大发生"的模拟均过于"保守",模拟值均低于实际值,可能与选取的特征变量不够全面有关,因为赤霉病的发生发展不仅与气象条件密切相关,还与秸秆持续还田、小麦种植品种、氮肥使用量、田间管理措施等因素有关(李韬 等,2016)。随着小麦生育期的推进,可在不同的关键时间节点开展病穗率预测,本节的建模思路可为动态预测病穗率提供新的方法和思路,但由于预报因子采用的是时段平均(月或旬时间尺度),还未达到真正意义上的动态预测的时间精度,在今后的研究中可考虑细化预报因子时间尺度,重新利用随机森林算法建模,以进一步提高预测准确率。

综合而言,随机森林机器学习算法可在病穗率预测中应用,建立的预测模型具有较高的可靠性和准确性,具有较长预测时效的预测结果,可为植保部门分区治理、统防统治、适时预防提供指导,为广大农户提前购买农药的数量和开展化学防治提供充裕的准备时间,为最大限度减轻病害流行和危害程度提供可能,助力农药减施增效,为保护农田生态环境奠定基础。

2.2　小麦蚜虫发生发展气象等级预报技术

2.2.1　小麦蚜虫生物学特征

2.2.1.1　生物学特征

小麦蚜虫俗称油虫、腻虫、蜜虫,属同翅目(*Hemiptera*),蚜科(*Aphidoidea*),是一类世界性害虫,可对小麦进行刺吸危害,影响小麦光合作用及营养吸收、传导,中国黄淮海地区是其常发区。危害小麦的蚜虫种类主要有麦长管蚜、麦二叉蚜、禾谷缢管蚜和麦无网长管蚜。麦长管蚜在中国各麦区均有发生。禾谷缢管蚜主要分布于西南、江淮等麦区,是多雨潮湿麦区优势种之一。麦无网长管蚜主要分布在北京、河北、河南、宁夏、云南和西藏等地。其中麦长管蚜和禾谷缢管蚜是影响中国小麦产量和品质的最主要害虫(刘绍友,1990;牟吉元,1995),麦长管蚜则是危害的优势种(杨效文,1991;程芳芳 等,2012)。中国北方小麦主产区常以麦长管蚜和麦二叉蚜发生数量最多,为害最重;麦长管蚜多为害上部叶片,抽穗灌浆期集中穗部为害,故也称"穗蚜";麦二叉蚜喜在苗期为害。蚜虫直接为害以成蚜、若蚜吸食小麦叶片、茎秆和嫩穗的汁液,使被害部位形成条斑、枯萎,植株生长停滞甚至整株枯死,穗期易造成麦粒不饱满或形成秕粒,使千粒重降低造成减产;小麦蚜虫间接为害还可传播小麦病毒病(程芳芳 等,2012),如为害较大的小麦黄矮病,该病发生之后会造成植株矮化、生育期推迟、穗数和穗粒数减少、小麦成熟不均,严重影响小麦的产量。

2.2.1.2　发生规律

小麦蚜虫在中国南方无越冬期,在北方麦区以无翅胎生雌蚜在麦株基部叶丛或土缝内越冬,或者以卵在麦苗枯叶上、杂草上、茬管中、土缝内越冬,每年春季 3—4 月随气温回升随气流迁入北方冬麦区进行繁殖为害。小麦蚜虫的越冬、发育和繁殖与气象条件密切相关(Drake,1994;叶彩玲 等,2005;侯英雨 等,2018;Zhang et al.,2019),麦长管蚜通常喜中温不耐高温,适宜温度范围为 13~25 ℃,适宜空气相对湿度范围为 40%~80%(霍治国 等,2012a);麦二叉蚜则喜干怕湿,5 d 平均温度 16~25 ℃和空气相对湿度 35%~67%为其适宜的繁殖条件(华南农学院,1981;刘芳菊,2012)。禾谷缢管蚜在 30 ℃左右发育最快,麦无网长管蚜则喜低温条件。水浇地小麦蚜虫一般轻于干旱地,土壤肥沃麦田一般轻于肥力差的麦田。

根据小麦蚜虫生物学特性(刘绍友,1990;牟吉元,1995)和中国冬小麦主产区小麦常年发育期规律(毛留喜 等,2015),华北、黄淮小麦蚜虫为害特点归纳于表 2.22。小麦蚜虫主要为害期为冬小麦拔节至乳熟前期,盛发期为冬小麦抽穗开花期;华北小麦蚜虫主要为害期通常为 4 月上旬至 5 月中旬,盛发期为 4 月下旬至 5 月上旬;黄淮小麦蚜虫主要为害期为 3 月下旬至 5 月上旬,盛发期为 4 月中下旬(表 2.22)。小麦蚜虫为害盛期,蚜虫种类主要是小麦穗期优势种麦长管蚜(牟吉元,1995)。分析春季至夏初北方冬小麦主产区 8 个省(市)逐旬平均气温变化发现,4 月上旬安徽、河南两省平均气温已达到适宜麦长管蚜发生发展的基点气温(13 ℃)(霍治国 等,2012b),4 月中旬至 6 月上旬 8 个省(市)逐旬平均气温基本都在麦长管蚜发生发展的适宜生理气象指标范围(13~25 ℃),仅 4 月中旬山西省平均气温偏低,说明小麦蚜虫为害盛期气温条件并非是影响其发生程度的主导限制因子。

表 2.22　中国北方小麦主产区小麦蚜虫为害特点

冬小麦主产区	麦蚜为害时期	开始为害期 (苗蚜)	主要为害期 (苗蚜、穗蚜)	为害盛期 (穗蚜)	为害末期 (穗蚜)
华北	麦蚜发生时段	11 月上旬左右	4 月上旬—5 月中旬	4 月下旬—5 月上旬	5 月下旬—6 月上旬
	冬小麦发育期	分蘖期	拔节-乳熟前期	抽穗开花期	乳熟期
黄淮	麦蚜发生时段	11 月中旬左右	3 月下旬—5 月上旬	4 月中下旬	5 月中下旬
	冬小麦发育期	分蘖期	拔节-乳熟前期	抽穗开花期	乳熟期

2.2.2　小麦蚜虫发生发展气象等级预报技术

2.2.2.1　小麦蚜虫发生发展气象适宜度模型建立的技术路线

小麦蚜虫发生发展受环境温度、相对湿度、降水等气象条件的影响。根据小麦蚜虫发生规律、区域分布规律等生物学特性,结合小麦发育期规律和蚜虫危害关键期特点,分析发生区域代表站蚜虫历史发生程度和相应时段光、温、水、风等气象条件之间的关系;依据适宜虫害发生或不适宜发生的生理气象指标,通过数理统计方法等筛选、厘定关键气象因子;为消除不同气象因子量纲的差异,将气象因子进行归一化处理;基于归一化后的关键因子构建分区域的小麦蚜虫气象适宜度预报模型。通过确定不同阶段蚜虫的主要影响因子或影响条件以及与蚜虫实际发生情况,参照农业植保部门小麦蚜虫的发生等级,研究确定小麦蚜虫发生发展气象等级分级指标。

根据实时气象条件、智能网格天气预报资料和小麦蚜虫发生发展气象等级指标,参考农业部门地面虫情监测等相关资料,制作小麦蚜虫发生气象等级空间分布图,确定发生区域与发生等级后,即可制作发布有关气象预报预警业务服务产品。建立预报模型技术路线如图 2.16。

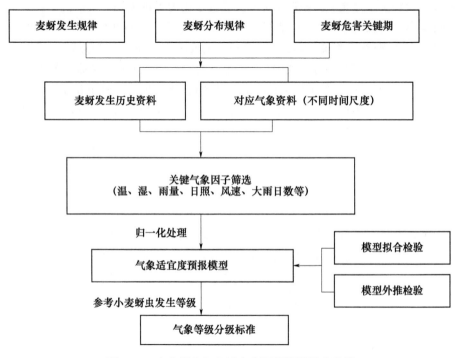

图 2.16　小麦蚜虫气象适宜度预报模型技术路线

2.2.2.2　小麦蚜虫发生发展气象适宜度模型的构建方法

（1）资料介绍

小麦生育期观测资料:来源于全国农业气象站观测。数据涵盖了我国北方冬小麦主产区 8 个省(市)冬小麦常年发育期和 1981—2018 年不同年份发育期资料。

小麦蚜虫虫情资料:来源于全国农业技术推广服务中心监测。以中国北方冬小麦主产区 8 个省(市),包括河北、北京、天津、山西、河南、山东、江苏、安徽为研究区。数据涵盖了 1949—2018 年研究区各省小麦蚜虫年发生面积、发生程度等级、实际损失及 2012—2018 年始发期、盛发期资料,其中发生程度等级序列连续性偏差,山西1949—1972 年资料整体欠缺。

气象资料:来源于国家气象信息中心。由于气象资料有较完整记录年份从 1958 年开始,因此所收集气象资料年限为 1958—2018 年,包括上年 12 月至当年 6 月上旬的逐日平均气温、最高气温、最低气温、降水量、日照时数、空气相对湿度、大雨(暴雨)日数等。另外,引进了温雨系数指标 C,即:

$$C = P / T \qquad\qquad (2.11)$$

式中,P 为月或旬累积降雨量(单位:mm),T 为月或旬平均气温(单位:℃)。

资料处理:考虑到各省(市)虫害实际发生程度等级资料序列不完整、而发生面积序列相对完整,为使建立的小麦蚜虫气象等级指标具有业务实用性,参照于彩霞等(2014)对稻飞虱发生面积率的划分标准,计算 1958—2018 年各省小麦蚜虫发生面积平均值,以平均值上下波动 50% 为等级间隔,对小麦蚜虫发生面积进行轻、偏轻、偏重、重 4 个等级划分,1 级表示轻发生(对应气象等级为不适宜),2 级表示偏轻发生(对应气象等级为较适宜),3 级表示偏重发生(对应气象等级为适宜),4 级表示重发生(对应气象等级为非常适宜)。小麦蚜虫测报农业行业标准(农业部种植业管理司,2002a)将蚜虫发生程度划分为 5 级(轻发生、偏轻发生、中等发生、偏重发生、大发生),为了保持一致,验证时将中等发生和偏重发生合并为偏重等级,即合并后的偏重发生等级对应发生面积分级为 3 级,大发生对应发生面积分级为 4 级,其余等级一一对应不变。表 2.23 给出了各省(市)小麦蚜虫发生面积分级及对应发生程度等级划分。经对各省(市)发生面积分级与实际发生程度等级进行一致性分析,发现华北、黄淮等级匹配一致性准确率分别为 90.3%、95.8%(华北样本量 $n=93$,黄淮样本量 $n=72$),因此,采用发生面积分级代替实际发生程度等级可行。

表 2.23　小麦蚜虫发生等级划分

小麦主产省(市)	小麦蚜虫发生面积等级划分/万 hm²			
	轻	偏轻	偏重	重
河北	[0,83)	[83,164)	[164,245]	>245
山西	[0,25)	[25,49)	[49,72]	>72
北京	[0,6)	[6,10)	[10,15]	>15
天津	[0,5)	[5,7)	[7,10]	>10
河南	[0,107)	[107,213)	[213,318]	>318
山东	[0,105)	[105,208)	[208,310]	>310
江苏	[0,51)	[51,100)	[100,149]	>149
安徽	[0,30)	[30,58)	[58,86]	>86

气象站点的选择依据中国气象产品地理区划(全国气象防灾减灾标准化技术委员会,2018),并利用 1∶4000000 中国土地利用图(吴传钧,2001)和 ArcGIS 分析工

具中的叠加 Intersect 功能剔除高山、城市开发区等非农田站点,操作在 ArcMap10.2
环境下完成,最终选取 8 个省(市)601 个气象站点(图 2.17),其中在华北选取 246
站,包括北京 10 站、河北 133 站、天津 11 站、山西 92 站;在黄淮选取 216 站,包括山
东 106 站、河南 110 站;在苏、皖两省选取 139 站,包括安徽 70 站、江苏 69 站。时间
均为 1958—2018 年。对地面气象资料,先将气象站点上年 12 月至当年 6 月上旬的
逐日资料处理成旬平均和月平均资料,再计算各省(市)气象要素和温雨系数的区域
平均值,以及上年冬季平均气温、最高气温、最低气温的逐年区域平均值,以便与各
省(市)虫害发生面积相对应。

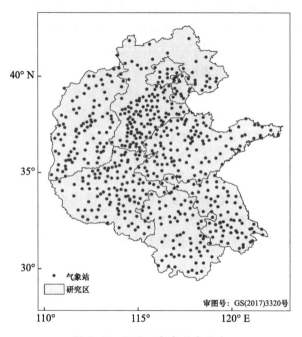

图 2.17　研究区气象站点分布

(2)建模方法

① 相关分析

小麦蚜虫发生程度以年发生面积为依据,因子普查采用 Pearson 相关分析法,分
析年发生程度与上年 12 月至当年 6 月上旬不同旬、月时段组合地面气象要素和上年
冬季平均气温、最高气温、最低气温之间的相关关系,筛选与麦蚜发生程度显著相关
的华北、黄淮关键气象因子及影响时段。相关系数的检验采用双尾 t 检验。

② 独立性检验

选用主成分识别法进行因子的独立性检验(韩永翔 等,1995;汤志成 等,1996;
田俊 等,2018),剔除共线性因子,建立因子间的相关矩阵 R。

$$R = \begin{bmatrix} r_{11} & \cdots & r_{1p} \\ \vdots & & \vdots \\ r_{p1} & \cdots & r_{pp} \end{bmatrix} \tag{2.12}$$

剔除共线性自变量数量的确定方法：r_{ij} 为因子 i 和 j 之间的相关系数，求相关系数矩阵 R 的特征值 λ_i，若因子间存在共线性，则有特征根接近 0。因此，如果有 k 个特征量值近似等于 0，则证明因子之间有 k 重共线性，需要剔除 k 个自变量。主成分分析法的具体步骤详见文献（黄嘉佑，2000；Liu et al.，2003）。

③ 因子归一化

在筛选出关键因子后，由于各因子影响程度不同、量纲不同，不便直接应用，因此，对各关键气象因子采用极差化方法进行标准化处理（归一化法，使数据均分布在 0~1 之间）。

④ 气象适宜度综合指数和模型构建

利用华北、黄淮分区域归一化处理后的关键气象因子与对应省份小麦蚜虫发生面积划分等级建立华北、黄淮小麦蚜虫气象适宜度预报模型，小麦蚜虫发生发展气象适宜度综合指数计算公式为：

$$Z = C_0 + \sum_{i=1}^{n} (Y_i \times K_i) \tag{2.13}$$

式中，Z 为小麦蚜虫发生发展气象适宜度综合指数；C_0 为常数；Y_i 为归一化后的第 i 项关键气象因子；K_i 为第 i 项归一化关键因子的回归系数；n 为因子个数。

（3）关键气象因子筛选

采用单因子相关分析方法，计算华北、黄淮对应分省小麦蚜虫发生面积与上年12月至当年 6 月上旬各旬（月）气象因子包括平均气温、最高气温、最低气温、降水量、日照时数、空气相对湿度、大雨（暴雨）日数、温雨系数（C_i）以及上年冬季平均气温、最高气温、最低气温等的相关系数，筛选出相关系数通过 0.05 水平显著性检验的因子共 40 个，并进行独立性检验。结合北方小麦主产区蚜虫为害特点（表 2.22），最终筛选出影响华北地区小麦蚜虫年发生程度的关键气象因子 8 个，分别为上年冬季平均气温、当年 3 月温雨系数（C_3）、3 月最高气温≥25 ℃的日数、3 月下旬日照时数、4 月上旬平均气温、4 月下旬最高气温≥28 ℃的日数、4 月大雨日数和 5 月上旬空气相对湿度介于 40%~80% 的日数；筛选出影响黄淮地区小麦蚜虫年发生程度的关键气象因子 6 个，分别为上年冬季平均气温、当年 1 月下旬降水量、3 月上旬空气相对湿度>80% 的日数、3 月平均气温、4 月温雨系数（C_4）和 4 月下旬无雨日数。具体见表 2.24 和表 2.25。

表 2.24　华北地区小麦蚜虫发生程度与关键气象因子相关系数

主要气象因子	关键影响时段	相关系数
平均气温(T_{dj})	上年冬季	0.39***
平均气温(T_{41})	4月上旬	0.332***
温雨系数(C_3)	3月	−0.24**
最高气温≥25 ℃的日数(D_{Tmx3})	3月	0.393***
最高气温≥28 ℃的日数(D_{Tmx43})	4月下旬	−0.32***
日照时数(S_{33})	3月下旬	−0.36***
大雨日数(D_{P4})	4月	−0.312***
空气相对湿度40%～80%的日数(D_{RH51})	5月上旬	0.27**

注:① T、T_{mx}、C_3、D、S、RH、P 分别表示平均气温、最高气温、温雨系数、日数、日照时数、空气相对湿度、降水量,各指标后下标数字表示×月×旬,如 T_{41}、C_3 分别表示4月上旬平均气温、3月温雨系数,T_{dj} 表示冬季平均气温,以此类推。下同。D_{Tmx3},D_{Tmx43},D_{P4},D_{RH51} 分别表示3月最高气温大于等于25 ℃的日数、4月下旬最高气温大于等于28 ℃的日数、4月大雨日数、5月上旬空气相对湿度介于40%～80%的日数。

②*,** 和 *** 分别表示达到 0.05,0.01 和 0.001 显著性水平(样本量为 217)。

表 2.25　黄淮地区小麦蚜虫发生程度与关键气象因子相关系数

主要气象因子	关键影响时段	相关系数
冬季平均气温(T_{dj})	上年冬季	0.59***
3月平均气温(T_3)	3月	0.61***
降水量(P_{13})	1月下旬	−0.56***
空气相对湿度＞80%的日数(D_{RH31})	3月上旬	−0.355***
温雨系数(C_4)	4月	−0.233*
无雨日数(D_{P43})	4月下旬	0.381***

注:P 表示降水量。D_{RH31}、D_{P43} 分别表示3月上旬空气相对湿度＞80%的日数、4月下旬无雨日数,其余各指标后下标紧跟数字同表3类推。*,** 和 *** 分别表示达到 0.05,0.01 和 0.001 显著性水平(样本量为 116)。

　　由表 2.24、表 2.25 可见,蚜虫发生与冬春尤其春季的气象因子密切相关,冬春不同时段平均气温与华北、黄淮小麦蚜虫发生面积均呈显著正相关,冬季气温偏高,利于小麦蚜虫越冬基数提高;春季气温偏高,利于小麦蚜虫发生发展,这与文献(刘明春 等,2009;程芳芳 等,2012;郭建平,2015;Zhang et al.,2019)的研究结果一致,热量对小麦蚜虫发生发展具有正相关协同作用。3月、4月温雨系数与华北、黄淮小麦蚜虫发生程度呈显著负相关,春季降水偏少、气温偏高,温雨系数偏小,利于苗蚜和穗蚜的发生发展。华北小麦蚜虫发生面积与3月最高气温≥25 ℃的日数和5月上旬空气相对湿度为40%～80%的日数呈显著正相关,与3月温雨系数、3月下旬日照时数、4 月下旬最高气温≥ 28 ℃的日数和 4 月大雨日数呈显著负相关。黄淮小麦蚜虫发生面积与 1 月下旬降水量、3 月上旬空气相对湿度大于 80% 的日数和 4 月温雨系数呈显著负相关,与 4 月下旬无雨日数呈显著正相关。这是由于小麦蚜虫在不同虫态、不同小麦发育期对空气湿度、日照时数、水分条件的要求存在差异所致。据研究(刘明春 等,2009),热量和水分条件是影响小麦蚜虫种群消长的关键气象因素,水分因子(降水和湿度)具有反向抑制作用,其中大雨有冲刷作用,大雨日数越多,越利于抑制小麦蚜虫发生发展;相反,无雨日数越多,越有利于小麦蚜虫的暴发流行。

(4)小麦蚜虫发生发展气象适宜度预报模型

华北区域小麦蚜虫气象适宜度预报模型如下:

$$Z_{nc}=2.304+1.423Y_1-0.88Y_2-0.267Y_3-1.399Y_4+1.343Y_5- \tag{2.14}$$
$$0.474Y_6-0.091Y_7+0.247Y_8$$

式中,Z_{nc}为在具有一定虫源条件下,仅考虑气象条件影响的当年华北小麦蚜虫发生发展气象适宜度指数;Y_1、Y_2、Y_3、Y_4、Y_5、Y_6、Y_7、Y_8分别为上年冬季平均气温(T_{dj})、当年 3 月温雨系数(C_3)、3 月最高气温≥ 25 ℃的日数(D_{Tmx3})、3 月下旬日照时数(S_{33})、4 月上旬平均气温(T_{41})、4 月下旬最高气温≥ 28 ℃的日数(D_{Tmx43})、4 月大雨日数(D_{P4})、5 月上旬空气相对湿度为 40%～80% 的日数(D_{RH51})。方程复相关系数为 0.682,达到 0.001 显著性水平,样本量 $n=217$。

黄淮区域小麦蚜虫气象适宜度预报模型如下:

$$Z_{hh}=0.605+2.085Y_1-0.725Y_2-1.41Y_3+0.796Y_4+0.443Y_5+1.667Y_6$$

$$\tag{2.15}$$

式中,Z_{hh}为当年黄淮小麦蚜虫发生发展气象适宜度指数,Y_1、Y_2、Y_3、Y_4、Y_5、Y_6分别为上年冬季平均气温(T_{dj})、当年 1 月下旬降水量(P_{13})、3 月上旬空气相对湿度大于 80% 的日数(D_{RH31})、3 月平均气温(T_3)、4 月温雨系数(C_4)、4 月下旬无雨日数(D_{P43})。方程复相关系数为 0.688,达到 0.001 显著性水平,样本量 $n=116$。

Z 值越大表示气象条件对小麦蚜虫发生发展越有利,反之越不利。为方便实际应用,将北方地区小麦蚜虫资料中华北 217 个样本、黄淮 116 个样本小麦蚜虫发生程度从小到大排序,对应小麦蚜虫测报标准(农业部种植管理司,2002),分析虫害发生程度分别为重(4 级)、偏重(3 级)、偏轻(2 级)和轻(1 级)4 个不同级别的样本分布,将气象适宜度指数 Z 值划分为不同的等级,即 4 个级别(表 2.26):1 级为气象条件不适宜虫害发生发展,$Z<1.5$;2 级为气象条件较适宜虫害发生发展,$1.5\leq Z<2.5$;3 级为气象条件适宜虫害发生发展,$2.5\leq Z<3.5$;4 级为气象条件非常适宜虫害发生发展,$Z\geq 3.5$。

表 2.26 华北、黄淮小麦蚜虫发生发展气象适宜度指数分级表

气象条件	气象适宜度综合指数 Z	气象适宜度等级	虫害发生等级
非常适宜虫害发生发展	$Z \geqslant 3.5$	4	重发生
适宜虫害发生发展	$2.5 \leqslant Z < 3.5$	3	偏重发生
较适宜虫害发生发展	$1.5 \leqslant Z < 2.5$	2	偏轻发生
不适宜虫害发生发展	$Z < 1.5$	1	轻发生

(5)小麦蚜虫气象适宜度预报模型的回代检验

利用 1958—2015 年资料进行模型回代拟合检验,华北、黄淮小麦蚜虫气象适宜度等级与实际发生等级相比,两区域模型拟合"级别一致"平均准确率均在 90% 以上(表 2.27)。从表 2.27 两个区域分级拟合结果可知,4 个级别拟合准确率均不小于 80%,2 级(气象条件较适宜)和 3 级(气象条件适宜)预报准确率均达到 90% 以上,其中华北 2 级、3 级基本正确的准确率达 100%,气象条件较适宜和适宜等级的预报效果比气象条件不适宜(1 级)明显好,即随着预报适宜程度增加,预报准确率明显提升;4 级(气象条件非常适宜)预报准确率较 2 级和 3 级虽有所下降,但华北 4 级预报准确率在 85% 以上、黄淮在 90% 以上,预报效果仍较好。

表 2.27 1958—2015 年华北和黄淮小麦蚜虫气象适宜度模型回代拟合准确率

区域	各级别数量	等级				
		1 级	2 级	3 级	4 级	合计
华北	实际发生相应级别数量	57	43	60	57	217
	预报与实际相符数量	46	43	60	49	198
	准确率(%)	80.7	100.0	100.0	86.0	91.2
黄淮	实际发生相应级别数量	41	19	20	36	116
	预报与实际相符数量	36	18	20	34	108
	准确率(%)	87.8	94.7	100.0	94.4	93.1

注:预报与实际一致为正确,相差 1 个等级为基本正确,相差 2 个或 2 个以上等级为错误。

(6)小麦蚜虫气象适宜度预报模型的预报检验

利用 2016—2018 年华北、黄淮及苏皖两省资料用于模型外推预报检验。采用分区域虫害气象适宜度模型对 2016—2018 年华北、黄淮小麦蚜虫气象适宜度等级进行预报,利用黄淮区域气象适宜度模型对江苏、安徽两省 2016—2018 年小麦蚜虫气象适宜度等级进行外推预报检验,结果见表 2.28 和表 2.29。从表 2.28 可以看出:与实际发生面积分级相比,模型对 2016—2018 年华北、黄淮小麦蚜虫气象适宜度等级预报平均准确率分别为 75%、100%;黄淮模型外推至苏皖地区,两省预报 3 a 平均准确率为 100%(表 2.29),预报效果理想。这也表明,所建立小麦蚜虫气象等级预报模

型对蚜虫发生偏重年份较偏轻年份预报准确率更高,说明模型对偏重年份的灾害等级的反映和响应效果更好。

根据 2016—2018 年农业农村部对虫情实际发生等级监测结果(表 2.28、表 2.29),2016—2018 年河北省小麦蚜虫实际发生程度分别为 4 级、4 级、3 级,山西、山东、河南和安徽 4 省分别均为 3 级,天津市和江苏省分别均为 2 级、3 级、3 级,北京市均为 2 级,经预报检验,气象适宜度等级与小麦蚜虫实际发生等级监测结果相比,模型预测华北、黄淮及安徽、江苏两省"级别基本一致(误差≤1 级)"平均准确率分别为 91.7%、100%、100%、100%,预报效果均较好。从表 2.29 可以看出,利用黄淮地区模型外推预报苏、皖两省 2016—2018 年小麦蚜虫气象适宜度等级,与实际发生等级相比,两省预报 3 a 平均基本正确准确率为 100%;分省来看,3 a 预报等级每年均正确或基本正确,基本正确准确率均为 100%,模型外推预报效果较为理想。所建立分区域模型适用于华北、黄淮和江淮地区小麦蚜虫发生发展气象适宜度等级预报。

表 2.28　2016—2018 年华北、黄淮小麦蚜虫气象适宜度预报模型预报准确率

区域	省(市)	年份	实际发生面积分级	预报气象等级	误差(与发生面积分级比)	实际发生程度等级	误差(与实发程度等级比)
华北	河北	2016	3	3	一致	4	基本一致
		2017	3	4	基本一致	4	一致
		2018	3	3	一致	3	一致
	山西	2016	2	3	基本一致	3	一致
		2017	2	4	相差 2 级	3	基本一致
		2018	2	2	一致	3	基本一致
	天津	2016	3	3	一致	2	基本一致
		2017	4	4	一致	3	基本一致
		2018	4	2	相差 2 级	3	基本一致
	北京	2016	1	2	基本一致	2	一致
		2017	1	4	相差 3 级	2	相差 2 级
		2018	1	2	基本一致	2	一致
黄淮	山东	2016	4	4	一致	3	基本一致
		2017	4	4	一致	3	基本一致
		2018	4	3	基本一致	3	一致
	河南	2016	4	4	一致	3	基本一致
		2017	4	4	一致	3	基本一致
		2018	3	2	基本一致	3	基本一致

注:预报与实际一致为正确,相差 1 个等级为基本正确,相差 2 个或 2 个以上等级为错误。

表 2.29 2016—2018 年黄淮小麦蚜虫气象适宜度预报模型外推预报准确率

区域	年份	实际发生面积分级	预报气象等级	误差(与发生面积分级比)	实际发生程度等级	误差(与实发程度等级比)
安徽	2016	4	4	一致	3	基本一致
	2017	4	4	一致	3	基本一致
	2018	3	2	基本一致	3	基本一致
江苏	2016	4	4	基本一致	2	基本一致
	2017	4	4	一致	3	基本一致
	2018	3	3	一致	3	一致

注:预报与实际一致为正确,相差 1 个等级为基本正确,相差 2 个或 2 个以上等级为错误。

由此可见,利用所建立的分区域小麦蚜虫气象适宜度模型对华北、黄淮小麦蚜虫发生发展气象等级进行预报,2016—2018 年 3 a 平均试报准确率均在 75% 以上,预报效果较好;利用黄淮小麦蚜虫气象适宜度模型预报苏、皖两省 2016—2018 年小麦蚜虫发生等级,预报等级误差均在 1 级或以下,模型异地预报 3 a 苏、皖分省等级均正确或基本正确,效果也较好。说明黄淮小麦蚜虫气象适宜度模型对江淮地区小麦蚜虫发生等级有一定的指示性,可用于江淮地区小麦蚜虫发生等级反演和预报。

模型考察开始时间为上年冬季,结束时间最迟为 5 月上旬。结合不同区域小麦蚜虫盛发期时间分布,华北、黄淮和江淮可从上年冬季起,利用模型监测计算某省或某站的小麦蚜虫发生发展气象适宜度指数,判别相应的气象等级,进行预测预报,如 4 月中旬可发布灾害预警,且当预报未来一旬或一个月气象条件有利于虫害发生时,可将 4 月下旬至 5 月上旬气象关键因子在常年值基础上,根据预报波动幅度做上下调整,当预报的气象等级≥2 级,可发布气象条件较适宜或适宜小麦蚜虫发生发展的预警信息。

关键时段关键气象因子对小麦蚜虫发生发展具有决定性作用。以小麦蚜虫发生典型年 2014 年为例,该年黄淮海大部地区小麦穗期蚜虫大发生(全国农业技术推广服务中心,2015),主要原因为春季气温偏高,其中 3 月山东、河南区域平均气温分别为 10.5 ℃、12.0 ℃(分别高于常年值 6.7 ℃、8.6 ℃),分别位居历史第二高和第一高;4 月上旬河北、北京、天津、山西平均气温分别为 14.7 ℃、15.3 ℃、15.2 ℃、12.6 ℃(分别高于常年值 11.6 ℃、11.4 ℃、12.0 ℃、9.7 ℃),京津冀气温均位居历史最高,气温显著偏高加快了生物发育进程,小麦发育期和蚜虫发生期均提前,其中山东麦蚜始发期为当年 2 月 20 日、偏早 1 个月左右。2014 年关键时段关键气象因子中温度、湿度均在穗期优势种麦长管蚜发生发展的适宜气象条件范围内,温高雨少导致 5 月初河北中南部、山东中西部及半岛西部、河南北部部分地区出现旱情(中国气象局,2015),温高光足,适宜的光、温、水条件和干旱叠加效应,促进了小麦穗期蚜虫的发生为害,造成 2014 年小麦产量损失达 91.86 万 t(全国农业技术推广服务中心,2015),这与前人研究结论相吻合,水分缺乏可以提高干旱地区蚜虫潜在的适应能力,蚜虫需耗费更多的时间取食(戴鹏,2016)。

在关键气象因子的选取上,从小麦蚜虫发生发展的适宜生理气象指标和区域气候特征考虑,对进行小麦蚜虫监测预报有较好的指示意义。由于不同地区气候条件及小麦蚜虫发育进程和作物发育期本身的差异,小麦蚜虫的气象适宜度条件在时间和空间上存在一定的差异,春季强降雨是影响麦长管蚜种群消减的关键因子之一(曹雅忠 等,1989;戴鹏,2016),强降雨多不利于小麦蚜虫爆发,而降水偏少、无雨日数偏多及导致的干旱则利于小麦蚜虫发生发展,因全球气候变暖导致的温室效应和极端天气等衍生的干旱等灾害的频频发生(Hartmann et al.,2013;周广胜 等,2016;霍治国 等,2017,2019),导致麦蚜对逆境环境的适应能力显著提高(Awmack et al.,1997;李晶晶,2011;霍治国 等,2012b)。这也是针对不同区域建立不同的小麦蚜虫气象适宜度综合指标的意义所在。

模型仅考虑在一定虫源基数条件下地面气象条件对小麦蚜虫发生发展的适宜性,而小麦蚜虫是迁飞性害虫,其发生发展除受地面气象条件的重要影响外,还受大尺度环流背景、虫源基数、自身生物学特性、寄主作物及品种、天敌情况、耕作栽培方式、施肥和灌溉水平、田间管理措施和人为防治等综合因素的影响(刘明春 等,2009;程芳芳 等,2012;Zhang et al.,2019),北方小麦主产区麦蚜发生发展气象适宜度等级仅对地面气象条件的满足程度进行了分析。实际应用中,可结合小麦蚜虫气象适宜度等级监测预报与其他因素综合考虑小麦蚜虫的发生情况,开展相关的农业气象业务和服务。

2.3　小麦条锈病发生发展气象等级预报技术

2.3.1　小麦条锈病生物学特征

2.3.1.1　生物学特征

小麦条锈病,俗称黄疸病,是典型的气候型病害,为我国小麦生产上分布广、传播快,危害面积大的重要病害,在湿润、半湿润麦区常见。该病具有跨区域、借助气流传播的特点,危害面积大,是我国华北、西北、西南等麦区的主要病害之一。小麦条锈病的侵染循环可分为越夏、侵染秋苗、越冬及春季流行四个环节。

我国是世界上最大的小麦条锈病流行区,其中四川盆地是我国小麦条锈病冬季菌源积累并向外传播的主要菌源地,也是常年受小麦条锈病危害最重的地区之一(郭翔,2017)。四川盆地冬季温暖、湿润、雾和露日数多,有利于小麦条锈病菌夏孢子的萌发、侵染和发展(姚革,2004);春季回温早、温湿条件适宜,对病害的扩展、流行非常有利,因此在小麦整个生育期内,受条锈病菌不断侵染危害的时期可长达3～5个月(沈丽,2008)。

2.3.1.2 发生规律

条锈病菌侵染小麦的最适温度为9～16 ℃,发病温度活动范围为2～29 ℃,较叶锈菌和秆锈菌发病最早,从侵入到发病约需8～12 d。小麦条锈菌在我国甘肃的陇东、陇南、青海东部、四川西北部等地夏季最热月份平均温度在20 ℃以下的地区越冬。秋苗的发病开始多在冬小麦播后1个月左右。当平均气温降至1～2 ℃时,条锈菌开始进入越冬阶段,一月份平均气温为-6～7 ℃的德州、石家庄、介休一线以北,病菌不能越冬。翌年小麦返青后,越冬病叶中的菌丝体复苏扩展,当旬平均温度上升至5 ℃时显症产孢,如遇春雨或结露,病害扩展蔓延迅速,导致春季流行,成为该病主要危害时期。

2.3.2 小麦条锈病发生发展气象等级预报技术

本节以四川盆地小麦条锈病冬繁区为例,通过选取具有明确生物学意义的气象条件,利用相关性分析、内插法、回归分析等多种方法,筛选出小麦条锈病发生气象等级预报因子,并建立小麦条锈病发生发展气象等级预报模型。

2.3.2.1 资料介绍

(1)病情资料:来源于四川盆地小麦主产县(市、区)1999—2016年小麦条锈病系统调查和大田普查的相关数据,包括小麦播种面积、播种时间、始见期、发生面积、防治面积等。

(2)气象资料:来源于四川省气象局,数据涵盖四川盆地小麦主产县(市、区)、小麦条锈病常发县(市、区)1999—2016年小麦全生育期(上年11月—翌年5月)逐日气象资料,包括平均气温、最高气温、最低气温、降水量、降水距平百分率、空气相对湿度、相对湿度距平百分率、日照时数、平均风速。

2.3.2.2 建模思路

第一,依据四川盆地冬繁区小麦锈病发生程度划分气象因子等级;第二,选取预报小麦条锈病发生程度的关键气象因子;第三,计算各关键气象因子的等级级别值;第四,建立预测模型,确定各气象因子的权重系数;最后,对预测模型进行检验。

2.3.2.3 资料处理

(1)小麦条锈病发生程度的划分

为消除各因子不同量纲的影响,小麦条锈病发生程度用小麦条锈病的发病面积比(即发病面积占播种面积的比例,y)来表示,并按照 $y > 80\%$、$80\% \geqslant y > 60\%$、

$60\% \geqslant y > 40\%$、$40\% \geqslant y > 20\%$、$y \leqslant 20\%$ 的范围将小麦条锈病发生程度划分成 5 个等级,分别代表小麦条锈病大发生、中等偏重发生、中等发生、中等偏轻发生和轻发生。

(2)关键气象因子的筛选

根据统计学原理,利用小麦条锈病发生程度与相关气象资料(平均/最高/最低气温、降水量及其距平百分率、相对湿度及其距平百分率、平均风速、日照时数等)进行相关性分析,并结合小麦生育期和条锈病发病流行的规律,筛选相关性极显著并具有生物学意义的关键气象因子。

(3)影响小麦条锈病发生的气象因子等级划分

将影响小麦条锈病发生程度的关键气象因子划分为 5 个对应的气象等级(Y),对应的 Y 为 1、2、3、4、5 级,分别代表气象条件有利于小麦条锈病大发生、中等偏重发生、中等发生、中等偏轻发生、不利于小麦条锈病发生。

(4)气象因子级别值的设定

设定影响小麦锈病发生程度的关键气象因子从 5 级到 1 级,各级对应的数值分别为 1～20、21～40、41～60、61～80、81～100。若气象因子小于最小值或大于最大值,则其对应的级别值分别为 1 和 100,对应的气象等级为 5 级和 1 级。将每个级别内气象因子的上下限差值等分 20 份后,利用直线内插法计算关键气象因子级别值。

(5)关键气象因子对小麦条锈病发生程度的贡献率

采用偏相关分析方法,用偏相关系数确定各气象因子对当年小麦条锈病发生程度的贡献率,以此分析各气象因子与小麦条锈病发生气象等级间的相关关系。

(6)预测模型的检验

对四川盆地冬繁区小麦条锈病气象等级预测模型的检验,采用回代检验和预测检验相结合的方法。回代检验是将建立预测模型时使用的气象资料回代,进而把拟合值与实际值进行比较。预测检验则是将 2017 年四川盆地冬繁区小麦主产县气象条件,代入条锈病发生发展气象等级预报模型中,从而进行拟合值与实际值之间的比较。

2.3.2.4　关键气象因子及其等级级别值

对小麦条锈病发生程度与四川盆地冬繁区 46 个小麦主产县(市、区)9 月至翌年5 月逐旬气象因子进行相关分析。一方面考虑到旬单位的变量变率较大,稳定性差,应尽可能选取较长时段气象要素的累积或平均值,另一方面选取的气象因子需具有明确的生物学意义,在相关性达到显著/极显著水平的气象因子中,筛选得到影响四川盆地冬繁区小麦条锈病发生的 5 个关键气象因子,分别为上年 12 月空气相对湿度距平百分率、上年 12 月至翌年 2 月平均气温、2 月下旬至 3 月中旬空气相对湿度距平百分率、3 月中旬至 4 月中旬平均气温和 4 月空气相对湿度距平百分率(表 2.30)。

表 2.30　影响盆地冬繁区小麦条锈病发生的关键气象因子

气象因子	r	P
RH$_{(12)}$	0.218**	0.001
T$_{(12-2)}$	0.234**	0.000
RH$_{(2-3)}$	0.503**	0.000
T$_{(3-4)}$	0.396**	0.000
RH$_{(4)}$	0.214**	0.000

注：RH$_{(12)}$，上年12月相对湿度距平百分率；T$_{(12-2)}$，上年12月至翌年2月平均气温；RH$_{(2-3)}$，2月下旬至3月中旬相对湿度距平百分率；T$_{(3-4)}$，3月中旬至4月中旬平均气温；RH$_{(4)}$，4月相对湿度距平百分率；**，P≤0.01，相关性极显著。

用 XRH$_{(12)}$、XT$_{(12-2)}$、XRH$_{(2-3)}$、XT$_{(3-4)}$、XRH$_{(4)}$ 分别代表上述5个关键气象因子对应的气象等级级别值，每个级别内气象因子的上下限差值内分20等份后，计算得到位于该级别内的气象因子级别值（表2.31）。

表 2.31　关键气象因子分级

级别	对应分值	RH$_{(12)}$/%	T$_{(12-2)}$/℃	RH$_{(2-3)}$/%	T$_{(3-4)}$/℃	RH$_{(4)}$/%
1	81~100	>29.1	>14.8	>14.6	>22.2	>38.3
2	61~80	12.7~29.1	10.9~14.8	4.5~14.6	19.7~22.2	16.5~38.3
3	41~60	-3.6~12.7	7.1~10.9	-5.7~4.5	17.2~19.7	-5.4~16.5
4	21~40	-19.9~-3.6	3.2~7.1	-15.9~-5.7	14.3~17.2	-27.2~-5.4
5	1~20	≤-19.9	≤3.2	≤-15.9	≤14.3	≤-27.2

2.3.2.5　小麦条锈病气象等级预测模型的建立

对四川盆地冬繁区小麦条锈病常发县（市、区）1999—2016年资料和关键气象因子级别值进行方差分析（F检验）后，得到盆地冬繁区小麦条锈病发生发展气象等级预报模型见式（2.16）。

$$Y = a + b_1 \times XRH_{(12)} + b_2 \times XT_{(12-2)} + b_3 \times XRH_{(2-3)} + b_4 \times XT_{(3-4)} + b_5 \times XRH_{(4)} \tag{2.16}$$

式中，Y 为当年小麦条锈病发生的气象等级；XRH$_{(12)}$、XT$_{(12-2)}$、XRH$_{(2-3)}$、XT$_{(3-4)}$、XRH$_{(4)}$ 分别表示表2.30中各气象因子的级别值；a、b$_1$、b$_2$、b$_3$、b$_4$、b$_5$ 是系数，其值分别为 -1.560、0.052、0.116、-0.098、-0.085、0.129。模型的 F = 279.409、P<0.01，表明当年小麦条锈病发生气象等级（Y）与关键气象因子级别值的综合线性影响达到极显著水平，模型有意义。

2.3.2.6　小麦条锈病气象等级预测模型的检验

（1）回代检验

这里将回代检验分为两个部分，一部分是区（县）范畴小麦锈病发生历史数据及区域内气象站点历史气象资料；一部分是市级范畴小麦锈病发生历史数据及其区域内气象因子平均值。利用区(县)市小麦锈病发生历史数据及其区域内气象站点的小麦条锈病气象等级预测模型进行回代检验,对预测值四舍五入后与实际值比较(图 2.18)。在包含两个范畴的总检验样本中,误差达 2 个等级的有 8 个样本,约占总检验样本量的 8%,误差 1 个等级的有 22 个样本,约占总检验样本量的 23%,且误差达 2 个等级的样本,实际病害等级均为中等/偏轻发生。区(县)范畴样本中(图 2.18a),准确率64%,误差 2 个等级的样本均在该类中;市级范畴代表站平均值的样本中(图 2.18b),准确率 89%。由此表明,气象等级预报模型可用于条锈病各流行程度预报,对各流行程度年份均适用;等级预报模型可针对区(县)范围的预测,也可用于多区(县)范围的预测,且市级预报的回代检验结果较区(县)级为好。

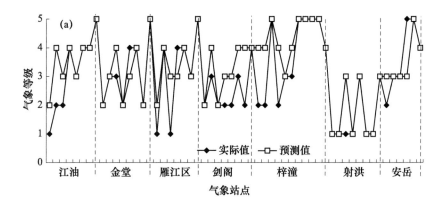

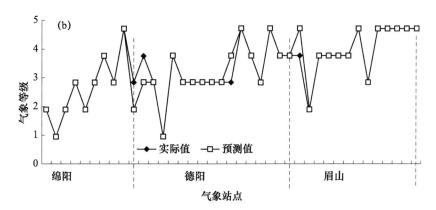

图 2.18　四川盆地各代表站历年小麦条锈病发生气象等级实际值与预测值

注:各站点资料序列为,江油 2003—2010 年、金堂 2003—2010 年、雁江区 2004—2010 年、剑阁 2003—2010 年、梓潼 2000—2010 年、射洪 2003—2009 年、安岳 2003—2009 年、绵阳 2005—2014 年、德阳 2000—2015 年、眉山 2001—2014 年。

（2）预测检验

利用该条锈病发生发展气象等级预报模型，对 2017 年四川盆地冬繁区小麦主产县进行预报（图 2.19）。在 43 个检验样本中，预测结果完全正确的有 27 个样本，占 62.8%；误差 2 个或以上等级的样本 4 个，占总检验样本量的 9.3%，预测效果较好。

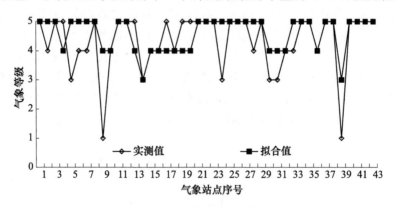

图 2.19　预测检验结果

注：1-43 为四川盆地冬繁区 43 个代表气象站点，依次分别为绵阳安州区、简阳、苍溪、崇州、涪城、广汉、广元、夹江、安岳、剑阁、江油、金堂、井研、阆中、乐至、芦山、罗江、游仙、绵竹、南部、南江、彭州、蓬安、蓬溪、平昌、青神、邛崃、仁寿、三台、射洪、什邡、双流、通江、旺苍、威远、温江、西充、盐亭、仪陇、营山、中江、资中、梓潼。

2.3.2.7　存在的问题

（1）筛选关键气象因子的思路

小麦条锈病的发生与众多气象因子相关，本例中包括平均/最高/最低气温、降水量及其距平百分率、相对湿度及其距平百分率、平均风速、日照时数等气象因子与小麦条锈病发病程度均显著相关，但最终选择了平均气温和相对湿度距平百分率作为影响因子，主要考虑到以下几点：①在将气象因子与小麦条锈病发病面积比做相关分析后，发现温度数据和降水数据的相关性更佳，其余数据未能通过显著性检验。②除了具有比较明确的生物学意义外，最高/最低温度与日平均温度属于同一类指标，降水量及其降水距平百分率属于同一类指标、相对湿度及其距平百分率属于同一类指标，它们两两间的偏相关系数极显著，因此只能在同类中选取一个因子。③相对湿度比降水量更能表现条锈病发生发展的湿度条件，而其距平百分率还能反映该时段相对湿度与同期平均状态的偏离程度，同时，空气相对湿度及其距平百分率与雾、露日数也呈正相关，雾、露日数多，平均相对湿度往往较大。

（2）预测准确性分析

四川盆地冬繁区小麦条锈病气象等级预测模型，经过历史回代检验表明，预测模型历史拟合效果在单一气象站点和多气象站点平均值两种层面效果均较好。利用预报模型预测的结果准确率较高，达到 2 个等级误差的样本较少，说明预报方程所选指标和气象因子分级合理,预报方程可用。但小麦条锈病实际发生程度与预测结果存在差异,主要是因为小麦条锈病是否大发生不但与当地气象条件有关,还决定于品种的抗病性、综合防治措施及其效果、锈病病菌的越冬基数、从甘肃等地随气流迁移来的菌源量等因素,本地的气象条件只是小麦条锈病发生发展的条件之一。

(3)小麦条锈病气象等级预测的问题

小麦条锈病气象适宜程度等级预报是一项复杂的工作,本节中四川盆地地形地貌十分复杂,盆地冬繁区从北到南、由西往东,小麦种植习惯和生育进程都存在较大差异,同一时期相似的气象条件对不同生育期的小麦条锈病发生发展的影响也各异。另外,在气象因子等级划分中,界限的确定也存在争议,相邻两个等级间难免存在交叉的现象。因此,针对小麦条锈病气象等级预报模型仍需在应用过程中不断优化。

2.4　小麦白粉病发生发展气象等级预报技术

2.4.1　小麦白粉病发生特点及研究现状

小麦白粉病[*Blumeria graminis*(DC.)Speer]是一种世界性病害,主要为害小麦叶片、叶鞘、茎秆和穗部,经历由点到面、由轻到重的发展过程,目前已成为中国麦区重要常发病害。近年来,小麦白粉病发生范围和危害程度不断增加,一般年份可造成小麦减产10%左右,严重的年份达50%以上。小麦白粉病的发生、发展、流行除了受其自身生物学特性影响外,还受耕作栽培制度、施肥与灌溉水平等的制约,特别是受气候条件的影响很大。受气候变化影响,小麦白粉病越冬、始见期、扩展蔓延速度、危害程度均受到不同程度的影响,一旦遇到合适的气候条件,就会大面积发生流行成灾,对我国农业生产产生重大影响。

目前,国内外学者针对小麦白粉病的研究多集中在白粉病病菌病理特性(周益林 等,2002;曾晓葳 等,2008;武英鹏 等,2009)、监测评估(冯炼 等,2010;冯伟 等,2013a;Zhang et al.,2012;Yuan et al.,2014)、防治措施(王秀娜 等,2011;许红星等,2011)及其对作物的危害(曹学仁 等,2009;冯伟 等,2013b)等方面。合理的指标及构建方法是准确有效进行白粉病动态预报预警的关键。在气候变化背景下,世界农业生产正在发生着明显的改变(Pretty,2008),作为主要粮食产量的小麦,其产量和品质也受到明显影响(Bender et al.,2011;Lobell et al.,2011)。作为主要的非气候因素,病虫害对产量的影响需要受到重视,如 Chancellor 和 Kubiriba(2006)研究发现随着气候变化小麦白粉病对产量影响的作用将逐渐增强,至 2020 年开始影响作用又将出现一定的减弱。而目前针对气候变化对白粉病的影响主要集中在利用模拟模型和未来气候情景预测的分析(West et al.,2012),而针对目前的气候变化对白粉病影响的定量评估还鲜有报道。因此,量化小麦白粉病与气候因素的关系及其对气候变化的响应水平,是进行白粉病监测评估与预报预警的基础。

尽管小麦白粉病的发生流行受气候变化的定量影响还未知,但就目前研究显示气象条件是影响小麦白粉病发生流行的重要因素(李伯宁 等,2008)。基于气象因子,针对我国地区气候特点和白粉病发生实际情况的定量评估技术和预报模型逐步发展建立起来(TeBeest et al.,2008;Cao et al.,2011;姚树然 等,2013a,2013b),以数理统计方法为主,人工神经网络、模糊数学、经验法则和灰色系统等技术方法也均有被采用,不断改进预报模型、提高预报准确率(张蕾 等,2015),而目前预报模型多是基于较长时间尺度,而针对地区,基于省级尺度的逐旬动态预警研究还较少。

2.4.2 资料与方法

本节所用的小麦白粉病发生资料取自全国农业技术推广服务中心,包括1961—2010年全国各省(区、市)小麦(冬小麦和春小麦)白粉病的发生面积、防治面积、挽回损失和实际损失等资料。从各省(区、市)小麦白粉病多年平均发生面积可以看出(图2.20),全国主要有23个省(区、市)发生小麦白粉病,各地发生面积差异较大,河南白粉病发生面积最大(139.21万 hm²),广西白粉病发生面积最小(0.13万 hm²),河南、山东、江苏等9个省白粉病发生面积占了全国的90.31%。因此,气象资料选取上述23个小麦白粉病发生省(区、市)共392个气象站点1961—2010年的逐日气象资料,包括日平均气温、降水量、日照时数、平均风速等。

小麦种植面积、产量资料取自中国种植业信息网,包括23个省份1961—2010年小麦的逐年种植面积、产量、单产等。

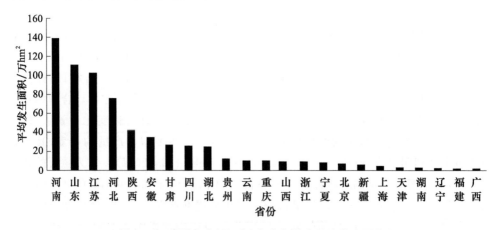

图2.20 我国各省(区、市)小麦白粉病平均发生面积

2.4.2.1　小麦白粉病对气候响应水平

尽管小麦白粉病有其适宜的气候条件，但随着种植水平和监测防治力度的加大，小麦白粉病的发生程度受气象条件的影响如何有待进一步量化分析。为此，以省级白粉病发生面积率为研究对象，分析时段选择北方麦区返青至成熟期、南方麦区拔节至成熟期为小麦白粉病发生关键时段，以时段内平均温度(T)、最低温度(T_n)、最高温度(T_m)、降水量(P)、相对湿度(H)、降雨日数(R_d)、大雨以上日数(H_rd)、平均风速(W)、日照时数(S_d)为气象因子，以小麦白粉病一阶方差(ΔOAR，即白粉病发生面积率的逐年差)为因变量，以气象因子一阶方差(Δx_i)为自变量，建立多元逐步回归方程：

$$\Delta OAR = a + b_i \Delta x_i + \varepsilon \tag{2.17}$$

那么，白粉病发生对气候变化的响应水平可以量化为：

$$c = \frac{b_i \Delta x_i}{\Delta OAR} \tag{2.18}$$

2.4.2.2　小麦白粉病逐旬动态预警

(1)小麦白粉病等级指标构建

小麦白粉病发生资料中，尽管有白粉病发生面积、发生程度两项，但发生程度存在不少缺失的情况，不能直接用于等级评估，如何进行小麦白粉病分级是进行白粉病等级预报的基础。目前针对小麦白粉病发生的等级评价指标还没有统一，在实际研究工作中，多数学者主观建立了以发生面积率分级的等级评价，但分级水平存在明显差异，如王丽等(2012)将小麦白粉病发生面积率≤20%、20%~30%、≥30%对应白粉病轻发生、中等发生、重发生。于彩霞等(2015)以小麦白粉病发生面积率作为评估因子，将白粉病发生面积率分为 4 级：<10%、10%~20%、20%~30%、≥30%。因此，本节依据对应的白粉病发生面积率、发生等级两个序列，基于 Bayes 准则客观对白粉病发生面积率进行分级，确立白粉病发生面积率等级阈值。

其中，Bayes 准则具体分级步骤：进行因子判别时，如果因子的指标能最大限度地将不同白粉病发生等级分开，即不同阈值指标能区分出的样本数最多，也就是误判率最低，就可以认为该阈值是最佳临界指标。假定以(−∞~s1)、[s1,s2)、[s2,s3)、[s3,s4)、[s4~+∞)为分段指标，分别对应小麦白粉病 1、2、3、4、5 级发生程度，在此基础上进行白粉病发生面积率的逐步调整(例如以 0.01 为步长)，统计各区段内实际发生等级与之相符的样本数(n1、n2、n3、n4、n5)，在样本数之和达到最大的情况下，指标的分段即是该因子的最佳临界指标。

(2)小麦白粉病预测时段及因子筛选

小麦白粉病发生气象等级预警模型以华北、黄淮为重点区域。为全面分析小麦白粉病发生程度与气象因子的相关关系,及前期气象条件对后期白粉病发生的影响,将 1981—2010 年的气象资料分别从上一年 9 月—当年 6 月逐旬按照 1 个旬,2 个旬,3 个旬,…,进行所有时段的膨化组合。用"♯♯＊＊"表示♯♯月以＊＊开始的旬,"♯♯"为月份,09、10、11、12 表示上一年 9 月、10 月、11 月、12 月,01、02、03、04、05、06 表示当年 1 月、2 月、3 月、4 月、5 月、6 月;"＊＊"为旬,01 为上旬,11 为中旬,21 为下旬。如 0321 表示当年 3 月下旬,1201—0321 表示上年 12 月上旬—当年 3 月下旬。依次得到每个气象因子 435 个不同时段组合 1981—2010 年的逐年值及距平值。

依据小麦白粉病发生面积率距平与气象因子距平的相关系数,挑选因子,筛选原则:(1)相关系数大且通过 0.01(0.05)显著性水平检验;(2)尽可能包含时段长、当前时段的因子。

(3)小麦白粉病逐旬滚动模型构建

以 1981—2008 年为分析时段,依据小麦白粉病发生面积率距平(y')与筛选的关键气象因子距平(x_i'),构建小麦白粉病发生面积率距平的多元回归模型:

$$y' = c + d_i x_i' + \varepsilon \tag{2.19}$$

从而计算小麦白粉病发生面积率(y):

$$y = y' + \bar{y} \tag{2.20}$$

依据构建的模型,对小麦白粉病发生面积率进行回代(1981—2008)和预测(2009—2010),进而根据 Bayes 准则得到的等级阈值进行小麦白粉病发生等级的检验。

2.4.3　小麦白粉病气候响应

从各省(区、市)小麦白粉病发生与气候条件的一阶方差多元回归模型可以看出(表 2.32),1981—2010 年除了上海、云南、贵州外,其余省份白粉病发生面积率变化的影响因素中,至少有 23.3% 是由气象条件改变引起的,其中陕西气象条件影响最大(75.6%)。在各年代际中,省级白粉病与气候条件的关系发生明显改变,其中从全国区域而言,1981—1990 年 50.4% 白粉病变化由气象条件引起,最高温度、相对湿度是主导因子,而在 1991—2000 年、2001—2010 年度白粉病与气象条件关系不显著。

总体来看,白粉病发生面积率与最高温度、最低温度、相对湿度、降水量呈正相关关系,与大雨以上日数、平均风速、日照时数呈负相关关系,影响各省(区、市)逐时段的气象因子各有差异。且随着气候变化,小麦白粉病受气象条件的影响逐渐减弱,至 2001—2010 年,仅上海、四川、山西、新疆和甘肃小麦白粉病发生受气象条件影响显著。在各年代变化中,甘肃小麦白粉病发生面积率均与气象条件关系显著。

表 2.32　逐年代省(区、市)小麦白粉病发生与气候条件的多元回归模型中不同变量的回归系数 ($^*p<0.05$, $^{**}p<0.01$)

时段	区域	回归系数									R^2
		ΔT	ΔT_m	ΔT_n	ΔH	ΔP	ΔR_d	ΔH_{rd}	ΔW	ΔS_d	
1981—2010 年	全国	—	—	0.071**	0.019**	—	—	—	—	—	0.504
	北京	—	—	—	—	—	—	—	−0.531**	—	0.580
	四川	—	—	0.088**	—	—	—	—	—	—	0.419
	天津	—	—	—	—	0.029	—	—	—	—	0.312
	安徽	—	—	—	—	—	—	—	—	−0.001**	0.234
	山东	—	—	—	0.016**	—	—	—	—	—	0.415
	山西	—	—	—	0.013**	—	—	—	—	0.001	0.539
	新疆	—	—	—	—	—	0.142*	—	—	—	0.309
	江苏	—	—	0.005	—	—	—	—	—	—	0.312
	湖北	—	—	—	—	—	0.023**	—	—	—	0.391
	河南	—	—	0.076	—	—	0.019**	—	—	—	0.422
	浙江	—	—	—	—	—	—	—	−0.289**	—	0.265
	湖北	—	—	—	—	—	—	—	—	−0.001*	0.272
	甘肃	—	—	—	0.03**	—	−0.022*	—	—	0.001	0.411
	辽宁	—	—	—	—	0.001	—	—	—	—	0.233
	重庆	—	—	0.053	—	—	—	—	—	—	0.273
	陕西	—	—	—	0.029**	—	−0.021**	—	—	—	0.756
1981—1990 年	全国	—	—	0.177**	—	0.004**	—	—	—	—	0.537
	北京	—	0.759*	—	0.085**	—	—	—	—	—	0.908
	天津	—	—	—	—	0.002**	—	—	—	—	0.797
	山东	—	—	—	0.030**	—	—	—	—	—	0.619
	河北	—	—	—	0.042**	—	—	−0.157	—	—	0.875
	河南	—	—	—	—	—	0.018*	—	—	—	0.498
	浙江	—	—	—	—	—	—	—	−0.503*	—	0.452
	湖北	—	—	—	—	—	—	—	−1.313**	—	0.576
	甘肃	—	—	—	−0.036*	—	—	—	—	—	0.571
	陕西	—	—	0.800*	—	—	—	—	—	—	0.955

时段	区域	回归系数									R^2
		ΔT	ΔT_m	ΔT_n	ΔH	ΔP	ΔR_d	ΔH_{rd}	ΔW	ΔS_d	
1991—2000年	北京	—	—	—	—	—	—	—	−0.686**	−0.001	0.798
	四川	—	—	0.081**	—	—	—	—	—	—	0.707
	天津	—	—	0.142	—	—	—	—	—	—	0.525
	山东	—	—	—	0.015**	—	−0.077	—	—	—	0.658
	山西	—	—	—	0.007**	—	—	—	—	0.001*	0.692
	河南	—	—	—	0.012**	—	—	—	—	—	0.725
	浙江	—	—	—	—	0.001*	—	—	—	—	0.512
	甘肃	—	—	—	0.076**	—	−0.070**	—	—	—	0.854
	陕西	—	—	—	0.030**	—	−0.021**	—	—	—	0.911
2001—2010年	上海	—	—	—	—	—	—	—	—	−0.003**	0.525
	四川	—	0.129*	—	—	—	—	—	—	—	0.819
	山西	—	0.185*	—	0.057**	—	—	—	0.489*	—	0.982
	新疆	—	—	—	—	—	0.005*	—	—	—	0.513
	甘肃	—	−0.046	—	—	—	—	−0.281	—	—	0.827

气候变化对各省(区、市)小麦白粉病发生面积率变化的影响存在明显差异(表2.33)。从全国来看,1981—2010年小麦白粉病发生面积率增加0.18,其中气候因素的作用为−8.13%,非气候因素的作用为108.36%。而分时段来看,仅1981—1990年气候因素对白粉病发生起作用,作用率为25.28%,1990—2000年、2001—2010年气候因素作用不明显,白粉病发生的变化主要由非气候因素所致。从省级尺度看,上海、云南、贵州气候因素作用较弱。北京地区气候因素对小麦白粉病的作用从1981—1990年的−24.93%至1991—2000年增长为52.98%;四川地区气候因素作用从59.74%(1991—2000年)降低至51.60%(2001—2010年);2001—2010年气候条件对天津地区白粉病发生有负面影响;安徽和辽宁地区1991—2000年、2001—2010年气候作用减弱;山东、陕西气候作用逐年代减弱,而河南、湖北增强。新疆和江苏地区气候条件起作用的时段为2001—2010年,而河北仅1981—1990年;浙江地区2001—2010年气候因素对白粉病发生的贡献最大,达59.61%;甘肃地区各年代白粉病发生均受到气候条件制约,重庆地区只在整个时段内受气候条件影响。总体来看,随着时段的增进,气候条件改变对小麦白粉病发生变化的作用在逐渐减弱,范围也在逐渐缩小;同时气候条件的贡献率从南向北逐渐增加。

表 2.33　不同时段省(区、市)级小麦白粉病发生面积率变化、气候和非气候因素响应水平

区域	统计量	时段 1981—2010 年	时段 1981—1990 年	时段 1991—2000 年	时段 2001—2010 年	区域	统计量	时段 1981—2010 年	时段 1981—1990 年	时段 1991—2000 年	时段 2001—2010 年
全国	面积率	0.18	0.28	−0.17	0.03	江苏	面积率	0.31	0.50	0.19	−0.09
	气候因素/%	−8.36	25.28	0.00	0.00		气候因素/%	−1.93	0.00	0.00	35.48
	非气候因素/%	108.36	74.73	100.00	100.00		非气候因素/%	101.93	100.00	100.00	64.52
上海	面积率	1.08	0.39	0.04	0.58	河北	面积率	0.41	0.69	−0.43	0.11
	气候因素/%	0.00	0.00	0.00	6.84		气候因素/%	27.49	42.86	0.00	0.00
	非气候因素/%	100.00	100.00	100.00	93.16		非气候因素/%	72.51	57.14	100.00	100.00
云南	面积率	−0.07	−0.11	0.05	−0.02	河南	面积率	0.20	0.50	−0.37	0.04
	气候因素/%	0.00	−2.07	0.00	0.00		气候因素/%	96.14	36.00	65.09	0.00
	非气候因素/%	100.00	102.07	100.00	100.00		非气候因素/%	3.86	64.00	34.91	100.00
北京	面积率	0.43	0.44	−0.50	0.08	浙江	面积率	−0.47	−0.33	−0.07	−0.08
	气候因素/%	73.55	−24.93	52.98	0.00		气候因素/%	−9.84	−3.05	0.00	59.61
	非气候因素/%	26.45	124.93	47.02	100.00		非气候因素/%	109.84	103.05	100.00	40.39
四川	面积率	−0.10	−0.10	−0.08	−0.02	湖北	面积率	−0.05	−0.29	0.05	0.2
	气候因素/%	−44.88	0.00	59.74	−51.60		气候因素/%	−7.94	−16.99	−9.30	0.00
	非气候因素/%	144.88	100.00	40.26	151.60		非气候因素/%	107.94	116.99	109.3	100
天津	面积率	0.04	0.29	−0.12	−0.06	甘肃	面积率	0.36	0.3	−0.07	0.11
	气候因素/%	60.00	56.90	−43.60	0.00		气候因素/%	−10.11	0.72	31.94	−17.09
	非气候因素/%	40.00	43.10	143.60	100.00		非气候因素/%	110.11	99.28	68.06	117.09
安徽	面积率	−0.03	0.32	−0.37	−0.05	甘肃	面积率	0.28	0.21	−0.08	0.06
	气候因素/%	−26.40	0.00	21.51	0.00		气候因素/%	0.00	0.00	0.00	−4.70
	非气候因素/%	126.40	100.00	78.49	100.00		非气候因素/%	100.00	100.00	100.00	104.7
山东	面积率	0.18	0.40	−0.26	−0.08	辽宁	面积率	0.28	0.29	−0.29	0.11
	气候因素/%	48.80	84.68	65.21	0.00		气候因素/%	22.6	0.00	44.07	0.00
	非气候因素/%	51.20	15.33	34.79	100.00		非气候因素/%	77.4	100.00	55.93	100.00
山西	面积率	0.13	0.28	−0.25	0.13	重庆	面积率	0.10	0.00	−0.02	0.11
	气候因素/%	−16.55	0.00	44.91	−21.02		气候因素/%	−19.61	0.00	0.00	0.00
	非气候因素/%	116.55	100.00	55.09	121.02		非气候因素/%	119.61	100.00	100.00	100.00
新疆	面积率	0.10	0.06	0.00	0.08	陕西	面积率	0.38	0.22	−0.08	0.14
	气候因素/%	14.20	0.00	0.00	30.00		气候因素/%	17.57	36.36	20.75	0.00
	非气候因素/%	85.80	100.00	100.00	70.00		非气候因素/%	82.43	63.64	79.25	100.00

2.4.4 小麦白粉病动态预报预警模型

2.4.4.1 小麦白粉病发生等级评价指标

基于 Bayes 准则逐步调整步长,动态筛选得到小麦白粉病发生面积率的最佳临界指标:0.1、0.2、0.4、0.6。即意味着小麦白粉病发生面积率<0.1 时,发生等级为 1 级;发生面积率为[0.1,0.2)时,发生等级为 2 级;发生面积率为[0.2,0.4)时,发生等级为 3 级;发生面积率为[0.4,0.6)时,发生等级为 4 级;发生面积率≥0.6 时,发生等级为 5 级。

2.4.4.2 小麦白粉病发生等级动态预报预警

以华北、黄淮地区为重点区域。基于各省(区、市)小麦白粉病发生面积率与气象因子的相关性筛选预报气象因子,构建小麦白粉病预报预警模型(表 2.34),模型能实时更新预报气象因子。北京市 3 月下旬至 4 月中旬小麦白粉病发生面积率与最低温度(T_n)呈正相关,与日照时数(S_d)呈负相关;4 月下旬至 5 月下旬与相对湿度(H)呈正相关,与日照时数呈负相关。除了 3 月下旬外,天津市小麦白粉病发生面积率与相对湿度、平均风速(W)呈正、负相关。3 月下旬至 4 月中旬山东省小麦白粉病受最低温度、日照时数、平均风速和相对湿度的显著影响,自 4 月下旬开始平均风速的作用不明显。3 月下旬至 5 月上旬山西省小麦白粉病发生面积率受到相对湿度、平均风速、日照时数的影响显著,自 5 月中旬降雨系数(JYXS)也开始起作用。3 月下旬至 4 月中旬河北省小麦白粉病发生面积率主要受最低温度、平均风速和日照时数影响,降雨系数自 4 月下旬起影响白粉病发生面积率。河南省小麦白粉病发生面积率主要关键因子为最低温度、平均风速和降雨系数。逐旬各省(区、市)预报因子滚动过程中,均包括实时更新的气象数据,预报时效性较好。

表 2.34 小麦白粉病动态预报预警模型

时间(月-日)	区域	模型
03-21	北京	$y'=0.0461T_{n0121-0311}-0.0010S_{d1001-0311}$
	天津	$y'=0.0045T_{n1201-0311}-0.1030W_{1211-0311}$
	山东	$y'=0.0585T_{n1021-0311}-0.0008S_{d1211-0301}-0.0642W_{1111-0201}+0.0002H_{1101-0301}$
	山西	$y'=0.0031H_{1201-0311}-0.1802W_{1121-0311}-0.0003S_{d1201-0311}$
	河北	$y'=0.0552T_{n1021-0311}-0.1140W_{0921-0311}-0.0011S_{d0901-0311}$
	河南	$y'=0.0783T_{n1201-0311}-0.2769W_{1001-0111}+0.0268JSXS_{1111-0301}$

续表

时间(月-日)	区域	模型
04-01	北京	$y' = 0.0440Tn_{0121-0311} - 0.0011S_{d1001-0321}$
	天津	$y' = 0.0039H_{1201-0321} - 0.1091W_{1211-0301}$
	山东	$y' = 0.0580Tn_{1021-0321} - 0.0011S_{d1211-0321} - 0.0326W_{1111-0201} - 0.0027H_{1101-0321}$
	山西	$y' = 0.0033H_{1201-0321} - 0.1916W_{1121-0321} - 0.0004S_{d1201-0321}$
	河北	$y' = 0.0413Tn_{1021-0321} - 0.0706W_{0921-0321} - 0.0015S_{d0901-0321}$
	河南	$y' = 0.0728Tn_{1201-0311} - 0.2304W_{1001-0111} + 0.0034JYXS_{1201-0321}$
04-11	北京	$y' = 0.0471Tn_{0121-0311} - 0.0010S_{d1001-0401}$
	天津	$y' = 0.0045H_{1201-0401} - 0.1077W_{1211-0301}$
	山东	$y' = 0.0598Tn_{1021-0401} - 0.0009S_{d1211-0401} - 0.0500W_{1111-0201} + 0.0007H_{1101-0401}$
	山西	$y' = 0.0047H_{1201-0401} - 0.2063W_{1121-0401} - 0.0002S_{d1201-0401}$
	河北	$y' = 0.0503Tn_{1021-0401} - 0.0338W_{0921-0401} - 0.0013S_{d0901-0401}$
	河南	$y' = 0.0558Tn_{1201-0311} + 0.0032R_{1201-0401} - 0.0025JYXS_{1201-0401}$
04-21	北京	$y' = 0.0097H_{0301-0411} - 0.0008S_{d1001-0411}$
	天津	$y' = 0.0065H_{1201-0411} - 0.0960W_{1211-0411}$
	山东	$y' = 0.0635Tn_{1021-0411} - 0.0009S_{d1021-0411} + 0.0005H_{1101-0411}$
	山西	$y' = 0.0057H_{1201-0411} - 0.2192W_{1121-0411} - 0.0003S_{d1201-0411}$
	河北	$y' = 0.0695Tn_{1021-0411} - 0.0527W_{0921-0411} - 0.0005S_{d0901-0411} + 0.0120JYXS_{1021-0411}$
	河南	$y' = 0.0712Tn_{1201-0311} + 0.0001R_{1201-0411} + 0.0040JYXS_{1201-0411}$
05-01	北京	$y' = 0.0099H_{0301-0421} - 0.0008S_{d1001-0421}$
	天津	$y' = 0.0076H_{1201-0421} - 0.0824W_{1211-0421}$
	山东	$y' = 0.0670Tn_{1021-0421} - 0.0008S_{d1021-0421} + 0.0028H_{1021-0421}$
	山西	$y' = 0.0067H_{1201-0421} - 0.2166W_{1121-0421} - 0.0002S_{d1201-0421}$
	河北	$y' = 0.0552Tn_{1021-0421} - 0.1173W_{0921-0421} - 0.0006S_{d0901-0421} + 0.0082JYXS_{1021-0421}$
	河南	$y' = 0.0663Tn_{1201-0311} + 0.0012R_{1201-0421} + 0.0014JYXS_{1201-0411}$
05-11	北京	$y' = 0.0108H_{0301-0501} - 0.0007S_{d1001-0501}$
	天津	$y' = 0.0088H_{1201-0501} - 0.0758W_{1211-0501}$
	山东	$y' = 0.0620Tn_{1021-0501} - 0.0009S_{d1101-0501} + 0.0005H_{1101-0501}$
	山西	$y' = -0.0003H_{1201-0501} - 0.2011W_{1121-0501} - 0.0001S_{d1201-0501} + 0.0042JYXS_{1201-0501}$
	河北	$y' = 0.0455Tn_{1021-0501} - 0.2296W_{0921-0501} - 0.0004S_{d0901-0501} + 0.0078JYXS_{1021-0501}$
	河南	$y' = 0.0723Tn_{1201-0311} - 0.0010R_{1201-0501} + 0.0064JYXS_{1201-0501}$

续表

时间(月-日)	区域	模型
05-21	北京	$y'=0.0167H_{0301-0511}+0.0005S_{d0401-0511}$
	天津	$y'=0.0095H_{1201-0511}-0.0747W_{1211-0511}$
	山东	$y'=0.0672Tn_{1021-0511}-0.0006S_{d1101-0511}+0.0073H_{1101-0511}$
	山西	$y'=-0.0003H_{1201-0511}-0.2217W_{1121-0511}+0.0001S_{d1201-0511}+0.0047JYXS_{1201-0511}$
	河北	$y'=0.0509Tn_{1021-0511}-0.2599W_{0921-0511}-0.0002S_{d0901-0511}+0.0084JYXS_{1021-0501}$
	河南	$y'=0.0771Tn_{1201-0311}-0.0009R_{1201-0511}+0.0062JYXS_{1201-0511}$

2.4.4.3　动态预报预警模型检验

利用6省(市)建立的逐旬小麦白粉病发生动态预报预警模型,可以对1981—2008年、2009—2010年进行回代检验和预测,小麦白粉病发生等级完全一致的准确率超过50%(图2.21),基本一致的准确率达92%以上(图2.22)。北京市、天津市和河南省小麦白粉病发生等级回代检验完全一致的准确率50%~70%,河北省白粉病发生等级回代完全一致的准确率为59%~74%,山东省和山西省完全一致的准确率为71%~90%。6省(市)小麦白粉病发生等级预测准确率为50%~100%,其中天津市逐旬准确率均为100%。除了北京市5月下旬小麦白粉病发生等级回代基本一致(相差1级以内)的准确率不足90%(85.7%)外,其余省(市)各旬回代基本一致的准确率均超过92%,其中山东、山西两省各旬准确率均达100%;从预测结果来看,6省(市)各旬基本一致的准确率均达到100%。

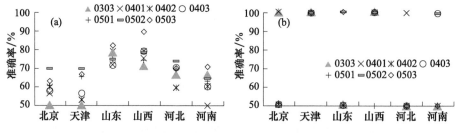

图2.21　小麦白粉病发生等级回代(a)、预测(b)完全一致准确率

2.4.5　小结

气候变化背景下,小麦白粉病发生流行程度的改变明显受到气象条件改变的影响。小麦白粉病发生程度的变化与最低温度、相对湿度、降水量、降雨日数呈正相关。降水量增加,进而导致空气湿度增大,使得小麦白粉病发生加重,这符合小麦白粉病喜高湿环境的特性(Huang et al.,2000),与前人研究结果一致(Wiese,1987;Wiik et al.,2009)。在适宜温度范围内,温度升高利于白粉病发展流行,相比于平均

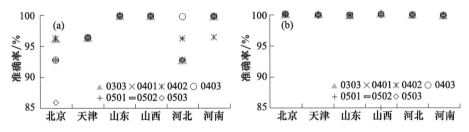

图 2.22　小麦白粉病发生等级回代(a)、预测(b)基本一致准确率

温度和最高温度,最低温度是影响白粉病发生改变的关键因子。进一步统计各省(市)平均最低温度,可以得到最低温度基本在 12 ℃以下,TeBeest 等(2008)研究发现,小麦白粉病流行的最低温度为 12 ℃。由此可见,平均最低温度的升高,使得白粉病发生流行程度加重。当然,分析得到平均最高温度接近 20 ℃部分甚至达到 24 ℃,这接近白粉病发生流行的最高温度 25 ℃(Jones et al.,1983),因此,最高温度不是白粉病流行的关键因子。

从 1981—2010 年小麦白粉病发生对气候的响应水平来看,目前气候因子的作用还是比较明显的。大部地区气候条件的改变均加重小麦白粉病的流行,这是利用气象条件进行白粉病监测预警的重要参考依据。当然,非气候因子的作用也不容忽视,尽管白粉病防治力度的加大能减少病菌发展(Lackermann et al.,2011),但是由于气候变化,小麦种植品种逐渐发生改变、同时地区间差异较大,导致小麦对白粉病的抗病性能存在明显差异(Li et al.,2012;姜延涛 等,2015;Lopez et al.,2015),这可能是导致小麦白粉病发病率增加的一个主要非气象因素。

小麦白粉病的发生流行除了受制于生长关键时段气象条件外,小麦生长前期的气候条件尽管受到的关注偏少,但也会在一定程度上对后期白粉病发生流行产生明显影响。播期温度偏高有助于在寄主上形成利于种菌的环境(Eversmeyer et al.,1998;Wiik et al.,2009),冬季温度影响白粉病越冬,偏高延长病菌冬前侵染、冬中繁殖时间,增加冬后菌源(霍治国 等,2012a,2012b),反之则不利。因此,在进行白粉病发生程度的预报时考虑前期气象条件,是发生流行期及时监测预警的重要前提。

在各省(市)小麦白粉病动态预警过程中,考虑到前期气象条件,最低温度、相对湿度、降水量、平均风速和日照时数是主要预报因子,与白粉病气候变化响应影响因子相呼应。在预报实施过程中,以旬为时间尺度,气象因子实时动态更新,不断优化预警的时效性和准确性。利用 Bayes 准则分级白粉病发生程度,提供了一个客观的评价准则,明显改善了人为主观分级所产生的不确定性。由于本节中采用 5 级的分级,相比于其他研究分级,其精细化水平提高,尽管这种分级导致在预警过程中完全一致的准确率不高,但能满足正常研究和实际预警防御工作所需,且通过相差 1 级的简化分级后预报的准确性明显提升,预警精度高,对指导有关部门及时防治病情有重要参考价值。

第3章 玉米病虫害发生发展气象等级预报技术

本章主要以玉米草地贪夜蛾、玉米螟为例,介绍玉米病虫害发生发展气象等级预报技术。

3.1 草地贪夜蛾发生发展气象等级预报技术

3.1.1 草地贪夜蛾生物学特征

3.1.1.1 生物学特征

草地贪夜蛾[*Spodoptera frugiperda* (J. E. Smith)]又称秋黏虫,属鳞翅目(*Lepidoptera*)夜蛾科(*Noctuidae*),是一种重大迁飞性、杂食性害虫(Luginbill, 1928;Sparks,1979),也是联合国粮农组织全球预警的超级害虫(FAO,2018)。草地贪夜蛾是全变态昆虫,分卵、幼虫、蛹和成虫4个发育阶段,具有杂食性、暴食性、繁殖能力和迁飞能力强等特点,其种内分化形成"玉米型"(CS)和"水稻型"(RS)两种生物型,侵入我国的种类为玉米型(姜玉英 等,2019;张磊 等,2019;Zhang et al.,2020),最喜食寄主作物为玉米,玉米上发生危害面积占发生作物总面积的98.6%(姜玉英等,2019),该虫已经成为威胁中国农田生态系统玉米生产的重大迁飞性害虫之一。草地贪夜蛾繁殖为害阶段主要指其完成卵、幼虫、蛹三个发育阶段。

3.1.1.2 发生规律

草地贪夜蛾原分布于美洲热带和亚热带地区,2018年5月入侵亚洲,2018年12月首次入侵中国云南(姜玉英 等,2021;Sun X X et al.,2021),2019年在我国26个省(区、市)1542个县发生,2020年在我国27个省(区、市)1426个县发生(姜玉英 等,2021),2021年在我国27个省(区、市)1241个县发生(郭安红 等,2022),对中国农业和粮食安全构成持续威胁。草地贪夜蛾取食为害阶段主要在幼虫期,幼虫嗜食玉米细嫩部位(叶片)和繁殖器官。取食花丝可造成玉米果穗缺粒,钻蛀玉米果穗可直接造成减产。1~3龄期幼虫食量较小,4龄后食量开始增大,5~6龄进入暴食期,也是为害玉米的主要阶段(吴孔明,2020)。

温度是影响草地贪夜蛾生长发育、繁殖和分布地区的主要环境因素(何莉梅 等,2019)。据吴孔明等(2020)研究,草地贪夜蛾卵、幼虫、蛹和全世代的发育起点温度分别为10.3 ℃、11.1 ℃、11.9 ℃和9.2 ℃;在较适宜的温度条件下(30 ℃),草地贪夜蛾 30 d 左右就可以完成一个世代;在较低温度下(15 ℃),完成一个世代需要 3 个月以上的时间,其中幼虫期的发育时间可长达 50~60 d,蛹的发育期可超过 40 d;低于 15 ℃或高于 35 ℃的极端温度条件下,幼虫的死亡率较高、化蛹率较低;在 0 ℃以下,其各虫态均很快死亡。此外,草地贪夜蛾幼虫喜欢一定湿度,但暴雨可使玉米心叶中幼虫溢出或淹死;干旱对蛹的存活率与发育速度没有直接影响,但降雨和灌溉都不利于蛹的存活(吴孔明 等,2020)。20~32 ℃是草地贪夜蛾卵、幼虫、蛹和成虫产卵的适宜温度;15 ℃条件下卵孵化率低,幼虫不能完成一个世代的发育;20~25 ℃为卵孵化和幼虫繁育为害的最适温度;15 ℃、35 ℃恒温条件下不适宜草地贪夜蛾的生长发育(何莉梅 等,2019;张红梅 等,2020)。草地贪夜蛾生长发育的主要生理气象指标(何莉梅 等,2019;吴孔明 等,2020;张红梅 等,2020;姜玉英 等,2021)见表 3.1。

表 3.1　草地贪夜蛾生长发育的主要生理气象指标

发育阶段	发育起点温度/℃	生理下限温度/℃	生理上限温度/℃	最适发育温度/℃	适宜温度/℃	最适相对湿度/%
卵	10.3	0	35	20-25	20-32	70~80
幼虫	11.1	0	35	20-25	20-32	70~80
蛹	11.9	0	35	25-28	20-32	70~80
成虫	4.8	0	35	20-25	20-32	60~90
全世代	9.2	0	35	20-25	20-32	70~80

3.1.2　草地贪夜蛾研究进展

作物虫害繁育为害与农田生态环境中的气象条件关系密切(张润杰 等,1997;陈怀亮 等,2007;霍治国 等,2012b;张蕾 等,2012;王纯枝 等,2020)。2018 年之前,国外对草地贪夜蛾的研究较多,主要集中于生物学、基因组学、迁飞路径和防治技术等(Sparks,1979;CABI,2016;Westbrook,et al.,2016;Cruz-Esteban et al.,2018),国内相关研究则较少。自从草地贪夜蛾于 2018 年底入侵我国之后,国内关于草地贪夜蛾的研究论文呈"井喷式"增长,取得了多项重要进展,发表研究论文 250 多篇(梁沛 等,2020)。吴孔明等(2020)研究了草地贪夜蛾的生长发育规律和防控策略;何莉梅等(2019)和张红梅等(2020)研究了草地贪夜蛾的生长发育特性,确定了部分生理气象指标等;刘晓飞等(2021)研究了云南草地贪夜蛾的发生规律、主要影响因子,并提出防控对策;中国农业科学院植物保护研究所吴孔明院士团队和南京农业大学胡高教授团队联合,研究了草地贪夜蛾迁飞路径,发现西南季风与迁飞轨迹密切相关,草地贪夜蛾可通过东、西两条路径进入我国,并迁飞至北方玉米主产区(吴秋琳 等,

2019a,2019b,2022；Wu et al.,2019；Li et al.,2020)；秦誉嘉等(2019)、林伟等(2019)、Wang 等(2020)和 Li 等(2022)分别利用 MaxEnt 模型对草地贪夜蛾在我国的潜在地理分布进行了预测,分别划分出了高度适生区、中度适生区、低度适生区和非适生区,得出草地贪夜蛾在我国除黑龙江、吉林有争议外其余省份均可分布(梁沛等,2020)；何沐阳等(2019)基于有虫株率与幼虫密度关系对草地贪夜蛾发生程度进行了等级划分；梁沛等(2020)提出了我国今后应加强草地贪夜蛾的智能识别、自动监测技术和重要生命过程的调控机制研究等主攻方向。

国内外学者针对草地贪夜蛾生物学、生态学、生物和化学防治、基因组学、潜在地理分布、迁飞路线预测及综合防控等方面进行了大量的研究。但从气象角度,基于前人研究结果和草地贪夜蛾生理气象指标,分析其繁育为害阶段的特征与生态环境水热条件等的关系,建立草地贪夜蛾发生潜势的气象预报模型研究较少。下面将介绍建模思路和具体方法。

3.1.3 基于气象适宜度的草地贪夜蛾发生发展气象等级预报技术

3.1.3.1 建立草地贪夜蛾发生发展气象适宜度模型的技术路线

草地贪夜蛾繁育为害阶段以地面活动和取食玉米为主,主要受地面气象条件的影响。通过草地贪夜蛾繁育为害阶段生理气象指标和相关分析筛选确定光、温、水等关键气象影响因子,通过数理方法(例如归一法、加权列联表法、标准化法等)确定实际光、温、水关键气象因子与生理气象指标之间的适宜度评价值,根据各关键气象因子适宜度值与草地贪夜蛾发生程度相关性确定各气象因子的权重系数(周伟奇等,2004；袁福香 等,2008),建立气象适宜度综合指数预报模型,最后根据气象适宜度综合指数和虫害发生程度等级对应关系,确定草地贪夜蛾繁育为害气象适宜度等级分级标准。建立预报模型的技术路线见图 3.1。

3.1.3.2 草地贪夜蛾发生发展气象适宜度模型构建方法

本节通过研究草地贪夜蛾发生程度与主要为害期气象条件的关系,建立草地贪夜蛾发生发展气象等级预报技术,构建草地贪夜蛾发生潜势的气象条件适宜程度等级预报模型,为草地贪夜蛾气象监测预报业务提供技术和方法基础,也为农业植保部门开展虫情测报工作、制定虫害防治策略服务,对草地贪夜蛾绿色精准防控、玉米稳产高产具有重要指导意义。

(1)资料来源

草地贪夜蛾虫情资料:来源于全国农业技术推广服务中心。草地贪夜蛾繁育为害资料包括全国各省份草地贪夜蛾发生程度等级、发生面积(比率)、平均百株虫量、被害株率等。发生面积比率为虫害年发生面积与玉米年播种面积的比值。

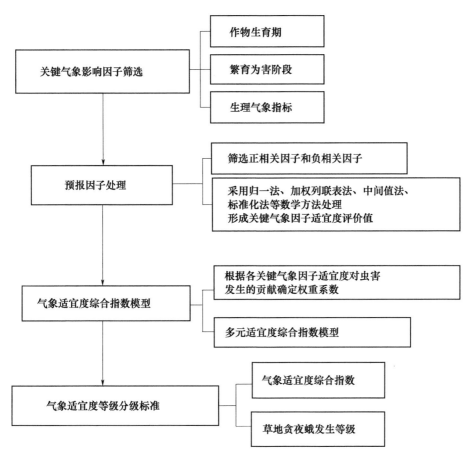

图 3.1　建立草地贪夜蛾繁育为害气象适宜度综合指数预报模型的技术路线

气象资料:来源于国家气象信息中心,资料起止时间为 2019—2021 年。选取草地贪夜蛾春夏种群增长关键期及上一年冬季气象资料,筛选关键气象影响因子,包括上一年冬季至当年 7 月逐旬、逐月的平均气温、气温距平、平均最高气温、平均最低气温、平均空气相对湿度、降水量、降水距平(百分率)、降水日数、中雨/暴雨日数、无雨日数、日照时数、日照距平(百分率)、温雨系数、温湿系数,以及夏季逐旬、逐月≥35 ℃的高温日数等气象因子,共 102 项要素。

(2)资料处理

以各季玉米发生严重生育期普查的虫口密度所划分发生程度等级为主要指标,发生面积(比率)、平均百株虫量、被害株率为参考指标,全年发生程度用各季玉米发生程度加权平均值,草地贪夜蛾发生程度分级指标按照农业农村部测报标准(姜玉英 等,2021),划分方法见表 3.2。

表 3.2　玉米草地贪夜蛾发生程度分级指标

虫口密度	1 级	2 级	3 级	4 级	5 级
发生程度	轻发生	偏轻发生	中等发生	偏重发生	大发生
平均百株虫量(N)/头	$0.1{\leqslant}N{<}5$	$5{\leqslant}N{<}10$	$10{\leqslant}N{<}30$	$30{\leqslant}N{<}80$	$N{\geqslant}80$
发生面积比率(Ar)/%	$Ar{\leqslant}3$	$3{<}Ar{\leqslant}5$	$5{<}Ar{\leqslant}10$	$10{<}Ar{\leqslant}20$	$Ar{>}20$

（3）建模方法

采用 SPSS14.0 软件进行统计分析，草地贪夜蛾年发生程度与不同时段气象因子之间的相关系数采用 Pearson 相关计算方法，实际得到 102 个相关系数，在此基础上进行影响因子筛选。相关系数的检验采用双尾 t 检验。方差贡献通过显著性水平检验的因子进入模型，否则剔除不进入模型。采用 2019—2020 年各省资料用于关键气象因子筛选、模型构建和模型拟合回代检验，2021 年各省份资料用以模型外延预报准确率检验。

假定每个气象因子对气象条件适宜程度等级的影响是线性，在病虫基数或农业措施等影响不变的条件下，气象因子对虫害发生程度的影响为各气象因子影响的总和（袁福香 等，2008），不同关键气象因子适宜度对草地贪夜蛾繁育为害综合气象适宜程度的影响用系数来约束，采用下式建立草地贪夜蛾繁育为害气象适宜度综合指数预报模型。

$$Z = \sum_{j=1}^{n}(Y_j \times K_j) \tag{3.1}$$

式中，Z 为草地贪夜蛾繁育为害气象适宜度综合指数，Y_j 为第 j 项关键气象因子适宜度值，K_j 为第 j 项关键因子适宜度的权重系数；n 为因子项（个）数。

（4）关键气象因子筛选

采用单因子相关分析方法，通过各气象因子与虫害发生程度的相关计算，筛选出相关性达到显著水平的因子，结合中国分区域玉米物候历（毛留喜 等，2015）和草地贪夜蛾文献研究（Schlemmer，2018；姜玉英 等，2019；吴孔明 等，2020；刘晓飞 等，2021），选取确定影响草地贪夜蛾繁育为害阶段的关键气象因子为：上年冬季的平均气温、当年 3 月的平均气温、4 月的平均气温、5 月上旬的平均最低气温、5 月（或 5 月上旬）的平均气温、6 月的平均气温、7 月日最高气温≥35 ℃的天数。其中，7 月日最高气温≥35 ℃的天数与草地贪夜蛾繁育为害程度呈显著负相关关系，其余关键气象因子与草地贪夜蛾繁育为害程度均为显著正相关关系。说明影响草地贪夜蛾繁育为害的主要气象因子为温度条件，气温高有利于草地贪夜蛾卵孵化、幼虫取食为害和蛹存活，但过高的温度则抑制其发生发展（何莉梅 等，2019；吴孔明 等，2020），这与前人对草地贪夜蛾生理学特性的研究结论一致。

（5）关键气象因子适宜度定量评价

根据表 3.2 中农业农村部对草地贪夜蛾发生程度分级指标（农村农业部种植业管理司 等，2021），发生程度分为 5 级，分别为轻发生（1 级）、偏轻发生（2 级）、中等发生（3 级）、偏重发生（4 级）、大发生（5 级），依据草地贪夜蛾发生发展的生理气象指标，温度对草地贪夜蛾种群增长的影响程度，结合虫情实际发生程度资料和百分位数法（王纯枝 等，2021），将草地贪夜蛾繁育为害关键气象因子适宜程度相应划分为 5 个等级：1 级，气象条件不适宜草地贪夜蛾繁育为害；2 级，气象条件较不适宜草地贪夜蛾繁育为害；3 级，气象条件较适宜草地贪夜蛾繁育为害；4 级，气象条件适宜草地贪夜蛾繁育为害；5 级，气象条件非常适宜草地贪夜蛾繁育为害。分级数字越大即等级越高，越利于草地贪夜蛾繁育为害。各气象因子等级对应的级别值赋值范围见表 3.3。

表 3.3　影响草地贪夜蛾发生发展的关键气象因子分级

适宜程度等级（i）	1 级	2 级	3 级	4 级	5 级
T_{dj}（℃）	<0.0	[0.0,5.0]	(5.0,10.0]	(10.0,15.0]	>15.0
T_3（℃）	<9.2	[9.2,10.3]	(10.3,13.0]	(13.0,20.0]	>20.0
T_4（℃）	<15.0	[15.0,18.0]	(18.0,20.0]	(20.0,25.0]	>25.0
T_{min5s}（℃）	<13.0	[13.0,15.0]	(15.0,18.0]	(18.0,20.0]	>20.0
T_{5s}（℃）	<16.0	[16.0,18.0]	(18.0,20.0]	(20.0,25.0]	>25.0
T_5（℃）	<18.0	[18.0,20.0]	(20.0,22.5]	(22.5,25.0]	>25.0
T_6（℃）	<20.0	[20.0,22.5]	(22.5,25.0]	(25.0,28.0]	>28.0
DT_7（d）	≥21.0	[11.0,20.0]	[6.0,10.0]	[1.0,5.0]	<1.0

注：表中 T_{dj}、T_3、T_4、T_{min5s}、T_{5s}、T_5、T_6、DT_7 分别为上年冬季平均气温、当年 3 月平均气温、4 月平均气温、5 月上旬平均最低气温、5 月上旬平均气温、5 月平均气温、6 月平均气温、7 月日最高气温≥35 ℃的天数。

利用直线内插法（袁福香 等，2008）求算某个关键气象因子 X 位于该适宜程度等级内的适宜度值 Y（四舍五入，取整）；正相关因子采用式（3.2），负相关因子采用式（3.3）。

$$Y = \frac{|X - X_{min,i}|}{|X_{max,i} - X_{min,i}|} \times 20 + 20 \times (i-1) + 1 \tag{3.2}$$

$$Y = 20 \times i - \frac{|X - X_{min,i}|}{|X_{max,i} - X_{min,i}|} \times 20 \tag{3.3}$$

式中，X 为关键气象因子 T_{dj}、T_3、T_4、T_{min5s}、T_{5s}、T_5、T_6、DT_7 的实况值；Y 为关键气象因子的适宜度值；i 为适宜程度级别值；$X_{max,i}$、$X_{min,i}$ 分别为 T_{dj}、T_3、T_4、T_{min5s}、T_{5s} 或 T_5、T_6、DT_7 的 i 级别的上限值和下限值。当 $i=1$ 或 $i=5$ 时，$X_{max,i}$、$X_{min,i}$ 分别取 T_{dj}、

T_3、T_4、T_5 或 T_{5s}、T_6、DT_7 的历史极大值和极小值。对于正相关因子,如果 $X > X_{max}$ 或 $X < X_{min}$,适宜度值 Y 则直接取值为 100 或 1;对于负相关因子,如果 $X > X_{max}$ 或 $X < X_{min}$,Y 直接取值为 1 或 100。

以 2020 年江西省草地贪夜蛾发生为例,江西省 5 月上旬平均气温为 25.5 ℃(历史最高值 25.5 ℃),居江西省有观测资料以来历史同期平均气温的最高位,表 3.3 中查 T_{5s},发现在 5 级的范围内,其气象适宜度级别值 Y 对应为 100。江西省 5 月平均气温为 24.6 ℃,查表 3.3 中 T_5 在 4 级范围内,则利用公式(3.2)内插计算得到 Y 为 78。

(6)草地贪夜蛾繁育为害气象等级预报模型

利用加权列联表分析法(袁福香 等,2008),计算各因子与草地贪夜蛾发生程度的相关系数,利用相关系数进行归一计算,分别得出各权重系数值。如冬季平均气温(T_{dj})和 3 月平均气温(T_3)与草地贪夜蛾发生程度的相关系数分别为 0.56、0.58(相关性较好),利用相关系数进行归一计算后,分别得出 $K_1 = 0.49$、$K_2 = 0.51$,即为模型 1 的权重系数。根据预报时间和预报区域建立春夏季草地贪夜蛾繁育为害气象适宜度综合指数预报模型,其中 5 月上中旬是长江流域草地贪夜蛾繁殖的后代随盛行的偏南风向北迁飞进入黄淮流域的过渡阶段(吴孔明 等,2020),因此于 5 月中旬初进行加密预报一次,预报模型见表 3.4。

表 3.4　草地贪夜蛾繁育为害气象等级动态预报模型

模型	预报时间	气象适宜度预报模型	适用区域	相关系数	检验值	样本数
1	4 月初	$Z = 0.49Y_{Tdj} + 0.51Y_{T3}$	西南、华南、江南	0.575***	19.804	22
2	5 月初	$Z = 0.33Y_{Tdj} + 0.34Y_{T3} + 0.33Y_{T4}$	西南、华南、江南	0.595***	21.869	22
3	5 月中旬初	$Z = 0.28Y_{T3} + 0.27Y_{T4} + 0.23Y_{Tmin5s} + 0.22Y_{T5s}$	江南、江淮、江汉、黄淮、华北、西北	0.611***	23.608	32
4	6 月初	$Z = 0.36Y_{T3} + 0.35Y_{T4} + 0.29Y_{T5}$	江淮、江汉、黄淮、华北、西北	0.599***	22.404	26
5	7 月初	$Z = 0.4Y_{T4} + 0.34Y_{T5} + 0.26Y_{T6}$	江淮、江汉、黄淮、华北、西北及东北	0.555***	17.785	27
6	8 月初	$Z = 0.24Y_{T4} + 0.21Y_{T5} + 0.15Y_{T6} + 0.4Y_{DT7}$	江淮、江汉、黄淮、华北、西北及东北	0.348*	5.497	27

注:相关系数带有"*"表示通过 0.05 的显著性检验,带有"***"表示通过 0.001 的显著性检验。

根据草地贪夜蛾发生程度和繁育为害气象适宜度综合指数对应关系,划分草地贪夜蛾繁育为害气象适宜度分级,见表 3.5。

表 3.5　草地贪夜蛾繁育为害气象适宜度指数分级表

繁育为害气象条件	气象适宜度综合指数(Z)						繁育为害气象等级
	模型 1	模型 2	模型 3	模型 4	模型 5	模型 6	
非常适宜	$Z{\geqslant}68$	$Z{\geqslant}62$	$Z{\geqslant}64$	$Z{\geqslant}63$	$Z{\geqslant}63$	$Z{\geqslant}57$	5(极高)
适宜	$55{\leqslant}Z{<}68$	$49{\leqslant}Z{<}62$	$52{\leqslant}Z{<}64$	$50{\leqslant}Z{<}63$	$52{\leqslant}Z{<}63$	$54{\leqslant}Z{<}57$	4(高)
较适宜	$40{<}Z{<}55$	$36{<}Z{<}49$	$39{<}Z{<}52$	$38{<}Z{<}50$	$42{<}Z{<}52$	$50{<}Z{<}54$	3(较高)
较不适宜	$26{<}Z{\leqslant}40$	$23{<}Z{\leqslant}36$	$27{<}Z{<}39$	$26{<}Z{<}38$	$32{<}Z{\leqslant}42$	$47{<}Z{\leqslant}50$	2(较低)
不适宜	$Z{\leqslant}26$	$Z{\leqslant}23$	$Z{\leqslant}27$	$Z{\leqslant}26$	$Z{\leqslant}32$	$Z{\leqslant}47$	1(低)

实际应用中,利用表 3.4 中预报模型 1～6 和表 3.5 中气象适宜度指数分级指标,可在 4 月初、5 月初、5 月中旬初、6 月初、7 月初、8 月初进行不同时段、分区域草地贪夜蛾繁育为害即发生潜势的气象等级动态预报,根据草地贪夜蛾繁育为害气象适宜度指数分级表确定气象条件非常适宜、适宜、较适宜、较不适宜和不适宜草地贪夜蛾繁育为害的五级区域分布,形成草地贪夜蛾繁育为害气象等级分布图,开展业务服务。

(7)草地贪夜蛾繁育为害气象等级预报模型的检验

① 回代检验

根据全国 2019—2020 年草地贪夜蛾实际发生省份平均虫害发生程度资料,对气象适宜度等级预报模型进行回代检验,结果见表 3.6。草地贪夜蛾气象适宜度等级与实际发生等级相比,模型逐月拟合达到"基本一致"的准确率除了 5 月初在 96% 以下,其余月份拟合"基本一致"准确率均在 96% 以上,总体上各月拟合"基本一致"准确率均在 95% 以上,拟合效果良好;拟合等级"一致"的准确率除了模型 1 低于 60%,其余模型拟合"一致"的准确率在 60%～80%,拟合效果也较好。此外,分析 1～4 级各级逐月动态拟合准确率,发现 6 个模型拟合各等级"基本一致"的准确率均在 85% 以上,仅 5 级(气象条件非常适宜)预报准确率较低,这是因为研究中所用虫害发生程度为大发生的数据量有限所致(实际发生程度无"大发生"等级)。未来随着虫害资料的增加,5 级预报准确率有待于进一步研究。

表 3.6　草地贪夜蛾繁育为害气象等级预报模型回代检验准确率

模型	拟合时间	拟合等级与实际发生等级一致个数		n	拟合准确率/%	
		一致	基本一致		一致	基本一致
1	4 月初	13	22	22	59.1	100
2	5 月初	14	21	22	63.6	95.5
3	5 月中旬初	22	31	32	68.8	96.9
4	6 月初	18	25	26	69.2	96.2

续表

模型	拟合时间	拟合等级与实际发生等级一致个数		n	拟合准确率/%	
		一致	基本一致		一致	基本一致
5	7月初	20	27	27	74.1	100
6	8月初	21	27	27	77.8	100

注:拟合等级与实际发生等级完全一致为正确,相差1个等级视为基本正确,相差≥2级为错误。n为样本量。

② 预报检验

根据表3.4中模型,对2021年草地贪夜蛾实际发生省份气象适宜度等级进行预报,结果见表3.7,预报误差见图3.2。从表3.7和图3.2可看出,尽管不同模型预报2021年气象适宜度等级与草地贪夜蛾实际发生等级相比,模型1和模型2预报等级"一致"准确率为36.4%、为6个模型中最低,模型5预报等级"一致"准确率为57.1%,其余模型预报等级"一致"准确率为60%~75%、模型基本可行;但不同模型预报等级"基本一致"准确率均在80%以上,预报效果均较好。根据农业农村部虫情实际监测情况统计(姜玉英 等,2021;郭安红 等,2022),2019年草地贪夜蛾在5月底减缓了扩散速度,当年成虫向北最远扩散到北京市延庆区(40.54°N);2020年成虫最远扩散到东北地区辽宁省朝阳市建平县(41.84°N);2021年成虫最北迁飞至辽宁省锦州市义县(41.53°N),幼虫发生为害的最北端到达北京市密云区(40.51°N);3年发生程度为中等至偏重地区主要在西南、华南和江南地区。模型预报南方各省份草地贪夜蛾繁育为害气象适宜度等级多在3~4级,气象条件较适宜或适宜草地贪夜蛾发生发展,北方黄淮、华北、西北区域各省气象适宜度等级多在2级或2级以下,与草地贪夜蛾实际发生等级实况较为吻合。模型可从气象角度应用于全国各省份草地贪夜蛾发生潜势气象适宜度等级预报。

表3.7 2021年模型外推预报准确率

模型	预报时间	预报等级与实际发生等级一致个数		n	预报准确率/%	
		一致	基本一致		一致	基本一致
1	4月初	4	10	11	36.4	90.9
2	5月初	4	10	11	36.4	90.9
3	5月中旬初	12	15	16	75.0	93.8
4	6月初	8	12	13	61.5	92.3
5	7月初	8	13	14	57.1	92.9
6	8月初	8	11	13	61.5	84.6

注:预报与实际等级一致为正确,基本一致即相差1个等级视为基本正确,相差≥2级为预报错误。n为样本量。

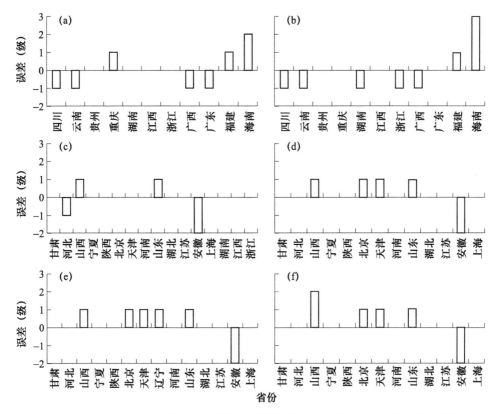

图 3.2　2021 年模型预报草地贪夜蛾发生潜势气象适宜度等级与实际发生等级误差

注:图(a)—(f)依次表示模型 1—模型 6 的预报误差。

3.1.3.3　小结和讨论

分析表明,7 月日最高气温≥35 ℃的天数与草地贪夜蛾繁育为害程度呈显著负相关,7 月高温日数少,草地贪夜蛾发生程度偏重。2019 年,华北、黄淮、江淮、江汉大部地区 7 月日最高气温≥35 ℃的高温日数多在 7 d 以上,其中华北中南部、黄淮大部、江淮和江汉北部多达 11～18 d,持续高温不利于草地贪夜蛾发生发展,除湖北中等发生外,其余大部地区草地贪夜蛾发生程度为偏轻发生或轻发生。在西南、华南、江南草地贪夜蛾中等至偏重发生的 3 年中,春季气温接近常年或偏高,其中 2019 年西南地区南部、2020 年江南大部气温偏高 1～2 ℃,2021 年江南东部和南部、华南大部、西南地区南部偏高 1～4 ℃,5 月平均气温普遍在 20～30 ℃之间,利于草地贪夜蛾繁育为害。这与 Schlemmer(2018)和吴孔明等(2020)的研究结论一致,草地贪夜蛾最佳发育温度的上限在 32 ℃以下,在适温范围内,随温度的升高虫害发育速度加快、为害加重。李祥瑞等(2022)研究指出,37～43 ℃的短时高温暴露对不同龄期幼虫的成活率、化蛹率、寿命、生殖力等生命参数影响较小,这与本研究结果看似不一致,但实则并不矛盾,因其研究又指出:尽管草地贪夜蛾不同虫态都具有很强的耐热性,高温不会对昆虫产生即时致死效应,但实际上高温对其种群仍然存在抑制作用,只是这种抑制作用具有一定的时滞效应。

分析还发现,由于草地贪夜蛾发生程度分级样本有限、差异化不够充分,对预报模型建立、预报准确率检验有一定的制约性;并且,草地贪夜蛾在西南、华南等周年繁殖区(发生面积占比8成以上)每年可发生6~8代,在长江中下游地区每年也可发生4~6代(姜玉英 等,2019;吴孔明 等,2020),同一时间世代重叠较为常见,同一地区卵、幼虫、成虫各虫态也会同时存在(姜玉英 等,2019,2021),使得关键气象预报因子的筛选难度较大。另外,我国南方玉米种植区存在着多熟玉米种植的现象,且多种熟性玉米的种植以及生长发育期也存在着一定程度的重叠;而草地贪夜蛾从玉米出苗到吐丝灌浆期可经历3个世代(姜玉英 等,2021),因此多熟玉米种植给草地贪夜蛾的繁育为害提供了较长时段有利的食源环境条件。草地贪夜蛾在不同熟性玉米上危害程度也不同(吴孔明 等,2020;姜玉英 等,2021),例如云南草地贪夜蛾主要为害夏玉米,广西草地贪夜蛾为害夏秋玉米上重于春玉米,湖北草地贪夜蛾在秋玉米上为害往往比春玉米和夏玉米重。多熟玉米种植以及草地贪夜蛾在玉米全生育期多世代现象,给草地贪夜蛾适宜气象条件的判断和筛选带来了较大的复杂性。

本节虽为相关部门开展草地贪夜蛾气象等级预报提供了借鉴和参考,但限于草地贪夜蛾在我国定殖危害时间不长、各地草地贪夜蛾危害玉米情况复杂,相关的指标与预报技术仍在不断研究与探索中(梁沛 等,2020)。这里仅考虑在一定虫源条件下气象条件对该虫害发生发展的适宜性,而草地贪夜蛾的发生程度除受气象因素影响外,还受到寄主长势、虫源基数、天敌条件、人为防控等多方面因素的影响。在应用该预报技术时,可以考虑结合本地虫害发生实况,综合考虑草地贪夜蛾的发生潜势,在现有研究基础上进行模型本地化,进一步提高预报模型的适用性。将草地贪夜蛾繁育为害阶段各种生理气象指标不断细化应用到气象适宜度评价和预报模型中,有助于进一步提升预报模型准确率;此外,根据农业植保部门地面虫情监测实况,应用迁飞轨迹预报模型,综合多种数值预报模式,采用集合预报或者概率预报判定草地贪夜蛾迁飞轨迹和落区,将地面和高空气象条件结合进行发生潜势分析和预报,以提高迁飞性害虫防控精准化水平、降低农药消耗、减少农田生态系统环境污染,将是今后的研究发展方向。

研究表明:影响草地贪夜蛾繁育为害的主要气象因子为温度条件,草地贪夜蛾繁育为害阶段的关键气象影响因子为上年冬季的平均气温、当年3月的平均气温、4月的平均气温、5月上旬的平均最低气温、5月(或5月上旬)的平均气温、6月的平均气温、7月日最高气温≥35 ℃的天数。春夏季温度条件是影响草地贪夜蛾发生发展的关键生态环境因子。

所建立草地贪夜蛾气象适宜度动态预报模型,回代检验拟合"一致"准确率多在 60%～80%,"基本一致"准确率均达 95% 以上,预报模型对 2021 年全国实际虫害发生省份试报结果表明,预报气象等级与实际发生等级"基本一致"准确率在 80% 以上,模型可用于从气象角度对草地贪夜蛾发生潜势进行监测和预报。

模型开始预报时间为 4 月初,结束时间为 8 月初。可以从每年的 4 月上旬起,利用模型逐月监测计算某站的草地贪夜蛾发生潜势气象适宜度指数,判别其相应的气象适宜度等级,进行年发生程度的预测预报,如 4 月上旬可发布灾害预警。当监测的气象等级 ≥3 级,且未来 10 d 或 1 个月天气条件仍有利于虫害发生时,可发布气象条件较适宜、适宜或非常适宜草地贪夜蛾发生发展的警报。

3.1.4　基于温度条件的草地贪夜蛾迁入东北地区后发生期预测模型

3.1.4.1　草地贪夜蛾在东北地区的气候适宜度

本节以东北地区玉米主产省吉林为例进行气候适宜度分析。首先对吉林省气候条件与草地贪夜蛾原发地气候进行比较:草地贪夜蛾原发地位于加拿大的多伦多,分析多伦多各月气温和降水的常年平均值,与吉林省会长春同期的气温、降水实况比较如图 3.3。

可以看出,多伦多各月的极端最高气温比长春高 5～10 ℃ 左右,极端最低气温除 10 月份高 1.6 ℃ 外,其他月份比长春低 5～10 ℃ 左右,平均最高气温、平均最低气温和平均气温在 4—9 月两地比较接近;降水量 6—8 月长春明显多于多伦多,其余月份降水少。结合草地贪夜蛾在中国南方发生区气象条件和实验室测试的草地贪夜蛾发育气象指标,考虑吉林省农作物生长发育期和长势、草地贪夜蛾迁入吉林省的时间,可能出现在 6 月下旬以后,吉林省气象条件可以满足草地贪夜蛾在该省生存。草地贪夜蛾在吉林本地的气候适宜度等级划分见表 3.8。

表 3.8　草地贪夜蛾在吉林本地的气候适宜度

前 30 d 平均气温/℃	编码	适宜度等级	等级划分说明
<10	1	不适宜	气温低于临界温度,草地贪夜蛾生长停滞,无须采取防治措施。
10～15	2	次适宜	气温刚超过临界温度,草地贪夜蛾开始缓慢生长,世代时长为 108～158 d。
15～20	3	适宜	气温有利于草地贪夜蛾的生长和繁殖,世代时长为 66～108 d。
>20	4	最适宜	气温非常有利于草地贪夜蛾的生长和繁殖,世代时长<66 d

3.1.4.2　草地贪夜蛾迁入中国东北地区后的发生期预测

根据草地贪夜蛾 2020—2021 年在中国的发生情况,草地贪夜蛾可以在华南地区越冬,主要虫源仍来自境外输入,第一代成虫于 3 月下旬开始向迁飞过渡区输入,在

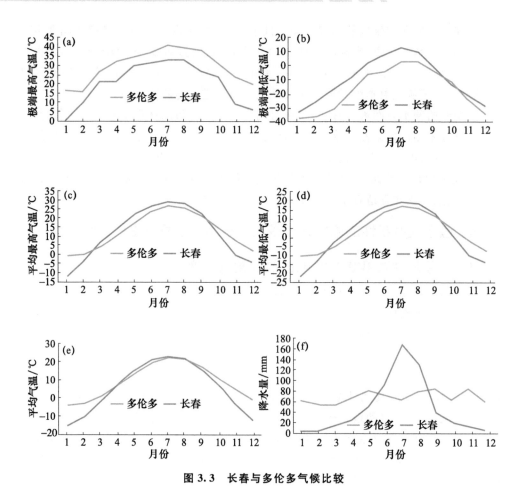

图 3.3 长春与多伦多气候比较

(a)极端最高气温;(b)极端最低气温;(c)平均最高气温;(d)平均最低气温;(e)平均气温;(f)降水量

5月中下旬左右完成一代,开始向华北、黄淮地区迁飞,气流合适可能会在东北地区南部发现个别成虫,最有可能迁入东北的时间是在华北完成一代后的成虫迁入,可能出现时间在7月上中旬以后。

若草地贪夜蛾和黏虫一样,于5月下旬至6月上旬即随有利气流进入吉林省,根据实验室草地贪夜蛾不同温度下发育期指标(吴孔明 等,2020),实验室内为恒温且食物充足,自然条件下有昼夜温差、食物条件也不一定能完全满足,相比之下自然条件下生长发育进度要比实验室的历时要长,假设不同温度的自然条件下草地贪夜蛾均比实验室内发育历期延迟10 d甚至更多,取延迟10 d为参考值,根据不同虫态与全世代的占比,转换为自然状态下,卵、幼虫、蛹和成虫所需的时间,见表3.9。吉林省很少出现持续30 ℃以上的高温天气,只计算15~30 ℃自然环境条件下的草地贪夜蛾生育历期。

表 3.9 自然环境下草地贪夜蛾发育历期(单位:d)

温度	卵	幼虫	蛹	成虫	世代
15 ℃	9	61	47	5	122
17 ℃	4	26	22	18	70
20 ℃	6	30	21	25	82
22 ℃	3	24	15	17	59
25 ℃	4	18	12	16	50
27 ℃	3	17	11	19	50
30 ℃	3	14	9	16	42
32 ℃	3	16	9	12	40
35 ℃	3	13	9	15	40
37 ℃	3	16	9	5	33

同理,推算草地贪夜蛾幼虫发育历期,见表 3.10。

表 3.10 自然条件下草地贪夜蛾幼虫各龄期发育历期推算(单位:d)

温度	1 龄	2 龄	3 龄	4 龄	5 龄	6 龄	幼虫
15 ℃	10	6	6	7	9	21	59
17 ℃	4	4	3	3	4	8	26
20 ℃	5	4	4	4	5	9	31
22 ℃	5	3	3	3	4	7	25
25 ℃	4	3	3	1	2	6	19
27 ℃	2	2	2	2	3	6	17
30 ℃	3	1	2	2	2	5	15
32 ℃	2	2	2	2	2	6	16
35 ℃	3	1	1	1	2	4	12
37 ℃	1	1	2	2	2	8	16

以吉林省为例,建立不同温度条件下各虫态在东北地区的发育历期回归模型。

(1)卵的发育历期模型

$$Y_1 = 58.476x_1^{-0.637}, R^2 = 0.6229 \tag{3.4}$$

式中,Y_1 为卵的发育历期(d),x_1 为卵发育期间的平均温度。

(2)幼虫发育历期模型

$$Y_{yc} = 151.55x_{yc}^{-0.593}, R^2 = 0.8082 \tag{3.5}$$

式中,Y_{yc} 为幼虫的发育历期(d),x_{yc} 为幼虫发育期间的平均温度。草地贪夜蛾幼虫发育历期与温度的关系见图 3.4。

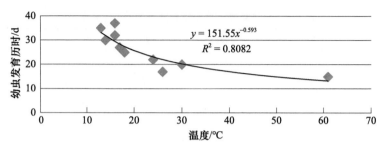

图 3.4　草地贪夜蛾幼虫发育历期与温度的关系

（3）蛹发育历期模型

$$Y_y = 99.987 x_{yc}^{-0.526}, R^2 = 0.8881 \qquad (3.6)$$

式中，Y_y 为蛹的发育历期（d），x_{yc} 为蛹发育期间的平均温度。

成虫在 20 ℃时，存活时间最长；17～35 ℃之间，存活 12～19 d；在 15 ℃和 37 ℃都只能存活 5 d。成虫发育期与温度各种模拟模型效果都不好，都不能通过显著性检验。应用过程中可通过查表，利用差值法计算不同温度下成虫存活时间。

（4）幼虫不同龄期发育历期与温度关系的模型

① 1 龄幼虫

$$Y_{yc1} = 0.3058 x_{yc1}^2 - 5.797 x_{yc1} + 42.217, R^2 = 0.734 \qquad (3.7)$$

式中，Y_{yc1} 为 1 龄幼虫的发育历期（d），x_{yc1} 为 1 龄幼虫发育期间的平均温度。

② 2 龄幼虫

$$Y_{yc2} = 0.5138 x_{yc2}^2 - 7.5808 x_{yc2} + 41.484, R^2 = 0.8973 \qquad (3.8)$$

式中，Y_{yc2} 为 2 龄幼虫的发育历期（d），x_{yc2} 为 2 龄幼虫发育期间的平均温度。

③ 3 龄幼虫

$$Y_{yc3} = 0.8578 x_{yc3}^2 - 10.59 x_{yc3} + 47.419, R^2 = 0.7642 \qquad (3.9)$$

式中，Y_{yc3} 为 3 龄幼虫的发育历期（d），x_{yc3} 为 3 龄幼虫发育期间的平均温度。

④ 4 龄幼虫

$$Y_{yc4} = 0.378 x_{yc4}^2 - 6.1219 x_{yc4} + 38.711, R^2 = 0.5701 \qquad (3.10)$$

式中，Y_{yc4} 为 4 龄幼虫的发育历期（d），x_{yc4} 为 4 龄幼虫发育期间的平均温度。

⑤ 5 龄幼虫

$$Y_{yc5} = 0.5804 x_{yc5}^2 - 8.7547 x_{yc5} + 46.949, R^2 = 0.7808 \qquad (3.11)$$

式中，Y_{yc5} 为 5 龄幼虫的发育历期（d），x_{yc5} 为 5 龄幼虫发育期间的平均温度。

⑥ 6 龄幼虫

$$Y_{yc6} = 0.1023 x_{yc6}^2 - 3.6472 x_{yc6} + 46.5, R^2 = 0.4738 \qquad (3.12)$$

式中，Y_{yc6} 为 6 龄幼虫的发育历期（d），x_{yc6} 为 6 龄幼虫发育期间的平均温度。

草地贪夜蛾 5 龄开始进入暴食期，建立暴食期预警模型：

$$A = D + 1 + Y_1 + Y_{yc1} + Y_{yc2} + Y_{yc3} + Y_{yc4} \qquad (3.13)$$

式中,A 为暴食期出现日期(一年 365 d,以 1 月 1 日为 1,以此类推的日序,下同),D 为该地见虫日期(虫态为成虫),一般 1 d 后开始产卵,Y_1 为蛹期发育历期,Y_{yc1}:1 龄幼虫发育历期,Y_{yc2}:2 龄幼虫发育历期,Y_{yc3}:3 龄幼虫发育历期,Y_{yc4}:4 龄幼虫发育历期。

3.2　玉米螟发生发展气象等级预报技术

3.2.1　玉米螟生物学特征

3.2.1.1　生物学特征

玉米螟,又叫玉米钻心虫,属于鳞翅目,螟蛾科,主要为害玉米、高粱、谷子等,也能为害棉花、甘蔗、向日葵、水稻、甜菜、豆类等作物,属于世界性害虫。我国发生的玉米螟有亚洲玉米螟和欧洲玉米螟两种,其中大部分地区为亚洲玉米螟,欧洲玉米螟主要分布在我国西北新疆伊宁,宁夏永宁、河北张家口、内蒙古呼和浩特、甘肃陇东等地可能也存在欧洲玉米螟,但仍以亚洲玉米螟为主(《中国农作物病虫害》编辑委员会,1979;中国农业科学院植物保护研究所,2015)。本节玉米螟指亚洲玉米螟。

玉米螟为全变态昆虫,有成虫、卵、蛹、幼虫四个虫态。成虫黄褐色,雄蛾体长 13~14 mm,翅展 22~28 mm,体背黄褐色,前翅内横线为黄褐色波状纹,外横线暗褐色,呈锯齿状纹。雌蛾体长约 14~15 mm,翅展 28~34 mm,体鲜黄色,各条线纹红褐色。卵扁平椭圆形,长约 1 mm,宽 0.8 mm。数粒至数十粒组成卵块,呈鱼鳞状排列,初为乳白色,渐变为黄白色,孵化前卵的一部分为黑褐色(为幼虫头部,称黑头期)(仵均祥,1999)。老熟幼虫,体长 20~30 mm,圆筒形,头黑褐色,背部淡灰色或略带淡红褐色,幼虫中、后胸背面各有 1 排 4 个圆形毛片,腹部 1~8 节背面前方有 1 排 4 个圆形毛片,后方两个,较前排稍小。蛹长 15~18 mm,红褐色或黄褐色,纺锤形,腹部背面 1~7 节有横皱纹,3~7 节有褐色小齿横列,5~6 节腹面各有腹足遗迹 1 对。尾端有 5~8 根钩刺,缠连于丝上,黏附于虫道蛹室内壁(图 3.5)(仵均祥,1999)。

图 3.5　玉米螟不同虫态(从左向右:依次为成虫、卵、幼虫、蛹)

玉米螟从东北地区到海南省一年发生 1~7 代。温度高、海拔低,发生代数较多。通常以老熟幼虫在寄生植物的茎秆、穗轴内或根茎中越冬,昆虫在长期适应复杂多变的生境进化中演化了多样性的抗寒生存策略(李云瑞,2006),北方种群抗寒能力强于南方(刘宁 等,2005);次年春季化蛹,蛹经过 10 d 左右羽化。成虫夜间活动,飞翔力强,有趋光性,寿命5～10 d,喜欢在离地50 cm以上、生长较茂盛的玉米叶背面中脉两侧产卵,一个雌蛾可产卵350～700粒,卵期3～5 d。幼虫孵出后,先聚集取食卵壳,然后在植株幼嫩部分爬行,开始为害,初孵幼虫,能吐丝下垂,借风力飘迁邻株,形成转株为害。幼虫多有5个龄期,3龄前主要集中在幼嫩心叶、雄穗、苞叶和花丝上活动取食,被害心叶展开后,即呈现许多横排小孔;4龄以后,大部分钻入茎秆和果穗、雌雄穗穗柄。在茎秆上可见蛀孔,蛀孔外常有玉米螟钻蛀取食时的排泄物。

3.2.1.2 东北地区玉米螟生长发育规律

在我国东北黄金玉米主产区,玉米螟是为害玉米的主要害虫,玉米螟在东北地区发生1～2代,中西部平原及以南区域多为二代发生区,长白山脉、大小兴安岭及以北、以东区域为一代发生区域。越冬代玉米螟产卵,卵孵化出一代玉米螟幼虫在东北地区大约出现在7月上中旬前后,玉米正处于拔节期,生长旺盛,为玉米螟提供丰富的食物来源。一代玉米螟幼虫进一步发育化蛹、羽化、产卵,卵孵化出二代玉米螟。二代玉米螟一般发生在8月下旬至9月上旬,二代玉米螟以老熟幼虫越冬,成虫发生在翌年的6月。在一代发生区玉米螟各发育阶段均晚于二代发生区。春季卵孵化成幼虫后开始为害,逐步发育为老熟幼虫,秋季降温后开始滞育,并以老熟的幼虫的虫态越冬,翌年春季幼虫复苏、化蛹、羽化成成虫完成一个世代。成虫产卵后,开始下一个世代的循环。以吉林省中西部二代玉米螟发生区为例,发生详情如下。

玉米螟幼虫越冬期:玉米螟以老熟幼虫在作物的茎秆、穗轴或根茬内越冬,有的在杂草茎秆中越冬,此时的幼虫处于滞育状态。在吉林省一般11月进入越冬期。

玉米螟幼虫复苏期至化蛹期:4月末至5月初,东北地区自南向北、自西向东温度陆续稳定通过10 ℃时,幼虫开始复苏发育。在温度为26 ℃、日照为16 h的实验室条件下(鲁新 等,1998),东部敦化一化性越冬玉米螟复苏后发育历期为28.6 d,二化性的公主岭(中部)和白城(西部)越冬代玉米螟为17.9 d和13.7 d,一化性玉米螟复苏后发育历期长于二化性玉米螟15 d左右,化蛹期一般持续30～40 d。

在自然条件下,越冬复苏后的发育历期要长于实验室的,吉林省稳定通过10 ℃的日期为4月下旬末至5月上旬初,玉米秆垛内的越冬代玉米螟幼虫化蛹的始见期在5月23日前后,始盛期在6月2日前后,高峰期为6月15日前后,盛末期在6月23日前后,终见期在6月30日前后。

玉米螟羽化至成虫期(鲁新 等,2005):幼虫化蛹10 d左右可见越冬代成虫羽化,一般6月中旬开始吉林省玉米螟陆续由西向东进入羽化期,6月下旬进入羽化盛期,东部地区推迟10 d左右。不同年份越冬代玉米螟幼虫羽化期早晚与气象条件有密切关系。

玉米螟产卵期(鲁新 等,2005):中西部地区田间越冬代玉米螟的落卵始见期在6月10日前后,始盛期在6月17日前后,高峰期在6月23日前后,盛末期在6月28日前后,终见期拖后较长,一般在7月5日至7月20日;一代玉米螟的田间整个落卵期卵粒数与孵化数的变化趋势十分接近,数量相差不大,卵的孵化率很高,卵很少被寄生、捕食和脱落(中国农业科学院植物保护研究所,1979),东部地区产卵期晚于中西部地区。

一代玉米螟幼虫期至二代玉米螟羽化期(鲁新 等,2005):吉林中西部地区在 7 月 2 日前后田间一代玉米螟幼虫 90% 以上处于 3 龄前阶段,始见 4 龄幼虫,7 月 7 日前后始见 5 龄幼虫,7 月 17 日前后 70% 以上发育到 4~5 龄,始见幼虫化蛹,7 月 22 日前后有 70% 发育到 5 龄,始见蛹壳进入羽化期,7 月 27 日前后进入化蛹高峰期,8 月 7 日前后进入化蛹始末期和羽化高峰期,8 月 12 日前后进入羽化末期,根据实测资料看出,东部地区各发育期晚于中西部地区 10~20 d。

二代玉米螟羽化至成虫产卵期:吉林中西部地区田间二代玉米螟的落卵始见期在 7 月 26 日前后,始盛期在 8 月 2 日前后,高峰期在 8 月 12 日前后,盛末期在 8 月 21 日前后,终见期随卵的发生量大小而变化,发生量大的年份终见期拖后较长,一般在 8 月 30 日至 9 月 6 日;干旱少雨对卵块脱落数影响较大。

二代玉米螟幼虫期:8 月 28 日前后二代玉米螟 3 龄前幼虫占 46.0%,9 月 5 日4~5 龄幼虫占 76.4%,9 月 12 日 4~5 龄幼虫占 92.7%。到 9 月 12 日为止,未见二代玉米螟幼虫化蛹(鲁新 等,2005)。

玉米螟世代存活率:玉米螟一年发生一个世代(东部)或两个世代(中西部),种群从卵发育成幼虫、化蛹及羽化为成虫为一个世代,在整个世代发育过程中,无论哪个虫态都会有不同程度死亡。根据鲁新等(2005)研究,玉米螟全世代存活率仅 1%左右,各个生育期的存活率见图 3.6。卵期从产卵到完全孵化存活率为 74.9%,期间有赤眼蜂寄生、被其他天敌捕食及未孵化期造成卵消亡;玉米螟幼虫孵化后到蛀茎前死亡率最高(近 94%),存活率仅为 6.1%;蛀茎后死亡率也较高,主要是螟虫长距茧蜂寄生、线虫、细菌、白僵菌等造成,存活率为 30.9%;蛹期主要是厚唇姬蜂寄生,存活率较高,为 73.2%;雌成虫成活率最高,几乎无死亡现象,但成虫期遇到大暴雨或突然降温可降低成虫种群。

3.2.1.3　迁飞性特征

据王振营等(1995)研究,玉米螟虽然具有远距离飞行的潜力,但在常年自然条件下不存在大量远距离迁飞的可能。越冬代 95% 的个体在 4 km 半径范围内主动飞行扩散,5% 的个体在 6~45.5 km 半径范围内扩散;一、二代螟蛾 93% 以上在 2 km 半径范围飞行扩散,最远飞行距离为 10 km。一、二代螟蛾的扩散范围和距离明显小于越冬代。一代螟虫应以越冬寄主秸秆集中场所(村落)为中心的 4 km 半径范围(约 7.5 万亩[①]);二、三代螟虫应为 2 km 半径范围(约 2 万亩)。因此,在玉米螟发生量预报研究中,无论是在越冬代还是一、二代,均以当地虫源为主要依据,不必考虑外来虫源。

---

① 1 亩 = $\frac{1}{15}$ hm²

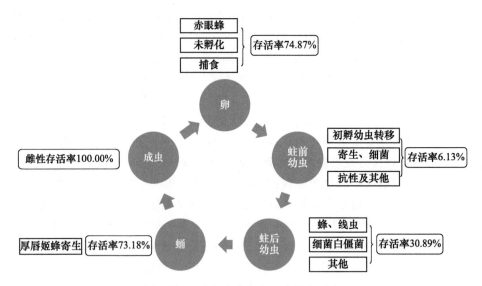

图 3.6　玉米螟各发育期天敌及存活率

3.2.2　气象条件对玉米螟发生的影响

3.2.2.1　温度

（1）温度适宜性

玉米螟卵的孵化率、幼虫存活率和羽化率在 25 ℃下均为最高,繁殖力也在 25 ℃下达到最大值;在 15～30 ℃温度范围下玉米螟各虫态的发育历期随温度升高而缩短,温度过高会抑制其生长速度(李欣诺 等,2015)。温度与玉米螟成虫寿命和生殖有密切关系。正常田间条件下,成虫寿命为 7 d 左右;高温使成虫寿命变短、产卵量下降。室内吊飞试验表明(鲁新,1997a),20～30 ℃为玉米螟飞翔适温区,最适为25 ℃。玉米螟卵孵化率在 26 ℃时最高,适宜温度为 18～32 ℃,一段时间的高温可降低卵孵化率。幼虫化蛹的适宜温度为 20～35 ℃,高温条件羽化对以后产卵不利,低温促进滞育的形成,高温抑制滞育的发生,在一化、二化玉米螟混发区,温度可能影响着一化、二化玉米螟的越冬比例,进而影响下一年的发生量。

秋季随着气温下降,玉米螟开始滞育,冬季来临前滞育幼虫大量减少了虫体水分,靠降低体内液体的冰点,增强自身的抗寒能力。当温度接近或低于昆虫的过冷却点时,极易引起昆虫的迅速死亡。玉米螟越冬前体内脂肪、甘油等物质积累和自由水比例下降与越冬前发育程度有关。4 龄前幼虫抗寒力弱,如果低温来得早且降温快,致使不成熟越冬幼虫在种群中比例增大,越冬死亡率增加。

吉林省公主岭玉米螟一化性越冬幼虫的过冷却点为 −24.27 ℃(鲁新 等,1997b)。冬季温度与玉米螟越冬幼虫存活和冬后发育有关,暖冬有利于越冬幼虫的存活。低温下玉米螟幼虫死亡率与低温持续时间呈正相关关系,即低温持续时间越长,其死亡率就越大。

春季随着气温回升,玉米螟解除滞育开始复苏。玉米螟复苏主要受温度影响,温度影响玉米螟发育进度,利用有效积温可以推断越冬代玉米螟成虫蛾的高峰期,早春积温高则越冬成虫高峰期来得早。春季气温偏低,玉米螟发育迟缓,成虫产卵高峰期晚,玉米苗长的大,为玉米螟提供了丰富的食物来源,有利于玉米螟大发生。

一年中最低温度的高低对玉米螟分布区域起决定性作用。从生理学意义来说,玉米螟体液的冰冻和结晶是昆虫因低温而死亡的主要原因,昆虫体内的原生质和流动的体液都含有大量的水分,当温度降至 0 ℃时,水结成固体冰。玉米螟具有耐寒性,其本质是因为体内水有过冷却特征。自然条件下玉米螟对冬季低温的适应主要表现在秋凉时即开始作越冬准备,降低自身水分含量,降低过冷却点温度,提高越冬存活率。

环境温度过高,对玉米螟发育有害,高温可以引起失水扰乱酶体系,影响细胞透性,尤其是使脂类化合物透性增强,破坏细胞代谢活动。玉米螟生存环境温度低于玉米螟生理温度下限(或称生物学起点温度)或高于上限(最高限制温度)都会影响正常生存或发育或造成死亡,温度条件不适宜玉米螟生存及发育。

(2)有效温度

温度对玉米螟的影响主要表现在发育速率上,温度升高会使发育速率加快,会使发育所经历的时间缩短。玉米螟各发育期所需总热量是一个常数 K(孙立德 等,2015)。

$$K = NT \tag{3.14}$$

式中,N 为生长期所需时间,即发育历期;T 为发育期平均温度;K 为总积温。玉米螟发育需要一定的温度(热量)条件,有一定的生长发育下限温度(或称生物学起点温度),这个下限温度一般用日平均温度 B 表示,活动温度与生物学下限温度之差称为有效温度。则:

$$K = N(T - B) \tag{3.15}$$

$$T = B + K/N = B + KV \tag{3.16}$$

式中,$V = 1/N$,称为发育速率。

有效温度范围由非常适宜至基本适宜玉米螟发育的温度阈值组成。可以利用有效温度推算各虫态、虫龄的发育期及发生高峰期。

3.2.2.2　降水

越冬玉米螟解除滞育需要长日照和饮水两个阶段,这两个阶段的完成依赖于虫体内的水分平衡。玉米螟越冬幼虫在春季气温回升到发育起点温度以上时开始复苏活动,寻求与水分接触,玉米螟必须咬嚼潮湿秸秆或直接饮水才能正常化蛹。春季干旱与否是玉米螟发生量大小的重要因素之一。综观国内外研究,可以将春季玉米螟幼虫复苏后到化蛹前的降水作为预测大发生的重要因子。

降水对玉米螟发生影响很大,湿润多雨有利于玉米螟发生,干旱不利于玉米螟种群发展。2009 年 6—9 月吉林省公主岭市持续干旱影响,受灾当年玉米螟种群数量大幅下降,第 2 年玉米螟心叶期危害较轻,但穗期危害较重,第 3 年种群数量恢复至较高水平;2010 年 7 月下旬洪涝灾害发生条件下,玉米螟发生危害维持在较高水平,受灾年份越冬种群数量较大,但不能直接影响第 2 年玉米螟的发生(张柱亭 等,2013)。

2014 年 5 月吉林省公主岭市气温低、降水多,玉米螟越冬(二代)幼虫化蛹整齐,出现成虫小高峰(6 月 6 日单日诱蛾 85 头),虫源基数较大。6 月降水偏多,7 月降水偏少,但降水时间分布比较均匀,总体基本满足玉米螟各虫态的发育,一代成虫量急剧增加。2014 年 7 月 22 日—8 月 13 日连续 22 d 无降水,出现明显少雨时段,此时是玉米需水关键期也是需水量最多的时期,此期间极端最高气温为 33.1 ℃,出现在 8 月 2 日;空气相对湿度呈现波动下降趋势,在 8 月 9 日空气湿度创新低,仅为 60%(田间大气湿度在 70%以上时适宜玉米螟卵孵化)(鲁新,1997a)。成虫数量从 7 月 23 日的 7 头呈逐渐增多趋势,至 8 月 1 日出现一个小高峰,达到 280 头,8 月 6 日出现第二个高峰为 685 头,8 月 14 日达到最高峰 1121 头,是近 10 a 来的成虫观测数量的最高值,之后迅速回落,8 月 21 日以后多在 24 头以下。可见,干旱对田间蛹的羽化影响不大,空气湿度在 60%~90%之间,反而提高了蛹的羽化整齐度,结束干旱第一天出现成虫最高峰。阶段性高温干旱使成虫高峰期比常年(9 月 1 日)提前半个月左右,但 2015 年春季的越冬代成虫数量并没有增加。2015 年夏季出现极端干旱天气,公主岭 7 月 2 日至 8 月 6 日降水量仅为 12.6 mm,比常年同期少 93.6%,期间空气湿度多在 70%以下,部分时段在 60%以下,直到 8 月 18 日才出现明显降水过程。此阶段正值玉米螟产卵、卵孵化及幼虫发育时期,严重的高温干旱少雨干燥,造成玉米螟各发育阶段的障碍,致使玉米螟一代幼虫量急剧减少,公主岭没有监测到一代成虫,玉米螟发生程度轻。2016 年越冬代成虫初见日期较晚,并且成虫数量稀少,每日监测到的玉米螟数量都在 5 个以下,玉米螟发生程度轻。但一代成虫数量较多,高峰期成虫多在 300 个以上,2016 年 6—7 月气象条件有利于玉米螟各虫态的生长发育,玉米螟种群数量得以恢复。

阶段性干旱可以使玉米螟成虫发生期提前,极端干旱可造成玉米螟种群数量锐减,但只要条件适宜,隔一个世代后种群数量会快速恢复。

降水除提高田间湿度外,适度降水量和降水频率可为成虫提供饮水机会,促进产卵以利玉米螟发生,但不适的降水(如大雨或暴雨)可对玉米螟造成直接机械损伤和抑制其活动。

3.2.2.3　湿度

温度影响昆虫体内水分平衡进而影响代谢,同时,昆虫对极端温度的忍耐力也因湿度的不同而变化。玉米螟越冬幼虫的死亡率很大程度上取决于越冬条件,湿度是导致螟虫越冬死亡的主要因素之一,越冬场所过于潮湿,能引起越冬幼虫大部分死亡或逃亡。另有报道,湿度过高可促进越冬玉米螟提早解除滞育,越冬幼虫放置在相对湿度90%的条件下,4月下旬就开始化蛹,遇到低温会引起越冬幼虫大量死亡(李云瑞,2006)。

田间发生的玉米螟比越冬玉米螟对湿度的要求更严格。高湿有利于其大发生。玉米螟田间适宜的大气相对湿度在70%以上,相对湿度46%~50%时部分卵块干瘪剥落,幼虫成活率低(鲁新,1997a)。

3.2.2.4　光照

除光周期作用外,光照可以提高环境温度而间接作用于玉米螟。

玉米螟属于兼性滞育昆虫,在秋季短光照下,玉米螟进入滞育虫态,以滞育的老熟幼虫越冬,而光周期和温度是兼性滞育昆虫滞育的主要诱发因素。全黑暗与全光照条件均不诱导玉米螟的滞育反应;低温条件下(20 ℃),随着光照时间的增加,滞育率也相应增加,玉米螟的滞育临界光周期为13.5 h。高温能够抵消短光照对滞育的诱导(张洪刚 等,2009)。

玉米螟不同地理种群在不同的光照、温度组合下,滞育反应率不同。诱导玉米螟幼虫发生滞育的临界光周期在不同地理种群间有差异。低温、短光照(20 ℃、673 min)条件可诱导所有测试玉米螟种群发生滞育。而高温、短光照(27 ℃、673 min)条件使各种群的滞育程度降低,但其降低的幅度在不同地理种群间有差异,总体趋势是种群的滞育率由北向南逐渐降低。高温和长光照(27 ℃、827 min)均不利于诱导玉米螟幼虫发生滞育;适中的温度和较长的光照最适于幼虫生长发育,所有测试种群的滞育率最低。在一定温度下诱导不同地理种群滞育的临界光周期由南到北逐渐延长,同时,随温度的升高可以使种群临界光周期缩短。在20.0 ℃、23.3 ℃和27.0 ℃下,南方的广州种群临界光周期分别为847 min、833 min和778 min,而北方黑龙江鸡西的种群光周期分别为924 min、885 min和855 min。由此看出,玉米螟滞育是温度和光照的相互作用的结果(刘宁 等,2006)。

无论田间或室内由短日照光周期导致的玉米螟幼虫的滞育,在各种光周期条件下均能进行和完成其滞育发育。长日照光周期可促进滞育发育的速度,而短日照光周期在一定程度上使滞育发育延迟。滞育发育和解除并不需要事先经过相当长时期的低温。然而较高的温度会引起滞育幼虫的死亡。滞育幼虫所以需要低温是因降低代谢速率,以便滞育解除后形态发生的顺利进行(陈沛 等,1986)。

连续接受短光照处理的时间愈长,滞育率也愈高。幼虫对光照刺激反应的敏感期为自孵化后至 5 龄末进入滞育前的整个阶段,而非仅为 3～4 龄。高温在一定程度上抑制短光照诱发滞育的作用;低温在一定程度上抑制长光照回避滞育的作用。以长光照累计处理人工饲料饲养的玉米螟至三、四十代以上、如经短光照处理则会发生滞育,其滞育特性仍未改变(弓惠芬 等,1984)。

3.2.2.5 其他气象因子

(1)风

风除了通过环境温度、湿度发生作用外,主要对玉米螟成虫产生影响,风力大小直接影响成虫的飞行扩散行为。

(2)气候变化对玉米螟的影响

气候变暖能够使玉米螟落卵期提前和延长,吉林省玉米螟发生世代数有增加的趋势。据鲁新等(2015)于 2012—2013 年观测,吉林中部生态区大部分地区有 2 个落卵高峰期,未发现第 2 代幼虫化蛹,已由 1.5 代发生区变为完全 2 代发生区,而在双辽市和梨树县出现第 3 代低龄幼虫,已变为 2 代为主兼 2.5 代发生区;西部生态区大部分地区有 2 个落卵高峰期,未发现第 2 代幼虫化蛹,仍为 2 代发生区,而在通榆县出现第 3 代低龄幼虫,已由 2 代发生区变为 2 代为主兼 2.5 代发生区。

3.2.3 玉米螟发生发展气象等级预报技术

3.2.3.1 玉米螟发生气象等级

植保部门将玉米螟发生分为 5 个级别,分别为:大发生、中等偏重发生、中等发生、中等偏轻发生和轻发生。影响玉米螟发生的气象条件方面,基于适宜温度、发育起点温度、最高限制温度、适宜降水量、适宜湿度等气象因子,结合玉米螟发生为害的程度,将各气象因子从易导致玉米螟发生到限制其发生相应也划分为 5 个级别(吉林省气象局,2017),如表 3.11 所示。

表 3.11 玉米螟发生气象等级

级别	气象条件影响
1 级	适宜玉米螟大发生
2 级	适宜玉米螟中等偏重发生
3 级	适宜玉米螟中等发生
4 级	适宜玉米螟中等偏轻发生
5 级	不适宜玉米螟发生

3.2.3.2 玉米螟发生的生理气象指标

据鲁新(1997a)研究得出,"20～30 ℃为玉米螟飞翔适宜区,最适飞翔区为

25 ℃。玉米螟卵孵化率在 26 ℃最高,适宜温度为 18～32 ℃,一段时间的高温可降低卵孵化率。幼虫化蛹的适宜温度为 20～35 ℃,高温条件羽化对以后产卵不利,低温促进滞育的形成,高温抑制滞育的发生,在一化、二化玉米螟混发区,温度可能影响一化、二化玉米螟的越冬比例,进而影响翌年的发生量"高湿有利于田间玉米螟的大发生,玉米螟田间适宜的大气湿度在 70％以上,相对湿度 46％～50％使部分卵块干瘪剥落,幼虫成活率低"。据王忠跃(1989)研究,"老熟幼虫化蛹时,高湿、低湿对化蛹及而后蛹的羽化、成虫产卵均不利,而中湿(60％～80％)最有利。"

　　根据文献(袁福香 等,2008)研究,玉米螟生长发育的各种生理气象指标见表 3.12。

表 3.12　玉米螟各发育期的生理气象指标

	发育起点气温/℃	最高限制气温/℃	最适发育气温/℃	适宜温度/℃	最适相对湿度/%
卵孵化期	10.4	32.0	26.0	18.0～32.0	70～100
幼虫期	10.0	31.0		20.0～30.0	60～80
化蛹期	11.1	31.0		20.0～35.0	60～80
羽化期		35.0		15.0～30.0	70～100
成虫期	10.4	32.0	26.0	15.0～30.0	70～100

　　在食物条件满足的自然条件下,玉米螟的发生有两个决定因素:虫源基数和环境因素,环境因素主要为气象条件、天敌及其他因素。在东北玉米主产区中南部地区发生两代,东部长白山区、北部大小兴安岭及以北地区为一代发生区。不管一代发生区还是二代发生区均以一代玉米螟幼虫对玉米产生的为害重,主要是因为一代玉米螟卵的孵化率在 90％以上(鲁新 等,2005),卵很少被寄生和捕食,幼虫发生期多处于拔节期,为玉米生长旺盛期,植株叶片幼嫩,主要为害玉米拔节期叶片及心叶,对植株后期生长发育影响大。二代发生期田间天敌数量增多,加之玉米植株多处于生长末期,主要为害雌雄穗部及穗轴等部位,二代玉米螟为害相较于一代较轻,因此生产中重点对一代玉米螟进行防治。

3.2.3.3　玉米螟发生发展气象等级预报模型

　　(1)建模思路

　　首先,选取影响玉米螟发生的关键气象因子;其次,将所选取的气象因子进行分级,计算气象适宜度指数,即将各因子去量纲化,以便建立气象等级预报模型;最后建立方程,确定各气象因子的权重系数。

(2)气象因子的选择

通过气象因子与玉米螟发生程度的相关计算,达到显著水平,并结合文献(吉林气象局,2017),得到影响玉米螟各发育阶段的关键气象因子。影响吉林省玉米螟发生发展的气象因子见表3.13。

表3.13 影响玉米螟发生气象因子

玉米螟发育期	气象影响因子
越冬期	越冬期平均气温、越冬期降水量、越冬期相对湿度
复苏期	5月平均气温、5月降水量、6月上旬降水量、6月上旬相对湿度
化蛹期	6月上旬至7月上旬各旬降水量、6月上旬至7月上旬各旬相对湿度
羽化产卵期	6月中旬至7月上旬各旬暴雨日数、6月中旬至7月上旬各旬降水量、6月中旬至7月上旬各旬相对湿度、6月中旬至7月上旬各旬最高气温
卵孵化期	6月下旬至7月中旬各旬降水量、6月下旬至7月中旬各旬相对湿度
幼虫期	7月各旬降水量、7月各旬相对湿度、7月各旬暴雨日数
一代玉米螟发育期	冬季平均气温、5月平均气温、5月降水量、6月降水量、7月上旬水热系数
二代玉米螟发育期	6月下旬至7月上旬两旬降水量、7月上中两旬降水量、7月中下两旬降水量、7月下旬至8月上旬两旬降水量

(3)单因子气象适宜度指数的计算

将各个气象因子值转化为气象适宜度指数,计算公式如下。

$$G_i = \frac{X_i - X_{min}}{X_{max} - X_{min}} \times (G'_{max} - G'_{min} + 1) + G'_{min} \tag{3.17}$$

式中,G_i 为气象适宜度指数;i 为不同的气象因子;X_i 为气象因子值,如冬季气温(T_{dj})、5月份气温(T_{5y});X_{min} 为 X_i 所在等级的气象因子下限值,一级或五级以历史极值作为最小值;X_{max} 为 X_i 所在等级的气象因子上限值,一级或五级以历史极值作为最大值;G'_{max} 为 X_i 所在等级的气象适宜度阈值上限值;G'_{min} 为 X_i 所在等级的气象适宜度阈值下限值。

气象因子(X_i)从5级(不适宜玉米螟发生)到1级(有利于玉米螟的大发生)对应的适宜度指数(G_i)为1~100,其中5级对应的数值范围为1~20;4级对应的数值范围为21~40;3级对应的数值范围为41~60;2级对应的数值范围为61~80;1级对应的数值范围为81~100。将每个级别内的气象因子的上下限差值20等分,利用直线内插法求算位于该级别内的气象因子适宜度指数(G_i),1级和5级以历史极端值作为上下限。以吉林省一代玉米螟各气象因子为例,气象因子分级见表3.14。

表 3.14　影响一代玉米螟发生的关键气象因子分级

级别		5 级	4 级	3 级	2 级	1 级
气象适宜度指数 G		$[1,20]$	$(20,40]$	$(40,60]$	$(60,80]$	$(80,100]$
一代玉米螟发生期	T_{dj}(℃)	$\leqslant-14.5$	$(-14.5,-12.5]$	$(-12.5,-11.6]$	$(-11.6,-9.3]$	>-9.3
	T_{5y}(℃)	$\geqslant17.0$	$[16.1,17.0)$	$[15.5,16.1)$	$[14.3,15.5)$	<14.3
	R_{5y}(mm)	$\leqslant22.3$	$(22.3,28.8]$	$(28.8,45.7]$	$(45.7,67.8]$	>67.8
	R_{6y}(mm)	$\leqslant46.2$	$(46.2,65.0]$	$(65.0,80.0]$	$(80.0,100.0]$	>100.0
	$Z_{7上}$	$\leqslant0.2$	$(0.2,0.8]$	$(0.8,1.5]$	$(1.5,3.0]$	>3.0

注:T_{dj}为越冬期平均气温;T_{5y}为 5 月平均气温;R_{5y}为 5 月降水量;R_{6y}为 6 月降水量;$Z_{7上}$为 7 月上旬的水热系数,为 7 月上旬的降水量与气温的比值。

用 G_{Tdj}、G_{T5y}、G_{R5y}、G_{R6y} 和 $G_{Z7上}$,分别代表与上述因子所对应的气象适宜度指数,即冬季气温的气象适宜度指数、5 月气温的气象适宜度指数、5 月降水的气象适宜度指数、6 月降水的气象适宜度指数和 7 月上旬的水热系数适宜度指数。各气象适宜度指数计算以 2007 年吉林省玉米螟发生为例,吉林省冬季平均气温为 -7.7 ℃,居吉林省有观测资料以来历史同期最高;从表 3.14 中查 T_{dj},发现在 1 级的范围内,其等级所对应的范围为 81～100,其气象适宜程度级别值对应 G_{Tdj} 为 100。5 月平均气温为 14.9 ℃,从表 3.14 中查 T_{5y} 在 2 级(61～80)范围内,则 G_{T5y} 为 72(计算方法:$(14.9-14.3)/(15.4-14.3)\times(80-61+1)+61$。同理,6 月的降水为 37 mm,得出 G_{R6y} 为 2,7 月上旬的水热系数为 1.5,得出 $G_{Z7上}$ 为 43。其他气象因子以同样的方式进行级别值的计算。

(4)玉米螟生长发育气象等级预报

根据气象因子从适宜玉米螟大发生、偏重发生、中发生、偏轻发生到不适宜玉米螟发生,分为 5 个级别,根据不同因子对玉米螟发生的影响程度建立玉米螟发生气象等级预报方程。

据袁福香等(2008,2017)研究,建立的吉林省一代玉米螟发生气象适宜程度等级预报方程为:

$$G=a\times G_{Tdj}+b\times G_{T5y}+c\times G_{R5y}+d\times G_{R6y}+e\times G_{Z7上} \tag{3.18}$$

式中,G 为玉米螟发生发展气象适宜程度级别值,a、b、c、d、e 为系数,G_{Tdj}、G_{T5y}、G_{R5y}、G_{R6y} 和 $G_{X7上}$,分别代表与上述因子所对应的气象适宜度指数,即冬季气温的气象适宜度指数、5 月气温的气象适宜度指数、5 月降水的气象适宜度指数、6 月降水的气象适宜度指数和 7 月上旬的水热系数气象适宜度指数。

根据方程计算得出的 G 值是位于 1～100 之间的值,若为 75,则玉米螟发生气象适宜程度等级为 2 级,气象条件非常适宜玉米螟发生;若 G 为 19,则玉米螟发生气象适宜程度等级为 5 级,气象条件不适宜玉米螟发生。

6月上旬进行第一次预报,G_{Tdj}、G_{T5y}、G_{R5y}作为已知条件,G_{R6y}和$G_{Z7上}$利用预报值,得出玉米螟发生气象适宜程度等级。7月上旬进行第二次预报,G_{Tdj}、G_{T5y}、G_{R5y}、G_{R6y}作为已知条件,$G_{Z7上}$为预报值,得出玉米螟发生气象适宜程度等级。

以吉林省为例,各玉米螟发育期的气象适宜度预报模型如下:

① 越冬期气象适宜度模型:

$$G_{yd} = a_1 \times G_{Tdj} + a_2 \times G_{Rdj} + a_3 \times G_{RHdj} \tag{3.19}$$

式中,G_{yd}为越冬期综合气象适宜度指数;G_{Tdj}为越冬期平均气温适宜度指数;G_{Rdj}为越冬期降水量适宜度指数;G_{RHdj}为越冬期平均相对湿度适宜度指数。a_1、a_2、a_3分别为各气象因子的权重系数,$a_1 = 0.34$、$a_2 = 0.34$、$a_3 = 0.32$。

② 复苏期气象适宜度模型:

$$G_{fs} = b_1 \times G_{T5y} + b_2 \times G_{R5y} + b_3 \times G_{R6y上} + b_4 \times G_{RH6y上} \tag{3.20}$$

式中,G_{fs}为越冬幼虫复苏期综合气象适宜度指数;G_{T5y}为5月份平均气温适宜度指数;G_{R5y}为5月份降水量适宜度指数;$G_{R6y上}$为6月上旬降水量适宜度指数;$G_{RH6y上}$为6月上旬相对湿度适宜度指数。b_1、b_2、b_3、b_4分别为各气象因子的权重系数,$b_1 = 0.3$、$b_2 = 0.3$、$b_3 = 0.3$、$b_4 = 0.1$。

③ 化蛹期气象适宜度模型:

$$一代区:G_{hy} = c_1 \times G_{R6y上} + c_2 \times G_{RH6y上} + c_3 \times G_{R6y中} +$$
$$c_4 \times G_{RH6y中} + c_5 \times G_{R6y下} + c_6 \times G_{RH6y下} \tag{3.21}$$
$$二代区:G_{hy} = c_1 \times G_{R6y中} + c_2 \times G_{RH6y中} + c_3 \times G_{R6y下} + c_4 \times$$
$$G_{RH6y下} + c_5 \times G_{R7y上} + c_6 \times G_{RH7y上} \tag{3.22}$$

式中,G_{hy}为化蛹期综合气象等适宜度指数;$G_{R6y上}$为6月上旬降水量适宜度指数;$G_{RH6y上}$为6月上旬相对湿度适宜度指数;$G_{R6y中}$为6月中旬降水量适宜度指数;$G_{RH6y中}$为6月中旬相对湿度适宜度指数;$G_{R6y下}$为6月下旬降水量适宜度指数;$G_{RH6y下}$为6月下旬相对湿度适宜度指数;$G_{R7y上}$为7月上旬降水量适宜度指数;$G_{RH7y上}$为7月上旬相对湿度适宜度指数。c_1、c_2、c_3、c_4、c_5、c_6分别为各气象因子的权重系数,$c_1 = 0.17$、$c_2 = 0.16$、$c_3 = 0.17$、$c_4 = 0.16$、$c_5 = 0.17$、$c_6 = 0.17$。

④ 羽化产卵期气象适宜度模型:

二代区:

$$G_{yh} = d_1 \times G_{N6y中下} + d_2 \times G_{R6y中} + d_3 \times G_{RH6y中} + d_4 \times$$
$$G_{R6y下} + d_5 \times G_{RH6y下} + d_6 \times G_{Tg6y中} + d_7 \times G_{Tg6y下} \tag{3.23}$$

一代区:

$$G_{yh} = d_1 \times G_{N6下7上} + d_2 \times G_{R6y下} + d_3 \times G_{RH6y下} + d_4 \times$$
$$G_{R7y上} + d_5 \times G_{RH7y上} + d_6 \times G_{Tg6y下} + d_7 \times G_{Tg7y上} \tag{3.24}$$

式中:G_{yh}为羽化产卵期综合气象适宜度指数;$G_{N6y中下}$为6月中下旬的暴雨日数适宜度指数;$G_{R6y中}$为6月中旬降水量适宜度指数;$G_{RH6y中}$为6月中旬相对湿度适宜度指

数;$G_{R6y下}$ 为 6 月下旬降水量适宜度指数;$G_{RH6y下}$ 为 6 月下旬相对湿度适宜度指数;$G_{Tg6y中}$ 为 6 月中旬平均最高气温适宜度指数;$G_{Tg6y下}$ 为 6 月下旬平均最高气温适宜度指数;$G_{N6y下7y上}$ 为 6 月下旬至 7 月上旬的暴雨日数适宜度指数;$G_{R7y上}$ 为 7 月上旬降水量适宜度指数;$G_{RH7y上}$ 为 7 月上旬相对湿度适宜度指数;$G_{Tg7y上}$ 为 7 月上旬平均最高气温适宜度指数。d_1、d_2、d_3、d_4、d_5、d_6、d_7 分别为各气象因子的权重系数,$d_1 = 0.1$、$d_2 = 0.15$、$d_3 = 0.15$、$d_4 = 0.15$、$d_5 = 0.15$、$d_6 = 0.15$、$d_7 = 0.15$。

⑤ 一代卵孵化期气象适宜度模型:

$$二代区: G_{fh} = e_1 \times G_{R6y下} + e_2 \times G_{RH6y下} + e_3 \times G_{R7y上} + e_4 \times G_{RH7y上} \tag{3.25}$$

$$一代区: G_{fh} = e_1 \times G_{R7y上} + e_2 \times G_{RH7y上} + e_3 \times G_{R7y中} + e_4 \times G_{RH7y中} \tag{3.26}$$

式中,G_{fh} 为卵孵化期综合气象适宜度指数;$G_{R6y下}$ 为 6 月下旬降水量适宜度指数;$G_{RH6y下}$ 为 6 月下旬相对湿度适宜度指数;$G_{R7y上}$ 为 7 月上旬降水量适宜度指数;$G_{RH7y上}$ 为 7 月上旬相对湿度适宜度指数;$G_{R7y中}$ 为 7 月中旬降水量适宜度指数;$G_{RH7y中}$ 为 7 月中旬相对湿度适宜度指数。e_1、e_2、e_3、e_4 为系数,分别为 $e_1 = 0.25$、$e_2 = 0.25$、$e_3 = 0.25$、$e_4 = 0.25$。

⑥ 幼虫期气象适宜度模型:

二代区:

$$G_{yc} = f_1 \times G_{R7y上} + f_2 \times G_{RH7y上} + f_3 \times G_{N7y上} + f_4 \times G_{R7y中} + f_5 \times G_{RH7y中} + f_6 \times G_{N7y中} \tag{3.27}$$

一代区:

$$G_{yc} = f_1 \times G_{R7y中} + f_2 \times G_{RH7y中} + f_3 \times G_{N7y中} + f_4 \times G_{R7y下} + f_5 \times G_{RH7y下} + f_6 \times G_{N7y下} \tag{3.28}$$

式中,G_{yc} 为幼虫期综合气象适宜度指数;$G_{R7y上}$ 为 7 月上旬降水量适宜度指数;$G_{RH7y上}$ 为 7 月上旬相对湿度适宜度指数;$G_{N7y上}$ 为 7 月上旬暴雨日数适宜度指数;$G_{R7y中}$ 为 7 月中旬降水量适宜度指数;$G_{RH7y中}$ 为 7 月中旬相对湿度适宜度指数;$G_{N7y中}$ 为 7 月中旬暴雨日数适宜度指数;$G_{R7y下}$ 为 7 月下旬降水量适宜度指数;$G_{RH7y下}$ 为 7 月下旬相对湿度适宜度指数;$G_{N7y下}$ 为 7 月下旬暴雨日数适宜度指数。f_1、f_2、f_3、f_4、f_5、f_6 为系数,分别为 $f_1 = 0.16$、$f_2 = 0.16$、$f_3 = 0.2$、$f_4 = 0.16$、$f_5 = 0.16$、$f_6 = 0.16$。

⑦ 一代玉米螟全生育期气象适宜度模型:

$$G_1 = a \times G_{Tdj} + b \times G_{T5月} + c \times G_{R5月} + d \times G_{R6月} + e \times G_{Z7月上旬} \tag{3.29}$$

式中,G_1 为一代玉米螟发生综合气象适宜度指数;G_{Tdj} 越冬期平均气温适宜度指数;$G_{T5月}$ 5 月平均气温适宜度指数;$G_{R5月}$ 5 月降水量适宜度指数;$G_{R6月}$ 6 月降水量适宜度指数;$G_{Z7月上旬}$ 7 月上旬水热系数适宜度指数。a、b、c、d、e 为系数,分别为:$a = 0.20$、$b = 0.21$、$c = 0.21$、$d = 0.18$、$e = 0.20$。

⑧ 二代玉米螟发生气象适宜度模型:

$$G_2 = m_i \times G_{R6下7上} + m_i \times G_{R7上中} + m_i \times G_{R7中下} + m_i \times G_{R7下8上} \tag{3.30}$$

式中,G_2为二代玉米螟发生综合气象适宜度指数;$G_{R6下7上}$为6月下旬至7月上旬两旬降水量适宜度指数;$G_{R7上中}$为7月上中两旬降水量适宜度指数;$G_{R7中下}$为7月中下两旬降水量适宜度指数;$G_{R7下8上}$为7月下旬至8月上旬两旬降水量适宜度指数。

m_i是权重系数,$i=1$、2、3、4,当4个影响因子适宜度指数都大于41时,m_i都为0.25。当4个影响因子中出现一个因子适宜度指数小于41时,该影响因子的系数为0.4,其他三个因子的影响系数都为0.2;当出现两个不连续影响因子的适宜度指数小于41时,则这两个降水适宜度因子的系数都为0.35,其他两个因子的系数都为0.15;当出现两个连续影响因子适宜度指数都小于41或出现3个及以上影响因子的适宜度指数都小于41时,G应为5级,气象条件不适宜二代玉米螟发生。

各地因玉米螟发生的代数及气象条件的不同,气象适宜程度等级的分级指标需要根据当地实际情况进行调整。

3.2.4 玉米螟绿色防治气象条件预报

3.2.4.1 玉米螟绿色防治最佳时期

越冬玉米螟绿色防治最佳时期为越冬复苏期、成虫期和产卵期。复苏期、若虫期用白僵菌防治,成虫期用性诱剂、杀虫灯和食诱剂,卵期用赤眼蜂。

3.2.4.2 白僵菌防治气象条件预报

(1)白僵菌特征

白僵菌是一类昆虫病原真菌,隶属于丛梗孢目、丛梗孢科、白僵菌属,能寄生700余种害虫和螨类,是重要的生物农药源。白僵菌在自然条件下通过体壁接触感染杀死害虫,对人畜和环境比较安全、害虫一般不易产生抗药性。白僵菌的生长和繁殖除需要一定的营养物质外,还依赖温度、湿度、pH和光照等气象和环境条件,每个因子对生长发育都有其最适点、最高限和最低限,超过高线或低于低限,白僵菌都不能生长和发育。白僵菌的生长温度为5～35 ℃,最适生长温度为23～28 ℃。自最低生长温度开始,随着温度的升高,生长速度随之加快,达到最适生长温度时速度最快。此后温度如再上升,生长速度开始减慢,达到最高生长温度时,则生长几乎停止。

水分对于营养物质的吸收和胞外酶的扩散是必不可少的,所以真菌生长离不开潮湿的环境。由于它们的细胞壁对于水具有可渗透性,所以正在生长发育的真菌对于干燥特别敏感。布氏白僵菌分生孢子发芽和生长的最适湿度在9.0%以上,但在75.5%的相对湿度下仍有较高的发芽率。产孢需要的湿度相对较低。一般条件下,它们喜欢在微酸的环境中生存。酶在适宜的pH条件下才有活性。白僵菌在pH 4～5时菌丝生长最旺盛,pH为6时最适于产孢。白僵菌菌丝营养生长一般不需光照,而生殖生长阶段则需要一定的散射光。

无论是一代或二代发生的玉米螟都在玉米秸秆内越冬。玉米秸秆(或玉米根茬)是玉米螟第二年发生的虫源地。白僵菌封垛防治玉米螟,主要是利用玉米螟在春季解除滞育后,从秸秆中爬出寻找水源,喝水化蛹活动的特点,在玉米螟活动前喷施白僵菌菌粉,使玉米螟在活动时接触上白僵菌感染致死,从而消灭玉米螟发生的虫源,降低玉米螟种群基数,减少玉米螟的田间危害。此方法也可用在玉米螟幼虫孵化后迁移至玉米心叶期间,投放白僵菌颗粒至玉米喇叭口内,起到防治作用。养蚕区禁用此方法。

(2)防治期效果最佳气象条件

白僵菌菌株生长温度为 5～30 ℃,最适生长温度为 23～28 ℃。

(3)最佳喷施气象条件预报

春季白僵菌封垛:春季随着气温回升越冬幼虫陆续复苏,一般在玉米螟化蛹前15～20 d 是白僵菌最佳喷施时间(封垛时间),吉林省中、西部地区一般出现在 5 月上中旬,东部在 5 月中下旬。结合植保站观测,根据未来天气预报,出现晴朗温暖的天气即可喷洒。

田间撒颗粒剂防治:初孵化的玉米螟幼虫大多集中于玉米心叶中危害,心叶内的温度、湿度适宜白僵菌的生长和繁殖,此时撒白僵菌颗粒剂杀虫率高、效果好。结合植保站观测初孵若虫多转移至心叶,根据未来天气预报,出现晴朗微风或无风的天气,将颗粒剂均匀投撒在玉米喇叭口中。

3.2.4.3　赤眼蜂防治玉米螟

(1)赤眼蜂防治方法

赤眼蜂属于膜翅目赤眼蜂科的一种寄生性昆虫。人工培育的赤眼蜂卵卡被固定在玉米叶片的背面,24 h 后孵化出成虫,成虫将卵产在玉米螟卵内寄生,从而消灭玉米螟。

(2)赤眼蜂释放气象条件预报

释放时间(张万民 等,2017):在玉米螟产卵初期至卵盛期,或在越冬代玉米螟化蛹率达 20% 时再后推 10 d(或田间百株卵量达到 1～2 块时),为第 1 次放蜂期。一般在 6 月中、下旬,间隔 5～7 d 放第 2 次,共放 2 次。

释放期最佳气象条件:在其他条件适宜情况下,要求放蜂当天及放蜂后两天内无降雨无大风,尤其是无强降雨,防止强降雨将赤眼蜂打死或造成其他机械损伤。

预报时间:6 月中旬开始监测,结合玉米螟发育进度,6 月下旬每 3 d 预报一次,确定赤眼蜂最佳释放时间,直到 7 月上旬。吉林省中西部一般在 6 月下旬至 7 月上旬两次放蜂。

第4章 水稻病虫害发生发展气象等级预报技术

本章主要以稻瘟病、稻飞虱和稻纵卷叶螟为例,介绍水稻病虫害发生发展气象等级预报技术。

4.1 稻瘟病发生发展气象等级预报技术

4.1.1 稻瘟病生物学特征

4.1.1.1 生物学特征

稻瘟病是一种真菌型水稻病害,由稻梨孢菌(*Pyriculariaoryzae Cavara*)引起,我国凡有水稻栽培的地区均有发生,也是危害我国水稻生产的三大重要病害(稻瘟病、白叶枯病、纹枯病)之一。稻瘟病主要影响水稻产量,其次是影响水稻品质。在稻瘟病流行年份造成产量损失 10%～30%,严重时可达 40%～50%。稻瘟病在水稻各生育期、各个部位均能侵染为害,主要为害叶片、茎秆、穗部,造成苗瘟、叶瘟、秆瘟、节瘟、穗颈瘟、谷粒瘟等,尤其以抽穗扬花期穗颈瘟对水稻产量和品质影响最大。

4.1.1.2 发生规律

"凉夏"气候是诱发稻瘟病发生的主要气象条件。病菌主要以分生孢子和菌丝体在稻草和稻谷上越冬,翌年产生分生孢子借风雨传播到稻株上,萌发侵入并形成中心病株,病部形成的分生孢子借风雨传播再进行侵染。一般情况下,孢子萌发须在有水环境内持续 6～8 h,因而适温、高湿,有雨、雾、露存在条件下有利于发病。当气温 20～30 ℃、空气相对湿度 90%以上、稻株体表水膜保持 6 h 以上,稻瘟病易于发生。水稻抽穗后遇到 20 ℃以下低温侵袭,可减弱植株抗病力,一旦阴雨多雾,极易引起穗颈瘟流行。近 30 a 我国稻瘟病的年均发生面积约为 465 万 hm²。水稻稻瘟病的危害程度因品种、栽培技术以及气候条件不同而有差别。我国西南地区和东北地区为水稻稻瘟病常发地区,但 2014 年长江中下游地区出现凉夏,稻瘟病发生程度重于常年。

4.1.2 稻瘟病发生发展气象等级预报技术

已有研究表明,温暖潮湿的天数与病害的发生蔓延具有较好的正相关关系,因此采用出现促病暖湿日作为稻瘟病发生发展的预报变量,通过计算其对稻瘟病侵染流行的累积效应——促病指数,判断气象条件对该病害发生流行的影响程度。本节以川渝地区水稻稻瘟病天气促病指数预报模型的构建为例,详细介绍水稻稻瘟病发生发展气象等级预报技术方法。其中促病指数模型如下:

$$Z = \sum_{i=1}^{n} C_i A_i D_i \tag{4.1}$$

式中,促病指数 Z 为病害为害关键时段内促病暖湿日 D_i 及其出现时间影响系数 A_i、连续出现时长影响系数 C_i 的函数。其中 D_i 为判断第 i 日是否为促病暖湿日,若是取 $D_i=1$,否则 $D_i=0$;A_i 为第 i 个暖湿日出现时间对促病指数的影响系数,可以认为时段内每个暖湿日出现都具有相同的作用和影响,取值为 1,也可以根据暖湿日在病害危害关键时段内出现时间不同、作用和影响不同而确定影响系数;C_i 为第 i 个暖湿日持续出现对促病指数的影响系数,一般情况下持续时间越长影响越大。

4.1.2.1　稻瘟病气象等级预报资料

川渝地区稻瘟病病情资料来自农业技术推广服务部门,包括四川省和重庆市水稻稻瘟病的发病面积、病情指数等病情历史序列资料。气象资料选取四川和重庆水稻主产区 1984—2006 年 30 个气象站点对应年份水稻抽穗扬花期逐日气象资料,包括日平均气温、降水量、空气相对湿度、日照时数等。

4.1.2.2　预报因子选取

一般情况下,在作物产量形成关键时段感染病害对产量影响最大,由此判断当促病暖湿日出现在作物产量形成关键时段时对病害的诱发作用影响要大于其他时段。水稻稻瘟病虽然在水稻整个生长季节里均可危害,但在抽穗扬花期侵染对产量影响最大,因此抽穗扬花期间出现暖湿日对病害发生发展及其后续对产量的影响要大于其他时段。故在建立模型的时候集中选取在抽穗扬花期出现的促病暖湿日作为预报因子。

4.1.2.3　促病暖湿日判断

在水稻抽穗扬花期,当气温 20～30 ℃、空气相对湿度 90% 以上、稻株体表水膜保持 6～10 h,稻瘟病容易发生。因此,将同一天同时满足日空气相对湿度≥90%、日照时数≤1 h、降水量≥1 mm、日平均气温 20～30 ℃ 的天气作为适宜稻瘟病发生的天气,记为促病暖湿日 Di。

4.1.2.4　天气促病指数计算

(1)影响系数的确定

暖湿日出现时间、持续天数与稻瘟病影响水稻产量形成关键时段的吻合程度越高,对该病害发生发展以及对水稻产量的影响越大。因此可以根据数理计算方法将促病暖湿日持续时间的影响系数进行确定。当促病暖湿日连续出现的时间越长,对稻瘟病的诱发作用越大。利用数值试验得出促病暖湿日连续出现的影响系数 C_i，见表 4.1。在水稻抽穗扬花期间认为每个暖湿日出现都具有相同的作用和影响，因此 A_i 取值为 1。

表 4.1　促病暖湿持续日数与稻瘟病诱发影响系数

持续天数	1	2	…	N
影响系数 C_i	1.0	2.0	…	n

（2）计算稻瘟病天气促病指数（Z）

采用公式（4.1）计算稻瘟病天气促病指数，其中 A_i 取值为 1；C_i 为促病暖湿日连续出现的影响系数，取值见表 4.1。

4.1.2.5　气象等级分级标准

通过对川渝地区稻瘟病天气促病指数历史序列与水稻稻瘟病发生程度（病穗率、发生面积等）历史序列进行相关分析，确定川渝地区水稻稻瘟病天气促病指数分级标准，见表 4.2。

表 4.2　川渝地区水稻稻瘟病天气促病指数分级标准

稻瘟病发生发展气象条件	天气促病指数（Z）	发生发展气象等级
适宜	>15	高
较适宜	10≤Z≤15	较高
不适宜	0<Z<10	低

4.1.2.6　气象等级预报检验

历史回代检验：在重庆市选择涪陵、秀山、忠县、开州、黔江 5 个代表站，进行准确率历史回代检验。其中发生发展气象等级高、较高和低的预报结果与病情资料的大发生、中等发生和轻发生的实况资料作比对。经综合分析，水稻稻瘟病气象等级预报历史回代检验准确率可以达到 78% 左右。

空间回代检验：1993 年和 1999 年为四川盆地水稻稻瘟病大发生年。根据四川和重庆水稻主产区 30 个气象站稻瘟病气象等级预报的结果，1993 年稻瘟病发生发展气象等级高、较高和低的站点比例分别为 77%、10% 和 13%；1999 年稻瘟病发生发展气象等级高、较高和低的站点比例分别为 83%、10% 和 7%。水稻稻瘟病发生发展气象等级预报结果与实际发生情况基本一致。

实际应用中，天气促病指数模型的构建主要基于促病暖湿日的判断及其影响系数的累加求和。基于暖湿气象条件利于病害的发生发展的基本原理，考虑适温、高湿两要素，可以采用和、积、商等多种组合形式，获取促病气象条件的综合表达式，进一步提高预报准确率。

4.2　稻飞虱发生发展气象等级预报技术

4.2.1　稻飞虱生物学特征

4.2.1.1　生物学特征

稻飞虱,属于同翅目、飞虱科,以刺吸植株汁液危害水稻等作物,是中国乃至全世界水稻生产国的主要害虫。我国为害水稻的飞虱主要有褐飞虱、白背飞虱和灰飞虱,其中以褐飞虱发生和为害最重,白背飞虱次之;褐飞虱和白背飞虱在生理特性上有些差别,但两者的迁飞规律、发展规律有其一致性。由于稻飞虱具有远距离迁飞特性,故具有国际性、迁飞性、暴发性和毁灭性的特点,其发生发展是自身生物学特性与其生存环境共同作用的结果,其中气象条件的影响最直接。

4.2.1.2　发生规律

我国地处东亚季风区,是著名的东亚昆虫迁飞地(张志涛,1992),地理位置、地形地貌、气候特点、植被和作物种植制度为稻飞虱等迁飞性害虫提供了优越的适生条件,因此迁飞性害虫为害更加突出。稻飞虱发生、繁殖、迁飞和气象条件关系极为密切。稻飞虱仅在我国少数稻区可以越冬。如褐飞虱在中国仅两广南部、福建和云南南部以及台湾、海南等冬季较温暖的地区有少量成虫、若虫或卵可以越冬。

因此,稻飞虱一般在 4—6 月春季由中南半岛等地随盛行气流迁飞进入我国境内,每年的迁入量大小及迁入期的迟早是决定我国当年发生程度的重要因素之一。每年春、夏随暖湿气流由南向北迁入和推进,每年约有五次大的迁飞行动;迁飞方向随当时的高空风向而定,降落地区基本上与我国的雨区从南向北推移相吻合。秋季则从北向南回迁。如强上升气流有助于其起飞,降水和强下沉气流有助于其降落。高空大气环流形势和动力场对稻飞虱的起飞、空中飞行和降落有直接影响。稻飞虱生长发育适宜温度为 $20\sim30$ ℃,空气相对湿度为 $85\%\sim95\%$,长江流域夏季不热,晚秋气温偏高利于其发生。稻飞虱迁入的季节遇有雨日多、雨量大的天气条件利于其降落,迁入时易大发生,田间阴湿,生产上偏施、过施氮肥,稻苗浓绿,密度大及长期灌深水,利于其繁殖,稻田受害重。

4.2.2　稻飞虱发生发展气象等级预报技术

本节以气象适宜度评价模型为例,介绍江南晚稻稻飞虱发生发展气象等级预报技术。

4.2.2.1　关键气象影响因子筛选

根据江南地区稻飞虱迁入及发生发展所需适宜气象条件(表 4.3),确定 6 月日平均温度（T）、7月日平均气温大于 30 ℃ 的天数（N）、6—7月空气相对湿度（U）和5—7月旬降水量大于 100 mm 的旬数（M）为影响稻飞虱发生发展的主要气象因子。

表 4.3　稻飞虱发生发展主要生理气象指标

稻飞虱生长发育气象指标				稻飞虱迁入气象指标				
最高温度/℃	最低温度/℃	最适温度/℃	相对湿度/%	最高温度/℃	最低温度/℃	最适温度/℃	相对湿度/%	旬降水量＞100 mm 的旬数/旬
30.0	20.0	28	＞80	30.0	20	28	＞80	3

4.2.2.2　稻飞虱发生发展气象适宜度指数综合评价模型

（1）单预报因子影响评价

根据 6 月日平均温度、7 月日平均气温大于 30 ℃ 天数、6—7 月空气相对湿度和 5—7 月旬降水量大于 100 mm 的旬数与稻飞虱生长发育适宜或不适宜生理气象指标吻合程度定量评价每个预报因子的影响贡献。

① 6 月日平均温度影响评价模型

$$f_1(T) = \begin{cases} (T - T_{\min}) \times (T_{\max} - T)^a / [(T_s - T_{\min}) \times (T_{\max} - T_s)^a] \\ 0 \qquad\qquad\qquad\qquad\qquad (T \geqslant T_{\max} \quad 或 \quad T \leqslant T_{\min}) \end{cases} \tag{4.2}$$

$$a = (T_{\max} - T_s) / (T_s - T_{\min}) \tag{4.3}$$

$$g_1(T) = \sum_1^{30} f_1(T) / 30 \tag{4.4}$$

式中，$T_{\max}$ 为稻飞虱发育上限温度；$T_{\min}$ 为稻飞虱发育下限温度（表 4.3）；T_s 为稻飞虱发育最适温度；T 为 6 月每日平均温度。

② 7 月日平均气温大于 30 ℃ 天数评价模型

$$g_2(N) = \begin{cases} \left(1 - \dfrac{N - 20}{20}\right)^4 & N > 20 \text{ d} \\ 1 & N \leqslant 20 \text{ d} \end{cases} \tag{4.5}$$

式中，N 为 7 月日平均气温大于 30 ℃ 天数。

③ 6—7 月相对湿度影响评价模型

$$f_3(U) = \begin{cases} (U/80)^3 & U < 80 \\ 1 & U \geqslant 80 \end{cases} \tag{4.6}$$

$$g_3(U) = \sum_1^{61} f_3(U) / 61 \tag{4.7}$$

式中，U 为 6 月和 7 月每日空气相对湿度。

④ 5—7 月旬降水量大于 100 mm 旬数影响评价模型

$$g_4(M) = \begin{cases} M/3 & M < 3 \\ 1 & M \geqslant 3 \end{cases} \tag{4.8}$$

(2)计算稻飞虱发生发展气象适宜度综合评价指数(G_f)

稻飞虱发生发展气象指数与 6 月平均温度影响指数、7 月日平均气温大于 30 ℃天数影响指数、6—7 月相对湿度影响指数关系密切。

$$G_f = 25 \times g_1(T) + 40 \times g_2(N) + 35 \times g_3(U) \tag{4.9}$$

(3)计算稻飞虱迁入气象适宜度综合评价指数(G_f)

稻飞虱迁入气象指数与 6 月平均温度影响指数、7 月日平均气温大于 30 ℃天数影响指数、6—7 月相对湿度影响指数、5—7 月旬降水量大于 100 mm 旬数影响指数关系密切。

$$G_f = 10 \times g_1(T) + 20 \times g_2(N) + 25 \times g_3(U) + 45 \times g_4(M) \tag{4.10}$$

4.2.2.3　水稻稻飞虱发生发展气象等级预报指标

江南稻飞虱发生发展气象等级分级标准见表 4.4。

表 4.4　江南稻飞虱发生发展气象等级分级标准

稻飞虱发生发展气象条件	发生发展气象适宜度综合指数(G_f)	等级
适宜	$G_f > 70$	高
较适宜	$50 \leqslant G_f \leqslant 70$	较高
不适宜	$G_f < 50$	低

4.3　稻纵卷叶螟发生发展气象等级预报技术

4.3.1　稻纵卷叶螟生物学特征

4.3.1.1　生物学特征

稻纵卷叶螟(*Cnaphalocrocis medinalis* Guene)属鳞翅目,螟蛾科,是一种远距离、季节性往返迁飞的水稻害虫,主要分布在东亚、南亚及澳大利亚等地。主要为害水稻,有时为害小麦、甘蔗、粟、禾本科杂草。以幼虫缀丝纵卷水稻叶片成虫苞,幼虫匿居其中取食叶肉,仅留表皮,形成白色条斑,致水稻千粒重降低,秕粒增加,造成减产。成虫白天在稻田里栖息,遇惊扰即飞起,但飞不远。夜晚活动、交配,把卵产在稻叶的正面或背面,单粒居多,少数 2～3 粒串生在一起,成虫有趋光性和趋向嫩绿稻田产卵的习性。卵期 3～6 d,幼虫期 15～26 d,共 5 龄,一龄幼虫不结苞;二龄时爬至叶尖处,吐丝缀卷叶尖或近叶尖的叶缘,即"卷尖期";三龄幼虫纵卷叶片,形成明显的束腰状虫苞,即"束叶期";3 龄后食量增加,虫苞膨大,进入 4～5 龄频繁转苞为害。老熟幼虫多爬至稻丛基部,在无效分蘖的小叶或枯黄叶片上吐丝结成紧密的小苞,在苞内化蛹,蛹多在叶鞘处或位于株间或地表枯叶薄茧中。蛹期 5～8 d,雌蛾产卵前期 3～12 d,雌蛾寿命 5～17 d,雄蛾 4～16 d。

4.3.1.2 发生规律

稻纵卷叶螟发育的适宜温度为 20.1~28.5 ℃,适宜相对湿度为 80%~94%,在适温范围内,雌蛾的发育随温度的升高而加快,随温度的降低而延缓(罗盛富 等,1983)。稻纵卷叶螟在我国水稻主产区每年发生 13~15 代,发生区域主要覆盖西南、华南、东南沿海和长江中下游及江淮等稻区。稻纵卷叶螟主要在中南半岛和泰缅地区越冬,在我国仅海南岛、台湾、云南南部少数稻区能越冬。每年 3 月下旬开始从境外陆续大规模迁入,主降区为我国华南、云南南部稻区,为害这些稻区的早稻;5 月下旬至 6 月中旬开始从华南稻区北迁,降落在江南、西南稻区;6 月中旬至 7 月中旬继续北迁,降落在江南北部和长江中下游稻区;7 月中旬至 8 月中旬向北迁至江淮稻区。严重发生的年份,8 月中下旬可北迁至我国北方稻区、朝鲜半岛和日本列岛南部,为害这些稻区的中、晚稻。9 月初陆续向南回迁,其中有明显的 3 次迁飞过程:9 月上中旬从长江以北稻区回迁至江南;9 月下旬至 10 月上中旬从江南回迁到华南;10 月下旬至 11 月上旬迁至境外。稻纵卷叶螟迁飞高度随季节而变化,平均高度一般为 1500 m 左右,迁飞的方向受高空气流方向的控制。稻纵卷叶螟曾在 20 世纪 70 年代至 80 年代初发生较重,80 年代末至 90 年代前半期,危害程度有逐步减轻的趋势;90 年代后半期开始,发生强度及范围有明显加重的趋势,尤其是进入 21 世纪后,2003 和 2008 年为全国特大发生年,给我国水稻生产带来巨大损失。

稻纵卷叶螟的发生和危害与寄主、天敌、生长环境及气象条件等有很大关系,特别是气象条件对它的发生和危害有决定性影响,当温度适宜、湿度较大且有降水发生时,其发生有加重的趋势。

4.3.2 基于地面气象要素的稻纵卷叶螟发生发展和迁入气象等级预报模型

现阶段对稻纵卷叶螟预测的模型的方法比较多,主要集中在:统计回归模型、基于未来天气预报的统计模型、神经网络预报、基于 GIS 的预测系统、基于物候的预测模型等。

当前多数预测模型集中在单站点或某一省或者某一次迁飞过程,各个稻区的模型以及针对不同生育期并服务于国家级业务的预测模型较少。本节从不同水稻种植区域、不同水稻品种、不同水稻生育期角度入手,重点介绍利用数理统计方法,建立针对一季稻、双季稻在内的区域性水稻稻纵卷叶螟的发生发展气象等级预报模型与迁入气象等级预报模型的方法。

4.3.2.1 资料介绍

虫情资料:取自农业农村部全国农业技术推广服务中心,包括 2000—2014 年全国 103 个植保站逐候稻纵卷叶螟资料。

气象资料:取自国家气象信息中心,主要为 2000—2014 年全国地面气象实测资料,包括日平均气温、日最高气温、高温日数、20—20 时降水量、20—08 时降水量、08—08 时降水量、相对湿度、风速、降雨日数、日降雨量>25 mm 天数等,以及对应的旬气象要素值。

4.3.2.2　资料处理

(1)水稻发育期

按照不同水稻产区,将中国南方稻区依次分为江南早稻区、华南早稻区、江南晚稻区、华南晚稻区、江淮一季稻区以及西南一季稻区(表 4.5)。稻纵卷叶螟最主要为害时间为水稻移栽期—开花期,因此,本节针对移栽分蘖期和抽穗开花期分别建立预报模型(表 4.6)。

表 4.5　不同区域水稻发育期对应时段

区域	水稻种类	省份	育秧期(月旬)	移栽分蘖期(月旬)	抽穗开花期(月旬)	灌浆成熟期(月旬)
江南	早稻	安徽	3 下—4 中	4 下—6 上	6 中—6 下	7 上—7 下
		浙江	3 下—4 中	4 下—6 上	6 中—6 下	7 上—7 下
		江西	3 下—4 中	4 下—6 上	6 中—6 下	7 上—7 下
		湖北	3 下—4 中	4 下—6 上	6 中—6 下	7 上—7 下
		湖南	3 下—4 中	4 下—6 上	6 中—6 下	7 上—7 下
华南	早稻	福建	3 上—3 下	4 上—5 上	6 上—6 中	6 下—7 中
		广东	3 上—3 下	4 上—5 上	6 上—6 中	6 下—7 中
		广西	3 上—3 下	4 上—5 上	6 上—6 中	6 下—7 中
江南	晚稻	安徽	6 中—7 中	7 下—8 上	9 上—9 下	10 上—10 下
		浙江	6 中—7 中	7 下—8 上	9 上—9 下	10 上—10 下
		江西	6 中—7 中	7 下—8 上	9 上—9 下	10 上—10 下
		湖北	6 中—7 中	7 下—8 上	9 上—9 下	10 上—10 下
		湖南	6 中—7 中	7 下—8 上	9 上—9 下	10 上—10 下
华南	晚稻	福建	7 中—7 下	8 上—9 上	9 中—10 上	10 中—11 上
		广东	7 中—7 下	8 上—9 上	9 中—10 上	10 中—11 上
		广西	7 中—7 下	8 上—9 上	9 中—10 上	10 中—11 上
江淮	一季稻	江苏	4 中—5 下	6 上—7 中	7 下—8 中	8 下—10 上
		安徽	4 中—5 下	6 上—7 中	7 下—8 中	8 下—10 上
		湖北	4 中—5 下	6 上—7 中	7 下—8 中	8 下—10 上
西南	一季稻	四川	3 中—4 下	5 上—6 下	7 上—7 下	8 上—9 下
		重庆	3 中—4 下	5 上—6 下	7 上—7 下	8 上—9 下
		贵州	3 中—4 下	5 上—6 下	7 上—7 下	8 上—9 下
		云南	3 中—4 下	5 上—6 下	7 上—7 下	8 上—9 下

表 4.6　不同区域水稻稻纵卷叶螟气象等级模型预报时间

区域	水稻种类	移栽分蘖期	抽穗开花期
江南	早稻	—	6 月中旬初
华南	早稻	5 月中旬初	6 月上旬初
江南	晚稻	8 月中旬初	9 月中旬初
华南	晚稻	8 月下旬初	9 月中旬初
江淮	一季稻	7 月上旬初	8 月上旬初
西南	一季稻	6 月中旬初	7 月中旬初

注:"—"表示基本没有稻纵卷叶螟观测数据。

(2)虫情等级分布

以全国农业技术推广服务中心提供的稻纵卷叶螟发生等级表(表 4.7)为指标,选择幼虫虫量为研究对象,建立稻纵卷叶螟发生发展气象等级。而针对成虫迁飞来说,目前暂无迁入等级标准,本节利用 2000—2014 年全部植保站成虫资料分析,发现其满足正态分布,因此按照百分数法对成虫数据进行分类,建立迁飞发生级别(表 4.8)。

表 4.7　稻纵卷叶螟幼虫发生级别分类表

级别	分蘖期		孕穗—抽穗期	
	卷叶率 x_1/%	虫量 y_1/(万头/hm²)	卷叶率 x_2/%	虫量 y_2/(万头/hm²)
1	$x_1 \leqslant 5.0$	$y_1 \leqslant 15$	$x_2 \leqslant 1.0$	$y_2 \leqslant 9$
2	$5.0 < x_1 \leqslant 10.0$	$15 < y_1 \leqslant 60$	$1.0 < x_2 \leqslant 5.0$	$9 < y_2 \leqslant 30$
3	$10.0 < x_1 \leqslant 15.0$	$60 < y_1 \leqslant 90$	$5.0 < x_2 \leqslant 10.0$	$30 < y_2 \leqslant 60$
4	$15.0 < x_1 \leqslant 20.0$	$90 < y_1 \leqslant 120$	$10.0 < x_2 \leqslant 15.0$	$60 < y_2 \leqslant 90$
5	$x_1 > 20.0$	$y_1 > 120$	$x_2 > 15.0$	$y_2 > 90$

表 4.8　稻纵卷叶螟成虫迁飞级别分类表(单位:头/hm²)

级别	成虫量(x)
1	$x \leqslant 1500$
2	$1500 < x \leqslant 7500$
3	$7500 < x \leqslant 30000$
4	$30000 < x \leqslant 90000$
5	$x > 90000$

4.3.2.3　区域等级模型建立方法

利用 2000—2012 年不同区域不同水稻站点虫情资料,在筛选植保站虫情数据年份相对连续的基础上,以不同生育期内虫量等级作为因变量,以水稻不同区域内多站多年旬平均气温、旬累积降水量等气象要素作为自变量,采用 SPSS 统计分析软件对气象因子进行筛选和主成分分析。采用显著性水平作为因子选择的标准,利用逐步回归方法剔除干扰因子,建立全国不同区域不同水稻稻纵卷叶螟发生发展和迁飞气象等级预报方程。

在因子筛选中,由于各因子影响程度不尽相同,量纲也不同,因此在做相关分析之前,对各气象要素因子进行因子归一化处理。

利用 2013—2014 年各植保站观测资料进行预测外推,同时利用 2000—2012 年数据回代模型。因实际预报工作中一般都跨级预报,所以规定预报值与实际值差的绝对值≤1 级为准确。预报准确率为预报准确的站点数占区域水稻预报总站点数的百分比。

4.3.2.4　不同区域稻纵卷叶螟发生发展和迁入气象等级预报模型

气象数据与虫情资料经过因子分析和主成分分析后,利用逐步回归建立预报模型。具体模型结果以华南为例,华南早稻移栽分蘖期预测时间为 5 月中旬初,发生发展气象等级筛选出的相关因子包括 3 月下旬 20—08 时降水量 x_1、4 月上旬平均气温 x_2、4 月下旬平均气温 x_3、5 月上旬平均气温 x_4 以及 5 月上旬最高气温＞30 ℃天数 x_5。华南早稻移栽分蘖期发生发展气象等级模型为:

$$Y=-1.773x_1+1.419x_2+0.786x_3+2.644x_4-0.89x_5+1.917 \quad (4.11)$$

模型复相关系数为 0.594,通过 $P<0.01$ 的显著性检验。

华南早稻移栽分蘖期迁入气象等级相关因子为 4 月平均相对湿度 x_1、3 月下旬平均气温 x_2、3 月下旬平均相对湿度 x_3、4 月上旬日照时数 x_4。华南早稻移栽分蘖期迁入气象等级模型为:

$$Y=1.454x_1+0.23x_2+1.472x_3-0.364x_4+1.195 \quad (4.12)$$

模型复相关系数为 0.516,通过 $P<0.01$ 的显著性检验。

华南早稻抽穗开花期预测时间为 6 月上旬初,发生发展气象等级筛选出的相关因子包括 4 月上旬平均气温 x_1、4 月上旬＞30 ℃天数 x_2、5 月上旬平均气温 x_3、5 月下旬平均气温 x_4 以及 5 月下旬最高气温＞30 ℃天数 x_5。华南早稻抽穗开花期发生发展气象等级模型为:

$$Y=-0.324x_1+1.504x_2+0.454x_3+1.636x_4-0.247x_5+1.115 \quad (4.13)$$

模型复相关系数为 0.472,通过 $P<0.01$ 的显著性检验。

华南早稻抽穗开花期迁入气象等级相关因子为 4 月平均相对湿度 x_1、4 月上旬 20—20 时降雨日数 x_2、5 月中旬平均相对湿度 x_3、5 月下旬平均气温 x_4 以及 5 月下旬平均相对湿度 x_5。华南早稻抽穗开花期迁入气象等级模型为:

$$Y=1.387x_1-0.022x_2+0.570x_3+0.46x_4+0.882x_5+0.97 \quad (4.14)$$

模型复相关系数为 0.427,通过 $P<0.01$ 的显著性检验。

华南晚稻移栽分蘖期预测时间为 8 月下旬初,发生发展气象等级筛选出的相关因子包括 7 月上旬平均日照时数 x_1、7 月上旬平均气温 x_2、7 月上旬最高气温 >35 ℃天数 x_3、8 月中旬降水量 x_4。华南晚稻移栽分蘖期发生发展气象等级模型为:

$$Y=0.427x_1+0.689x_2+0.46x_3+1.432x_4+1.351 \qquad (4.15)$$

其中,$P<0.01$,复相关系数为 0.407。

华南晚稻移栽分蘖期迁入气象等级相关因子为 6 月下旬平均气温 x_1、7 月上旬最高气温 >35 ℃天数 x_2、7 月中旬气温 x_3、8 月上旬 >25 mm 天数 x_4、8 月中旬日照 x_5 以及 8 月上中旬最高气温 >35 ℃日数 x_6。华南晚稻移栽分蘖期迁入气象等级模型为:

$$Y=0.858x_1-0.652x_2+1.069x_3+0.884x_4-0.89x_5-0.52x_6+2.631 \qquad (4.16)$$

模式复相关系数为 0.463,通过 $P<0.01$ 的显著性检验。

华南晚稻抽穗开花期预测时间为 9 月中旬初,发生发展气象等级筛选出的相关因子包括 7 月上旬 20—20 时降雨日数 x_1、8 月下旬 20—08 时降水量 x_2、8 月下旬 20—20 时 >25 mm 天数 x_3、9 月上旬 20—08 时降水 x_4 以及 7—8 月最高气温 >35 ℃日数 x_5。华南晚稻抽穗开花期发生发展气象等级模型为:

$$Y=0.873x_1+0.706x_2+1.052x_3+1.749x_4-1.484x_5+2.193 \qquad (4.17)$$

其中,$P<0.01$,复相关系数为 0.467。

华南晚稻抽穗开花期迁入气象等级相关因子为 8 月上旬 20—08 时降水量 x_1、8 月中旬气温 x_2、8 月下旬 20—20 时降水量 x_3、8 月下旬 20—20 时 >25 mm 降水天数 x_4、9 月上旬 20—08 时降水 x_5 以及 7—8 月最高气温 >35 ℃日数 x_6。华南晚稻抽穗开花期迁入气象等级模型为:

$$Y=0.991x_1+2.135x_2-0.208x_3+0.669x_4+1.015x_5-1.403x_6+2.165 \qquad (4.18)$$

模型复相关系数为 0.442,通过 $P<0.01$ 的显著性检验。

4.3.2.5 预报模型检验

利用 2000—2012 年各植保站点气象数据进行回代模型检验(表 4.9),在移栽分蘖期发生发展气象等级预报准确率只有 2 个在 80.0% 以下,平均准确率达到 82.6%;迁入气象等级只有西南一季稻准确率在 80% 以下,平均准确率达 87.1%。在抽穗开花期发生发展气象等级预报平均准确率为 80.9%,迁入气象等级预报平均准确率为 85.2%。由表 4.9 可见,西南一季稻移栽分蘖期和抽穗开花期准确率都在 75% 以下,主要是由于西南站点观测虫情等级分化严重,1 级发生和 5 级发生占比达到 75%,导致回代结果等级差较大,准确率下降。由于利用建模站点数据进行回代,因此模型回代准确率较好。

表 4.9　稻纵卷叶螟预报模型回代结果

区域	水稻种类	气象等级类别	移栽分蘖期			抽穗开花期		
			相差 0~1 级个数	样本数	准确率/%	相差 0~1 级个数	样本数	准确率/%
华南	早稻	发生发展	92	112	82.4	97	123	78.9
		迁入	117	127	92.1	120	134	89.6
华南	晚稻	发生发展	125	148	84.4	120	161	74.5
		迁入	130	148	87.8	141	161	87.6
江南	早稻	发生发展	—	—	—	121	141	85.8
		迁入	—	—	—	192	211	90.9
江南	晚稻	发生发展	164	207	79.2	174	199	87.4
		迁入	198	213	92.9	189	225	84.0
江淮	一季稻	发生发展	87	94	92.6	87	111	78.3
		迁入	102	110	92.7	95	110	86.4
西南	一季稻	发生发展	82	111	73.9	—	—	—
		迁入	82	117	70.1	84	116	72.4

注:"—"表示基本没有稻纵卷叶螟幼虫观测数据。下同。

利用 2013—2014 年各植保站气象数据进行模型外推预报检验(表 4.10),在移栽分蘖期稻纵卷叶螟发生发展气象等级预报平均准确率达到 80.7%;迁入气象等级平均准确率有 78.7%。在抽穗开花期发生发展气象等级预报平均准确率为 81.2%,迁入气象等级预报平均准确率为 78.3%。由表 4.10 可见,当样本数较少的时候,预报外推的准确率普遍下降,尤其是西南一季稻移栽分蘖期发生发展和抽穗开花期迁入气象等级预报准确率都在 70% 以下,样本量影响明显。

表 4.10　稻纵卷叶螟外推预报准确率

区域	水稻种类	气象等级类别	移栽分蘖期			抽穗开花期		
			相差 0~1 级的次数	样本数	准确率/%	相差 0~1 级的次数	样本数	准确率/%
华南	早稻	发生发展	50	62	80.6	52	62	83.9
		迁入	49	62	79.0	51	62	82.3
华南	晚稻	发生发展	51	65	78.5	46	59	77.9
		迁入	52	65	80.0	48	59	81.4
江南	早稻	发生发展	—	—	—	105	130	80.7
		迁入	—	—	—	94	130	72.3

区域	水稻种类	气象等级类别	移栽分蘖期			抽穗开花期		
			相差 0~1 级的次数	样本数	准确率/%	相差 0~1 级的次数	样本数	准确率/%
江南	晚稻	发生发展	113	135	83.7	114	127	89.7
		迁入	103	133	76.3	105	127	82.7
江淮	一季稻	发生发展	74	80	92.5	57	77	74.0
		迁入	62	79	78.5	63	77	81.8
西南	一季稻	发生发展	30	44	68.2	—	—	—
		迁入	35	44	79.5	30	43	69.8

4.3.2.6　小结

本节利用气象数据与虫情观测数据进行数理统计分析,针对不同水稻种植区域、不同水稻品种、不同水稻生育期进行稻纵卷叶螟预测预报,分别建立稻纵卷叶螟发生发展气象等级和迁入气象等级预测模型。以华南早稻稻纵卷叶螟预报模型为例,影响华南早稻移栽分蘖期稻纵卷叶螟发生发展的关键因子包括 3 月下旬 20—08时累积降水量、4 月上旬平均气温、4 月下旬平均气温、5 月上旬平均气温以及 5 月上旬最高气温>30 ℃天数;影响华南早稻移栽分蘖期稻纵卷叶螟迁飞的关键因子包括4 月平均相对湿度、3 月下旬平均气温、3 月下旬平均相对湿度以及 4 月上旬日照时数。通过 2000—2012 年数据回代检验发现,移栽分蘖期和抽穗开花期稻纵卷叶螟发生发展气象等级拟合平均准确率能达到 80%以上,迁入气象等级拟合准确率在 85%以上;利用预报模型进行外推预报时,稻纵卷叶螟发生发展气象等级预报平均准确率在 80%以上,迁入气象等级预报准确率在 78%以上。西南一季稻区由于虫情观测等级两极分化明显,导致西南区域预报准确率不足 75%。此外,当预报区域站点样本数较少时,预报的准确率普遍下降,尤其是西南一季稻区迁入气象等级预报准确率不足 70%,比样本点较多时下降近 5%。

利用数理统计的方法能够较为准确地预测预报稻纵卷叶螟的发生发展与迁入气象等级,方法简单、效果较好,可从气象角度对中国水稻稻纵卷叶螟发生发展和迁入潜势进行预测。但基于数理统计的模型也存在不足:一是目前气象预报时效提高、准确率提高,如何把气象预报产品结合进数理统计方法是热点也是难点;二是各区域内的不同站点水稻种植品种、种植制度在改变,单纯采用同一个生育期固定时段有一定的不足之处;三是数理统计一般采用地面气象观测资料进行建模,而成虫迁飞相对依靠的是高空场的大气形势(包云轩 等,2008,2015)。此外,统计一般采用站点虫情等级与站点气象要素建立相关性,但是单一站点的虫情数据相对有限,只能在区域上进行多站点多年份的统计,从统计学角度上是否适用,这也是统计模型应用于病虫害预测的有待商榷之处。

4.3.3　基于大气环流的稻纵卷叶螟气象等级预报模型

4.3.3.1　资料介绍

虫情资料:稻纵卷叶螟资料取自农业农村部全国农业技术推广服务中心,包括1980—2016年中国稻纵卷叶螟逐年的发生面积、对应造成的水稻产量损失等。

水稻面积资料:取自国家统计局,资料时段为1980—2016年。

气象资料:74项大气环流特征量逐月资料取自国家气候中心,类别包括副热带高压类、极涡类、环流类、槽类以及其他类,各特征量具体分类和含义见文献(钱拴等,2007;白蕊 等,2017)及国家气候中心业务指南,数据时段为1980—2016年。南方水稻产区(包云轩 等,2018)的地面气象要素资料取自国家气象信息中心,包括逐日降水量、平均气温、最高气温、日照时数。

4.3.3.2　资料处理

(1)气象资料处理

由于稻纵卷叶螟的发生对大气环流的响应具有迟滞效应并考虑到中国不同地区水稻生育期差异,为全面研究74项大气环流特征量与稻纵卷叶螟发生面积率的关系,增加预测因子的信息量,采用预测因子膨化技术(姜燕 等,2006),从上一年1月至当年9月依次按照1个月,2个月,……,12个月等进行所有不同时段组合。通过上一年1—12月和当年1—9月逐月的74项大气环流特征量不同时段组合值与当年全国稻纵卷叶螟的发生面积率等进行相关性分析,筛选出显著相关的大气环流因子和影响时段,据此建立稻纵卷叶螟发生面积率的预测模型。膨化处理月环流因子时段组合时,其中4个特征量(编号为04、15、26、37)每年6—9月4个月无数据,不参与时段组合,这些特征量的总有效时段数均为51个;3个特征量(编号为65、66、70)每年的6—8月3个月无数据,不参与相关分析,这些特征量的总有效时段数均为61个。其他67个特征量的时段组合均为231个。所有特征量共组合15864个大气环流因子。1980—2014年数据用于建模,2015—2016年数据用以模型外延预报检验。

计算74项大气环流因子时段组合时,根据1980—2014年逐月数据,依次计算每个特征量不同时段组合的历年平均值,如42s3d8中 s3d8表示上一年3月至当年8月,42表示环流特征量编号。南方稻区范围定义根据文献(包云轩 等,2018),我国稻纵卷叶螟的主要危害区在淮河以南的水稻主产区,气象站点选择依据中国气象地理区划(全国气象防灾减灾标准化技术委员会,2018),在稻纵卷叶螟常发区、易发区,包括西南(529站)、江淮(120站)、江汉(57站)、江南(472站)、华南(249站)等主产稻区共选取 1427 个站,涉及 15 个省(区、市);对于境外虫源迁入途经的华南 3 省(区)以及云南省共选取 394 个站,包括云南 127 站、广西 102 站、广东 88 站、福建 77 站,气象资料年份均为 1980—2016 年。计算地面气象要素时,先将日尺度的平均气温、最高气温、降水量、日照时数处理成月值,与大气环流因子的时段匹配,计算稻区平均气温、气温距平、最高气温、降水量、降水距平、日照时数、日照距平等所需组合的历年平均值。

(2)稻纵卷叶螟发生面积率计算

稻纵卷叶螟与稻飞虱一样,是针对水稻危害其生长发育和产量的重要害虫,因此水稻种植面积决定着稻纵卷叶螟发生发展的面积,本节以中国稻纵卷叶螟发生面积率为研究对象,计算公式如下:

$$\hat{y} = \frac{S_c}{S_g} \cdot 100\% \tag{4.19}$$

式中,$\hat{y}$ 为全国稻纵卷叶螟发生面积率(%);S_c 为全国稻纵卷叶螟发生面积(万 hm²);S_g 为相对应的全国水稻种植面积(万 hm²)。

4.3.3.3 研究方法

(1)气候年型划分方法

考虑到稻纵卷叶螟在我国主要为害南方稻区,而南方稻区为世界上水稻产量最高的地区(包云轩 等,2018),水稻主要生长季和虫害主发期为 5—9 月,对该阶段进行气候年型划分。分别统计好南方 1427 个站点、华南 3 省(区)及云南省 394 个站点各 37 a 5—9 月的平均气温和累计降水量,参考陈正洪等(2011)和包云轩等(2018)的冷暖冬(春)、干湿冬(春)等级标准,结合实际气温距平分布范围,对其进行气候冷暖划分:

① 水稻主生长季单站冷暖划分标准:主生长季单站平均气温距平 $\Delta T \leqslant -0.5\ ℃$,定义为单站冷生长季;反之,$\Delta T \geqslant 0.5\ ℃$,定义为单站暖生长季;若 $-0.5\ ℃ < \Delta T < 0.5\ ℃$,则定义为气温正常生长季。

② 水稻主生长季区域冷暖划分标准:区域内冷生长季站数与该区域总站数的百分比定义为冷生长季指数 I_c(%),若 $I_c \geqslant 50\%$,则为区域冷生长季;同理,区域内暖生长季站数与该区域总站数的百分比定义为暖生长季指数 I_w(%),若 $I_w \geqslant 50\%$,则为区域暖生长季;若区域内冷生长季指数 $I_c < 50\%$ 且暖生长季指数 $I_w < 50\%$,则根据冷生长季单站数、暖生长季单站数和相应的 I_c、I_w 值对冷暖生长季进行划分,若冷生长季单站数多于暖生长季单站数,则定义为区域正常偏冷生长季;反之,暖生长季单站数多于冷生长季单站数,则定义为区域正常偏暖生长季。利用同样的方法可统计出单站冷生长季、暖生长季和气温正常生长季,并划分出区域冷生长季、暖生长季和区域正常偏冷生长季、区域正常偏暖生长季。

依据降水量距平进行气候干湿划分：

① 单站干湿生长季划分标准：单站降水量距平 $\Delta R \leqslant -10$，定义为单站干生长季；反之，$\Delta R \geqslant 10$，定义为单站湿生长季；若 $-10 < \Delta R < 10$，则定义为单站降水正常生长季，据此定义出单站干生长季、单站湿生长季、单站降水正常生长季。

② 区域干湿生长季划分标准：利用与气温相同的方法定义和划分出区域干生长季、区域湿生长季和区域正常偏干生长季、区域正常偏湿生长季。

为了便于分类，定义：区域正常偏冷生长季划归到冷生长季，区域正常偏暖生长季划归到暖生长季；区域正常偏干生长季划归到干生长季、区域正常偏湿生长季划归到湿生长季。

（2）相关分析

稻纵卷叶螟发生面积率与不同时段组合的大气环流特征量之间的相关系数采用 Pearson 相关计算方法，实际得到 15864 个相关系数，在此基础上进行关键因子筛选；大气环流特征量与地面气象要素，以及稻纵卷叶螟发生面积与地面气象要素之间也进行相关分析。

相关系数的检验采用双尾 t 检验。

（3）因子筛选与模型构建方法

在不同组合时段同项环流特征量因子中优选与稻纵卷叶螟发生面积率相关系数最大、独立性最好的组合，剔除同一特征量中相互关联或包含的其他因子组合。利用该方法筛选出的相关显著的因子，借助统计分析软件 SPSS 14.0 for Windows，建立我国稻纵卷叶螟发生面积率的多元回归预报模型。方差贡献通过 F 值 0.001 显著性水平检验的因子则进入模型，否则剔除该因子不进入模型，即纳入方程的因子均为对预报对象有极显著影响的因子。然后用 1980—2014 年发生面积率进行模型拟合回代检验，用 2015—2016 年发生面积率预报值与实际值进行对照，对模型的预报准确率进行检验。

中国稻纵卷叶螟发生面积预报为：

$$Y_i = \hat{y}_i \cdot S_i \tag{4.20}$$

式中，$\hat{y}_i$ 为第 i 年稻纵卷叶螟发生面积率预报值（%）；S_i 为要预测的第 i 年水稻种植面积（万 hm^2）；Y_i 为第 i 年中国稻纵卷叶螟发生面积预报值（万 hm^2）。

4.3.3.4　影响中国稻纵卷叶螟发生面积率的大气环流特征量

（1）影响中国稻纵卷叶螟发生的显著环流特征因子及影响时段

分析发现，74 项大气环流特征量中通过 0.001、0.01、0.05 水平显著性检验的因子数分别达 2158、4932、8086 个。图 4.1 给出了通过 0.001 水平显著性检验的显著环流因子和最大相关系数，可见影响中国稻纵卷叶螟发生的显著环流因子有 46 项，均与稻纵卷叶螟发生关系密切。其中副热带高压类环流特征因子显著影响时段数为 1245 个,显著环流因子有 27 项,占全部显著环流特征因子的 59％;极涡类环流因子显著影响时段数为 593 个,显著环流因子有 10 项,占全部显著环流特征因子的 22％;环流类因子显著影响时段数为 208 个,显著环流因子有 5 项,占全部显著环流特征因子的 11％;槽类环流因子显著影响时段数为 108 个,显著环流因子有 3 项,占全部显著环流特征因子的 6％;其他类环流因子显著影响时段数为 4 个,显著环流因子有 1 项,占全部显著环流特征因子的 2％。由此可见,北半球大气环流对我国稻纵卷叶螟发生的影响程度次序为副热带高压类＞极涡类＞环流类＞槽类＞其他类,副高类、极涡类显著影响环流因子是稻纵卷叶螟发生面积率的主导影响因子,其次为环流类,这与钱拴等(2007)、于彩霞等(2014)、白蕤等(2017)对稻飞虱发生面积率的研究结论总体一致,不同的是环流类和槽类的影响排序存在差异。副热带高压面积指数、强度指数、槽类、纬向环流指数分别与稻纵卷叶螟发生面积率呈正相关,极涡类、经向环流指数、冷空气与发生面积率呈负相关。在副热带高压类中,面积指数与稻纵卷叶螟发生面积率正相关程度大于强度指数,面积指数 11 项中有 9 项(占 82％)呈极显著正相关,而强度指数 11 项中仅有 6 项(占 55％)达到 0.001 显著水平。副热带高压类的东太平洋副高脊线、大西洋副高北界、极涡类的北半球极涡面积指数、强度指数对稻纵卷叶螟发生面积率的影响显著,最大相关系数分别是 -0.7859、-0.7708、-0.7476、-0.7367,均达到极显著相关。不同区的副高北界和副高脊线中,仅北半球副高脊线、太平洋副高北界与我国稻纵卷叶螟发生程度显著正相关,其余区域副高北界和副高脊线与我国稻纵卷叶螟发生程度均呈负相关关系。西太平洋副高西伸脊点与我国稻纵卷叶螟发生面积率无显著相关关系,这与钱拴等(2007)、侯婷婷等(2003)对稻飞虱的研究不同,原因可能与稻纵卷叶螟和稻飞虱两者的发生规律、生物习性存在差异有关。印度副高面积指数、强度指数与我国稻纵卷叶螟发生面积率无显著相关关系。冬季冷空气与我国稻纵卷叶螟发生面积率呈显著负相关。西藏高原指数与我国稻纵卷叶螟发生面积率呈显著正相关关系。

图 4.2 是对图 4.1 中 46 项显著环流特征因子进行显著影响时段统计的结果。从图 4.2 可见,上一年 1 月至当年 9 月环流特征因子对中国当年稻纵卷叶螟发生面积率均有显著的影响。其中当年 7—9 月、上年的 7 月至当年 3 月为集中影响时段。显著影响环流因子中,对中国稻纵卷叶螟影响最明显的为副热带高压类和极涡类环流因子,副高类环流因子影响最明显的时段为上一年 7 月至当年 3 月、其次为当年 7—9 月,极涡类影响较明显时段为上一年 5—12 月和当年 5—9 月;影响相对较小的为环流类、槽类和其他类环流特征因子。对上一年 1 月至当年 9 月 74 项大气环流特征量各月值与我国稻纵卷叶螟发生面积率的关系分析发现,副高类环流因子仍是稻纵卷叶螟发生面积率的主导影响因子,其显著影响因子数占全部有显著影响环流因子的 69％,这与上述将环流因子膨化处理后的不同时段与稻纵卷叶螟发生面积率的研究结论一致。

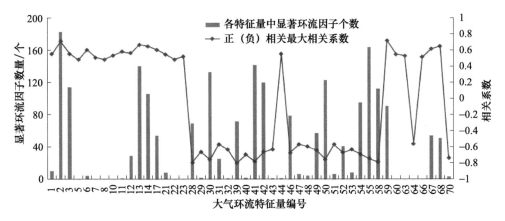

图 4.1　影响中国稻纵卷叶螟发生面积率的大气环流特征量

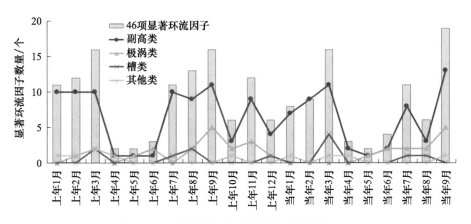

图 4.2　46 项显著环流特征因子主要影响时段

（2）影响中国稻纵卷叶螟发生的关键环流特征因子指标

为了使筛选出的关键环流因子指标具有业务实用性，参考钱拴等（2007）对稻飞虱发生面积率的分级标准，将 1980—2016 年中国稻纵卷叶螟发生面积率的平均值 48.0% 作为参照值，取参照值上下波动的 80% 确定等级间隔，依据此标准，将中国稻纵卷叶螟发生面积率（Y）级别分为：<9.7%，定为轻发生年；9.7%≤Y<48.0%，定为偏轻发生年；48.0%≤Y≤86.3%，定为偏重发生年；>86.3%，定为重发生年。根据中国稻纵卷叶螟发生面积率分级类别，计算每个显著环流特征因子相应级别的平均值，判断显著环流因子量值在稻纵卷叶螟轻、偏轻、偏重、重发生时候的差异，筛选出量值差异较为明显，且对中国气候影响更为直接的因子作为稻纵卷叶螟发生等级的关键环流指示因子，以指示因子在 4 个发生等级的量值构建稻纵卷叶螟发生等级的指示指标。因子筛选原则（白蕤 等，2017）为：对多个大气环流特征量之间相互关联和同一环流特征量的多个表征指数,只挑选其中对稻纵卷叶螟发生影响最显著的指数;对于同一指数的多个时段,只筛选差异最显著、持续时间相对长的时段。据此原则,选取的关键环流特征因子共 10 个,具体因子和等级指标见表 4.11。

表 4.11　影响中国稻纵卷叶螟不同发生面积率级别的关键环流特征因子指标

关键环流特征因子	关键环流特征因子含义	稻纵卷叶螟发生面积率等级指标			
		轻	偏轻	偏重	重
51s10d1	上年 10 月至当年 1 月亚洲区极涡强度指数	86	83	78	74
52s3s8	上年 3—8 月太平洋区极涡强度指数	53	50	46	44
52d5d6	当年 5—6 月太平洋区极涡强度指数	49	45	41	35
31s1d9	上年 1 月至当年 9 月南海副高脊线	18	16	13	10
12s7s10	上年 7—10 月北半球副高强度指数	183	240	330	391
66s9s10	上年 9—10 月东亚槽强度	257	264	275	281
42s3d8	上年 3 月至当年 8 月南海副高北界	22	20	16	10
64d2d3	当年 2—3 月亚洲经向环流指数	71	68	62	57
68d3d4	当年 3—4 月西藏高原	689	701	720	732
39d2d3	当年 2—3 月东太平洋副高北界	22	15	4	0

　　注:表中亚洲区和太平洋区极涡强度指数、南海副高脊线和副高北界、亚洲经向环流指数、东太平洋副高北界和中国稻纵卷叶螟发生面积率均呈显著线性负相关关系;北半球副高强度指数、东亚槽强度、西藏高原指数与之则均呈显著线性正相关关系;且上述相关系数均通过了 $\alpha=0.001$ 水平的显著性检验,样本量 $n=35$。

　　由表 4.11 可见,亚洲区和太平洋区极涡强度指数、南海副高脊线、南海和东太平洋副高北界、亚洲经向环流指数对稻纵卷叶螟影响均为负效应,北半球副高强度指数、东亚槽强度、西藏高原指数均为正效应。10 个关键环流特征因子的分级指标具有明显的规律性,均表现为:正相关的因子值越大,稻纵卷叶螟发生为偏重或重级;值越小,稻纵卷叶螟发生为偏轻或轻级;负相关的因子结果正相反,负相关的因子值越大,稻纵卷叶螟发生越趋轻,反之亦然。以上年 3—8 月太平洋区极涡强度指数、上年 9—10 月东亚槽强度为例,在全国稻纵卷叶螟发生面积率高的重发年,上年 3—8 月太平洋区极涡强度指数较多年平均值(47)偏小约 4,上年 9—10 月东亚槽强度较多年平均值(269)偏大约 15,落区均在重发等级范围,量值表达发生等级差异明显。在筛选稻纵卷叶螟发生等级的环流指示因子中,上年 10 月至当年 1 月亚洲区极涡强度指数、上年 3—8 月和当年 5—6 月太平洋区极涡强度指数、上年 1 月至当年 9 月南海副高脊线、上年 7—10 月北半球副高强度指数、当年 2—3 月亚洲经向环流指数、上年 9—10 月东亚槽强度、上年 3 月至当年 8 月南海副高北界等 7 个关键环流特征因子不同级别的指标值指示性较好,显著表达了每个发生级别的差异实况。

4.3.3.5　稻纵卷叶螟发生面积率长期预报模型

我国自南向北均种植有水稻,一年中生长季节较长,其中海南 1 月就开始水稻播种育秧,之后 2—3 月南方双季稻区开始早稻育秧、西南地区开始一季稻播种育秧;6—7 月华南和江南陆续开始收获早稻、播种晚稻;秋季中后期全国一季稻、南方晚稻逐渐收获完毕。因此,建立全国稻纵卷叶螟动态预测模型对指导水稻生产、做好虫害防控有重要意义。基于表 4.1 中的 10 个关键大气环流因子,利用回归分析方法,建立年前、年后稻纵卷叶螟发生面积率的多元回归动态预测模型。年前发生面积率预测模型基于上年 1—12 月的关键环流因子建立,年后预测模型利用上年 1 月至当年 9 月的关键环流因子建立,分别在当年 1 月、3—10 月的每月初发布预报(表 4.12)。所建模型见表 4.13。各月预报模型除 6 月模型与 5 月相同、8 月模型与 7 月相同外,其余模型均在上一个月的基础上引入新的关键环流因子,实现了模型动态预报和结果更新。

表 4.12　稻纵卷叶螟发生面积率模型预报时间和所用因子时段

模型	预报时间	所用因子时段
1	当年 1 月初	上年 1 月至 12 月
2	当年 3 月初	上年 1 月至当年 2 月
3	当年 4 月初	上年 1 月至当年 3 月
4	当年 5 月初	上年 1 月至当年 4 月
5	当年 6 月初	上年 1 月至当年 5 月
6	当年 7 月初	上年 1 月至当年 6 月
7	当年 8 月初	上年 1 月至当年 7 月
8	当年 9 月初	上年 1 月至当年 8 月
9	当年 10 月初	上年 1 月至当年 9 月

表 4.13　稻纵卷叶螟发生面积率的长期动态预测模型

模型	预报模型	x_1	x_2	x_3	x_4	R
1	$Y=41.48-1.33x_1+0.25x_2+0.05x_3-1.09x_4$	52s3s8	66s9s10	12s7s10	41s11s12	0.8483
2	$Y=57.13-1.34x_1+0.20x_2+0.10x_3-1.74x_4$	52s3s8	66s9s10	12s7s10	42s3d2	0.8602
3	$Y=86.81-1.29x_1+0.23x_2-1.48x_3-0.39x_4$	52s3s8	66s9s10	39d2d3	64d2d3	0.8705
4	$Y=-150.80-1.30x_1+0.27x_2-1.56x_3+0.28x_4$	52s3s8	66s9s10	28d2d3	68d3d4	0.8665
5	$Y=-150.80-1.30x_1+0.27x_2-1.56x_3+0.28x_4$	52s3s8	66s9s10	28d2d3	68d3d4	0.8665
6	$Y=97.73-1.12x_1+0.16x_2-1.40x_3-0.66x_4$	52s3s8	66s9s10	39d2d3	52d5d6	0.8662
7	$Y=97.73-1.12x_1+0.16x_2-1.40x_3-0.66x_4$	52s3s8	66s9s10	39d2d3	52d5d6	0.8662

模型	预报模型	x_1	x_2	x_3	x_4	R
8	$Y=86.44-1.60x_1+0.15x_2+0.09x_3-1.72x_4$	52s3s8	66s9s10	12s7s10	42s3d8	0.8690
9	$Y=124.01-0.21x_1-0.87x_2+0.13x_3-2.84x_4$	51s10d1	64d2d3	12s7s10	31s1d9	0.8695

注：模型 1—9 中，各回归方程的复相关系数均通过了 $\alpha=0.001$ 水平的显著性检验，样本量 $n=35$。

4.3.3.6 长期预报模型效果检验

利用表 4.13 中模型，对 1980—2014 年稻纵卷叶螟发生面积率进行了历史回代拟合检验，各月预报模型历史回代拟合准确率大部分在 85% 以上，模型对偏重发生年份（发生面积率≥48%）拟合准确率也多在 85% 以上，模型拟合较好；仅极端发生年份准确率略偏低，如 1984 年发生面积率（21.9%）为 1980 年以来最低、2007 年发生面积率（90.4%）为历史最高，各月模型拟合准确率为 50%～70%（表 4.14）；模型对 2015—2016 年的外推预测准确率分别达到了 75% 以上，2015 年和 2016 年年初、3—10 月各月的外推预测两年平均准确率分别达到了 86.6%、90.5%、91.8%、93.4%、93.4%、94.0%、94.0%、94.3%、95.4%（表 4.15）。模型历史拟合和外推预测效果较好。该组预测模型实现了中国水稻产前、产中稻纵卷叶螟发生面积率和发生面积的动态预报。

表 4.14 1980—2014 年稻纵卷叶螟发生面积率逐月预测模型回代拟合准确率

模型	预报时间	最大准确率/%	最小准确率/%	平均准确率/%
1	当年 1 月初	99.4	55.5	83.7
2	当年 3 月初	99.7	59.7	85.2
3	当年 4 月初	99.2	60.8	86.1
4	当年 5 月初	99.5	55.2	85.2
5	当年 6 月初	99.5	55.2	85.2
6	当年 7 月初	99.5	58.4	87.6
7	当年 8 月初	99.5	58.4	87.6
8	当年 9 月初	99.9	65.6	85.5
9	当年 10 月初	99.7	65.8	86.1

表 4.15 2015—2016 年稻纵卷叶螟发生面积率逐月预测模型外推预测准确率

模型	预报时间	2015 年准确率/%	2016 年准确率/%	两年预测平均准确率/%
1	当年 1 月初	81.9	91.2	86.6
2	当年 3 月初	91.7	89.3	90.5
3	当年 4 月初	94.1	89.4	91.8
4	当年 5 月初	94.9	91.9	93.4

续表

模型	预报时间	2015 年准确率/%	2016 年准确率/%	两年预测平均准确率/%
5	当年 6 月初	94.9	91.9	93.4
6	当年 7 月初	95.6	92.4	94.0
7	当年 8 月初	95.6	92.4	94.0
8	当年 9 月初	95.2	93.5	94.3
9	当年 10 月初	97.9	92.9	95.4

4.3.3.7　大气环流影响中国稻纵卷叶螟发生的机制分析

(1)大气环流背景下南方稻纵卷叶螟发生面积与中国发生面积、水稻产量损失的关系

通过相关分析发现,由稻纵卷叶螟导致的中国水稻实际产量损失与中国稻纵卷叶螟发生面积之间存在极显著的线性正相关关系(图 4.3)。据本研究统计,近 30 多年来(1980—2016 年),全国稻纵卷叶螟发生面积呈明显的增加趋势,尤其是 21 世纪以来发生面积和危害程度明显加剧,发生面积增加速率为 281.5 万 hm² 次/10 a;20世纪 80 年代发生面积最低,21 世纪 00 年代最高,2011—2016 年又有所减少。通过分析 2011—2016 年南方 15 省(区、市)稻纵卷叶螟发生面积占全国稻纵卷叶螟发生面积的变化发现,在 2011—2016 年稻纵卷叶螟发生面积有所减少背景下,南方稻纵卷叶螟发生面积占比仍在 85.0%～99.8%之间,而南方稻区又是世界上水稻产量最高的地区(包云轩 等,2018),可见南方稻纵卷叶螟发生面积直接决定着我国稻纵卷叶螟发生面积以及水稻产量损失的轻重。因此,探讨大气环流与南方稻纵卷叶螟主发期(5—9 月)的稻区生态气象条件及与全国稻纵卷叶螟发生面积、发生面积率之间的关系尤为必要。

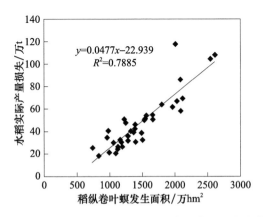

图 4.3　稻纵卷叶螟发生面积与实际水稻产量损失散点图

（2）大气环流对中国稻纵卷叶螟发生的影响机制

对影响稻纵卷叶螟发生面积率的 10 项关键环流特征指示因子与稻纵卷叶螟主要发生区南方当年虫害主发期(5—9 月)的平均气温、气温距平、平均最高气温、降水量、降水距平、日照时数、日照距平以及当年南方汛期地面气象条件与稻纵卷叶螟发生面积、发生面积率之间进行相关性分析。研究发现,关键环流特征因子与南方稻区汛期的水热条件以及光照等地面气象条件关系密切,其中亚洲区和太平洋区极涡强度指数、南海副高脊线和副高北界、东太平洋副高北界与南方 5—9 月最高气温、平均气温、气温距平均呈显著的线性负相关关系,东亚槽强度、西藏高原指数与之相反,呈显著正相关关系,亚洲经向环流指数与南方 5—9 月降水量、降水量距平呈显著线性正相关关系,南方 5—9 月光、温、水与大气环流关键特征因子的相关程度次序为温度类＞降水类＞日照类。研究还发现,稻纵卷叶螟发生面积、发生面积率与南方稻区 5—9 月平均气温、平均最高气温之间均存在极显著的线性正相关关系(图 4.4),这是因为 1980—2016 年南方每年 5—9 月的平均气温、平均最高气温多在稻纵卷叶螟各虫态发育的适宜温度范围 19～31 ℃之间(秦钟 等,2011;Park et al. ,2014),适温范围内,温度越高,种群发育速率越快,完成一个虫期或世代历时越短,种群增长指数越

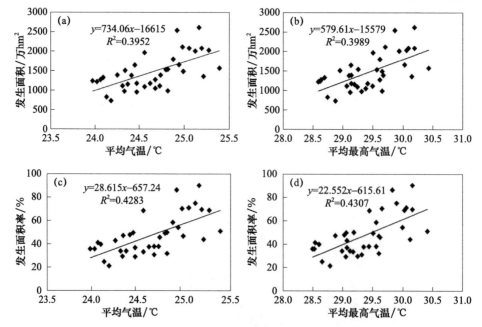

图 4.4　稻纵卷叶螟发生面积、发生面积率与当年南方 5—9 月平均气温、平均最高气温散点图

（a）稻纵卷叶螟发生面积与南方 5—9 月平均气温散点图;(b)稻纵卷叶螟发生面积与南方 5—9 月平均最高气温散点图;(c)稻纵卷叶螟发生面积率与南方 5—9 月平均气温散点图;(d)稻纵卷叶螟发生面积率与南方 5—9 月平均最高气温散点图

大(秦钟 等,2011;Wan et al.,2015;Gu et al.,2019),从而导致虫害发生面积越大的缘故。这也说明南方稻区 5—9 月生境、热量条件总体适于稻纵卷叶螟的发生发展。通过对稻纵卷叶螟发生面积率较大年份的南方 15 省(区、市)和境外虫源迁入途经 4 省(华南 3 省以及云南省)5—9 月的温湿条件、年型特征与全国水稻稻纵卷叶螟发生的关系分析发现(见表 4.16):稻纵卷叶螟发生面积率较大的年份主要出现在干暖年和湿暖年,其次是湿冷年;南方 4 省(华南 3 省及云南省)如果出现干冷年型,则稻纵卷叶螟发生面积率较大的可能性较低,这与包云轩等(2018)对中南半岛前期冷干气候易导致我国南方稻飞虱偏轻发生的研究结论一致,这也与稻纵卷叶螟是一种趋湿性迁飞害虫(王翠花 等,2006)的生理特性一致。这说明关键环流因子、稻区地面气象条件和稻纵卷叶螟发生面积、发生面积率之间存在较好的相关关系。大气环流影响稻区的水热以及光照等条件,水热及光照条件又影响稻纵卷叶螟的发生发展,三者之间存在密切的关联影响机制。这说明大气环流通过对区域地面气象条件特征的影响进而与迁飞性害虫的发生发展遥相关(促进或抑制)。

表 4.16   1980—2016 年稻纵卷叶螟发生面积率较大年份的年型特征

区域	年型	偏重发生 年份	偏重发生 年数	各年型 年数	各年型偏重发生 年份占比/%
南方 15 省 (区、市)	干冷年	1991,2004	2	9	22
	干暖年	2003,2006,2007,2009,2011,2013	6	9	67
	湿冷年	1999,2002	2	8	25
	湿暖年	2005,2008,2010,2012,2014,2015	6	11	55
南方 4 省 (华南 3 省/ 区及云南省)	干冷年	2004	1	11	9
	干暖年	1991,2003,2007,2009,2011,2012	6	9	67
	湿冷年	1999,2002	2	9	22
	湿暖年	2005,2006,2008,2010,2013,2014,2015	7	8	88

注:以稻纵卷叶螟发生面积率不低于 48% 定为偏重发生年份。

4.3.3.8   小结

本节通过因子膨化处理技术,利用 74 项大气环流特征量上一年 1 月至当年 9 月数据所有不同时段的组合,筛选出了影响我国稻纵卷叶螟发生的 46 项显著环流特征因子,大气环流特征量与稻纵卷叶螟发生关系密切,其影响程度排序依次为副热带高压类>极涡类>环流类>槽类>其他类,其中副热带高压类与我国稻纵卷叶螟发生面积率的关系最为密切,其次为极涡类和环流类。副高类、极涡类显著影响环流因子分别占全部有显著影响环流特征因子的 59%、22%,是我国稻纵卷叶螟发生面积率的主导影响因子。大气环流影响稻纵卷叶螟发生的时段主要为当年 7—9 月,其次是上年的 7 月至当年 3 月。

按稻纵卷叶螟发生面积率<9.7％、9.7％~48.0％、48.0％~86.3％、>86.3％四个发生级别，确定了直接影响我国稻纵卷叶螟发生的关键环流特征因子指标共 10 项。其中亚洲区极涡强度指数、太平洋区极涡强度指数、南海副高脊线、北半球副高强度指数、亚洲经向环流指数、东亚槽强度、南海副高北界等 7 个关键环流指标值指示性最好，显著表达了每个发生级别的差异实况。

利用对我国气候有极显著影响且影响较直接的关键环流特征因子作为预测因子，建立了水稻产前(1月)、产中(3—10月)共 9 个稻纵卷叶螟发生面积率月动态预测模型，预报时间为当年 1 月初、3—10 月每月的月初。模型在上月的基础上动态地引入新的环流预报因子，实现了模型动态预报和预测结果更新。各月动态预测模型的历史拟合准确率大部分年份在 85％以上，对 2015 年、2006 年外延预测准确率也均在 75％以上，两年各月外延预测平均准确率分别达到了 86.6％、90.5％、91.8％、93.4％、93.4％、94.0％、94.0％、94.3％、95.4％，逐月动态预报准确率逐渐提高，模型可支持业务服务。

通过分析大气环流关键因子与稻纵卷叶螟主要发生区南方水稻主生长季气象要素以及后者与全国稻纵卷叶螟发生面积、发生面积率之间的关系，发现关键环流特征因子与南方 5—9 月平均气温、气温距平、最高气温、降水量、降水量距平等地面生态气象条件显著相关，全国稻纵卷叶螟发生面积、发生面积率与当年南方 5—9 月平均气温、平均最高气温存在极显著的线性正相关关系，稻纵卷叶螟发生面积率较大的年份主要出现在干暖年和湿暖年；南方 4 省(华南 3 省及云南省)干冷年型常导致稻纵卷叶螟发生面积偏小、发生程度偏轻，这是由于干冷年型气象条件不利于境外迁飞性虫源大量迁入境内，且迁入后也不适宜存活所致(包云轩 等,2018)；这说明大气环流通过对区域地面气象条件特征的影响进而与迁飞性害虫的发生发展遥相关(促进或抑制)。

稻纵卷叶螟的发生程度除与气象因素有关外，还和虫源基数、水稻品种、种植方式、水稻长势、防治技术等因素有关，防控过程中要综合考虑。由于稻纵卷叶螟迁飞和发生发展的机制和影响因素复杂，其影响机制还有待于更深一步的研究。

4.3.4 基于海温的稻纵卷叶螟气象预报模型

4.3.4.1 资料和方法介绍

(1)资料

虫情资料：来自全国农业技术推广服务中心。

海温资料：来源于中国气象局国家气候中心资料室。资料为北太平洋洋面月平均温度(1986—2015 年)，为网格点形式，共有 286 个网格点(范围从 10°S—50°N，120°E—80°W，5°间隔)。网格点分布见表 4.17。

表 4.17　海温资料网格点分布

纬度	序列	格点所跨经度	样本数
50°N	1	160°E,165°E,…,130°W	15
45°N	2	150°E,155°E,…,130°W	17
40°N	3	145°E,150°E,…,125°W	19
35°N	4	140°E,145°E,…,125°W	20
30°N	5	125°E,130°E,…,120°W	24
25°N	6	125°E,130°E,…,115°W	25
20°N	7	120°E,125°E,…,110°W	27
15°N	8	125°E,130°E,…,100°W	28
10°N	9	130°E,135°E,…,90°W	29
5°N	10	180°E,175°E,…,80°W	21
0°N	11	180°E,175°E,…,85°W	20
5°S	12	180°E,175°E,…,85°W	20
10°S	13	180°E,175°E,…,80°W	21

(2)模型建立方法

本节引入北太平洋洋面月平均温度资料,通过遥相关分析方法,利用上年 10—12 月和当年 1—9 月逐月的北太平洋洋面月平均温度资料与不同区域稻飞虱发生面积率和发生等级建立逐步回归模型。首先从海温因子数据库中提取与作物病虫害发生程度相关的信息,剔除共线性因子,建立作物病虫害发生的海温长期预测预报多元线性预测模型。

$$Y = C_0 + \sum C_i \cdot X_i \tag{4.21}$$

式中:Y 为作物病虫害发生程度模拟值;C_0 为模型常数,C_i 为第 i 个因子系数,X_i 为第 i 个因子。所用建模虫情资料年份为 1987—2014 年,2015 年数据用以外延预报模型检验。

4.3.4.2　全国稻纵卷叶螟发生程度海洋温度预报模型及模型检验

表 4.18 显示了利用海温与稻纵卷叶螟发生情况建立的回归模型。

表 4.18　全国稻纵卷叶螟发生程度海洋温度预报模型

预测对象	预测模型	n	复相关系数	P	显著水平
发生面积/万 hm²	$Y = -7203.662 + 15.53393X_{SST06\_38} + 18.19562X_{SST10\_72}$ $+ 61.60668X_{SST05\_3} - 9.97562X_{SST04\_16}$	27	0.794	<0.01	＊＊
发生面积率/%	$Y = -230.321 + 0.51514X_{SST07\_21} + 0.76747X_{SST06\_17} +$ $0.60676X_{SST10\_72} + 0.9779X_{SST05\_3}$	27	0.809	<0.01	＊＊

其中,X 下方的角标,SST 表示海洋温度因子,SST 后面的数字前两位表示海温特征量的月份,后两位表示海温特征量的格点编号。例如:X_{SST10_63} 表示上一年 10 月第 63 个格点的温度,即 165°W,35°N 这个格点的温度;X_{SST06_2} 表示当年 6 月第 2 个格点的温度,即 165°E,50°N 这个格点的温度。下同。

表 4.19 和表 4.20 分别显示了利用海温模型预报全国稻纵卷叶螟发生面积的准确率。

表 4.19 全国稻纵卷叶螟发生面积海洋温度预报模型准确率(1987—2015 年)

年份	全国实际发生面积/万 hm²	模型预测值/万 hm²	预报准确率/%
1987	832.71	1463.8	24.2
1988	1097.16	990.36	90.3
1989	1337.70	1421.06	93.8
1990	1285.92	1559.81	78.7
1991	1654.53	1527.37	92.3
1992	1121.17	977.21	87.2
1993	1285.08	768.04	59.8
1994	996.66	935.46	93.9
1995	1187.00	1246.16	95.0
1996	1185.92	1294.07	90.9
1997	1398.43	1482.46	94.0
1998	1495.95	1486.33	99.4
1999	1512.34	1633.95	92.0
2000	1401.93	1619.35	84.5
2001	1124.68	1719.34	47.1
2002	1384.81	1541.53	88.7
2003	2016.61	1905.83	94.5
2004	1971.19	2046.24	96.2
2005	2034.59	2056.79	98.9
2006	2094.61	2018.57	96.4
2007	2619.58	1985.39	75.8
2008	2545.40	2062.3	81.0
2009	2090.53	1974.57	94.5
2010	2126.31	1862.09	87.6
2011	1666.33	1911.17	85.3

年份	全国实际发生面积/万 hm²	模型预测值/万 hm²	预报准确率/%
2012	1797.61	1775.47	98.8
2013	1687.00	1911.93	86.7
2014	1538.69	1764.6	85.3
2015	1533.33	1444.81	94.2
平均准确率(%)			85.8

表 4.20　全国稻纵卷叶螟发生面积率海洋温度预报模型准确率(1987—2015 年)

年份	全国实际发生面积率/%	模型预测值/%	预报准确率/%
1987	28.04	43.77	43.9
1988	36.95	38.89	94.7
1989	45.04	44.35	98.5
1990	41.90	58.63	60.1
1991	54.75	55.56	98.5
1992	37.72	38.22	98.7
1993	45.93	25.03	54.5
1994	35.84	34.84	97.2
1995	41.84	33.15	79.2
1996	40.84	50.87	75.4
1997	47.58	58.49	77.1
1998	51.86	61.81	80.8
1999	52.31	50.71	96.9
2000	49.40	62.96	72.6
2001	41.06	59.52	55.0
2002	65.15	62.41	95.8
2003	84.98	68.38	80.5
2004	76.95	66.77	86.8
2005	76.06	68.45	90.0
2006	76.87	63.34	82.4
2007	90.73	74.57	82.2
2008	93.51	88.58	94.7
2009	75.30	77.9	96.5
2010	77.52	65.99	85.1

年份	全国实际发生面积率/%	模型预测值/%	预报准确率/%
2011	60.15	68.32	86.4
2012	58.15	64.91	88.4
2013	64.24	75.76	82.1
2014	62.37	78.4	74.3
2015	62.56	72.64	83.9
平均准确率			82.5

可见,全国稻纵卷叶螟发生面积和发生面积率海温预报模型 28 a 平均预报准确率、外延预报准确率均在 80% 以上,预报效果较好。

第5章 害虫迁飞扩散气象模拟预报技术

目前对迁飞性害虫监测预报的研究方法比较多，主要集中在统计回归模型、基于未来天气预报的统计模型、神经网络预报、基于GIS（地理信息系统）的预测系统、基于物候模型的预测以及基于大气环流的迁飞模型等。齐国君等（2011）、万素琴等（2012）、芦芳等（2013）、包云轩等（2015）等利用美国国家海洋和大气局（NOAA，National Oceanic Atmospheric Adminstration）研发的大气质点轨迹分析平台（HYSPLIT，Hybrid Single-Particle Lagrangian Integrated Trajectory），对水稻迁飞性害虫进行轨迹逆推，均取得较好的结果。中国农业科学院植物保护研究所吴孔明院士团队和南京农业大学胡高教授团队联合，研究了草地贪夜蛾在中国的迁飞路径，通过建立的昆虫三维轨迹分析模型（Trajectory）模拟发现西南季风与迁飞轨迹密切相关，草地贪夜蛾可通过东、西两条路径迁飞至华北和东北平原两大玉米主产区（吴秋琳 等，2019，2022；Wu et al.，2019；Li et al.，2020；吴孔明 等，2020）。

经国内外学者多年研究，已经明确影响迁飞性害虫远距离迁飞和成灾的重要因素除了害虫本身的生理生态特性之外，大气环流背景则是最重要的一环。基于大气环流的迁飞模型已成为研究的一个热点方向。本章将以草地贪夜蛾、稻纵卷叶螟为例，介绍迁飞扩散预报技术。

5.1 草地贪夜蛾迁飞扩散气象模拟预报技术

5.1.1 迁飞扩散环流背景

5.1.1.1 迁飞扩散环流背景及周年发生规律

目前，草地贪夜蛾已在亚洲东部地区形成了季节性往返迁飞、常发性重要害虫（陈辉 等，2020a）。冬季，草地贪夜蛾在中国华南、西南地区南部周年繁殖区完成世代繁殖，春夏季随着气温回暖以及盛行风向长江流域迁飞，继而向黄淮、华北等北方玉米主产区扩散危害；在秋季则随冷空气入侵向南回迁（陈辉 等，2020b）。

研究表明，草地贪夜蛾春夏季北进和秋季南回的迁飞活动与大气低层风向有密切关系（吴秋琳 等，2019），而大气低层风向又与控制中国中东部地区的季风活动密切相关。影响中国的夏季风起源于三支气流：一是西南季风，以印度夏季风最为典型，一般主要影响中国西藏东南部、云南大部和四川西南部地区，但当印度季风北移时,西南季风可深入到中国大陆;二是流过东南亚和南海的跨赤道气流,这是一种低空的西南气流;三是来自西北太平洋副热带高压(下文简称副高)西侧的东南季风,有时会转为南或西南气流。一般情况下,前两支气流主要影响迁飞性昆虫从南亚或者东南亚迁入我国;第三支气流为副高西侧的东南季风,则主要是迁飞昆虫在我国远距离迁飞活动的主要动力(赵圣菊 等,1981;包云轩 等,2013,2019;吴秋琳 等,2019)。由于副高对我国天气、气候有重要影响(刘芸芸 等,2012),每年势力强弱、推进时间有差异,导致控制我国的环流形势和天气系统每年也不完全一样,大气低层风向也存在阶段性的变化。

根据农业农村部种植业管理司(2021)《草地贪夜蛾测报技术规范》,草地贪夜蛾在我国的分布主要包括三个区域,一是周年繁殖区,主要位于我国西南、华南的热带、亚热带气候分区,包括云南中南部和广西、广东、福建、海南等地;二是迁飞过渡区,包括中亚热带和北亚热带气候区的福建、湖南、江西、湖北、江苏、安徽、浙江、上海、重庆、四川、贵州、陕西等省(区、市);三是北方玉米重点防范区,包括我国北方温带气候区的安徽、陕西、河南、山东、河北、山西、北京、甘肃、宁夏、新疆、青海、辽宁、吉林、黑龙江等省(区、市)。

根据草地贪夜蛾成虫跨区(远距离)迁飞规律及相关研究(姜玉英 等,2019;吴秋琳 等,2019;陈辉 等,2020a;吴孔明 等,2020),草地贪夜蛾春夏季从热带亚热带周年繁殖区(Ⅰ区)到中亚热带和北亚热带迁飞过渡区(Ⅱ区),再到温带北方玉米产区(Ⅲ区)的北迁过程,以及秋季从Ⅲ区到Ⅱ区再回到Ⅰ区的南迁过程,可以划分为4个越区时间阶段(图5.1)。其中,北迁从Ⅰ区到Ⅱ区主要集中在4—5月,Ⅱ区到Ⅲ区主要集中在6月中旬—8月中旬,南回从Ⅲ区到Ⅱ区集中在8月下旬—9月中旬,Ⅱ区到Ⅰ区集中在10月下旬—11月。草地贪夜蛾成虫跨区迁飞与东亚地区大气环流的季节性变化是有密切关系的。

1—2月草地贪夜蛾在云南中南部和广西、广东、福建、海南等地完成世代繁殖,期间,也有境外虫源不断从缅甸等中南半岛国家迁入我国。3月副高脊线位于14°—20°N,我国低纬度地区除了云南大部为西南风外,华南大部地区为东风或东南风,江南至西南地区东部为东风,不利于草地贪夜蛾向北进行远距离迁飞;但3月低纬度地区风场仍有利于草地贪夜蛾从境外虫源地迁入我国云南、广西部分地区。4—5月东南季风生成并开始在华南登陆,5月南海夏季风爆发,我国长江以南大部地区925 hPa高度风向逐渐转为南风或偏南风,有利于草地贪夜蛾在我国北上进入Ⅱ区;6月至7月上中旬,副高脊线越过20°N,在20°—30°N间两次北跳,西南气流继续向北推进,我国中东部大部地区925 hPa高度风向为东南风或南风,有利于草地贪夜蛾在我国继续北上;7月下旬至8月上旬,副高脊线跨越30°N,到达一年中最北位置(最北位置可以到达35°N左右),西南气流也到达最北位置,草地贪夜蛾完成从Ⅱ区到Ⅲ区的迁飞过程。8月下旬至9月上旬,冷空气势力开始增强,副高脊线开始南

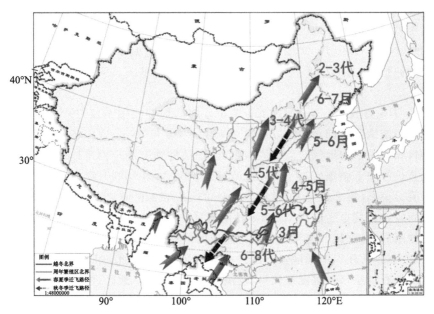

图 5.1　草地贪夜蛾在我国的季节性迁飞路径

(引自吴孔明 等,2020)

退,10月以后退至20°N以南,南退时间短、速度快,我国中东部大部地区以偏北风为主,草地贪夜蛾完成从Ⅲ区到Ⅱ区、再到Ⅰ区的回迁。

5.1.1.2　2019—2022 年迁飞扩散环流形势

尽管草地贪夜蛾的北迁南回遵循以上环流背景的规律,但由于每年副高势力强弱不同,脊线位置和西伸程度不同(刘芸芸 等,2012),西南气流的强弱也不一样,草地贪夜蛾迁飞扩散风场动力条件也存在差别;同时,由于西南气流携带暖湿水汽以及冷暖空气交汇产生降水等导致迁飞虫体迫降,因此草地贪夜蛾北进南回快慢有别。

2019年4月副高脊线位置接近常年,但南支槽偏强,有利于孟加拉湾水汽向我国输送北上,在江南南部、华南、西南地区东部等地产生降水,且西南地区东部至华南、江南南部925 hPa位势高度平均风场南风持续时间较长,主要时段集中在4月6—10日以及4月17—25日,总体有利于草地贪夜蛾持续从中南半岛迁入我国西南、华南地区以及在西南、华南地区定殖的成虫向江南地区迁飞,但由于2019年初草地贪夜蛾刚刚侵入我国,定殖虫量较少。2020年4月副高脊线位置接近常年、北界维持在20°N左右,南支槽偏弱,受东亚大槽和副高的共同影响,除云南中西部925 hPa位势高度平均风场为西南风、有利于草地贪夜蛾持续从中南半岛迁入外,西南地区东部至华南地区大部时段为弱东风或东南风,不利境外虫源迁入以及西南、华南当地虫源向长江中下游地区迁飞,草地贪夜蛾仍主要在华南和西南地区南部危害。2021年4月,副高较常年偏弱,南支槽偏强,菲律宾附近为气旋式环流,925 hPa位势高度风场云南大部地区为西南风、西南地区东部至华南大部地区为东风或东南风,与2020年条件相似。2022年4月副高较常年同期偏弱,南支槽偏弱,925 hPa偏北风异常偏强,草地贪夜蛾主要集中在华南及云南危害,不利于成虫向江南地区迁飞。

2019年5月、2020年5月、2021年5月副高均偏北偏西,2019年5月925 hPa平均风场西南地区东部至华南以偏南风为主;2020年5月、2021年5月西南地区东部、华南、长江中下游地区均以南风为主,风场条件均有利于西南地区和华南冬繁虫源迁飞至长江中下游地区以及境外虫源迁入。但2019年5月南海夏季风爆发时间较常年明显偏早(第2候爆发,常年为5月23日),2020年、2022年5月南海夏季风爆发时间较常年偏早1候,2021年5月南海夏季风爆发时间较常年偏晚1候。季风爆发后的两周内,季风气流将携带更为充沛的西南暖湿水汽从热带印度洋和南海输送到东亚大陆,长江以南地区强降水过程将显著增多,因此,相对而言,2019年5月季风爆发早有利于草地贪夜蛾较早、较快地从西南、华南地区进入长江中下游地区。2022年5月副高偏强,位置偏东,中南半岛低槽加深,925 hPa偏北风东风和北风略偏强,不利于草地贪夜蛾向北迁飞。

6月东亚大气环流向夏季型转变,同时6—7月副高向北推进,我国中东部大部地区925 hPa位势高度平均风场以偏南风为主,整体有利于草地贪夜蛾成虫远距离迁飞至长江中下游及其以北地区。此外,6月西北地区东南部、黄淮地区的夏玉米陆续播种出苗,为草地贪夜蛾北迁进入该地区提供了良好的食源条件,西北地区东南部、黄淮地区也成了草地贪夜蛾覆瓦式迁飞的一个优良落脚点。据观测(姜玉英 等,2019),2019年6月陕西和河南草地贪夜蛾发生地分别突增至19个和35个县(市),而2021年截至7月初,陕西和河南草地贪夜蛾发生县(市)分别为2个和1个,显然2019年草地贪夜蛾向北扩散速度较快。环流形势分析表明,2019年6—7月中旬副高西脊点位置持续显著偏南,水汽输送主要集中在我国长江中下游及其以南地区;2020年6月副高位置偏西偏北、7月偏西偏南,长江中下游地区梅雨出现早、持续时间长;2021年6月副高位置南北变化较大、7月偏西偏北,梅雨出现早、结束早、雨量少。由于副高西侧和北侧偏南气流携带大量水汽,且多上升气流,副高主体控制下多下沉气流和晴好天气,相比较而言,2019年6—7月草地贪夜蛾向北较快迁飞至长江中下游及其以北地区,与副高西脊点位置、梅雨持续时间等都有一定相关。2022年副高6月偏弱、7月偏强,6月925 hPa偏南风异常偏强,长江中下游地区梅雨异常偏早、梅雨期偏长、雨量少,利于草地贪夜蛾随偏南风向北扩展。

8月副高位置较7月继续向东向北推进。2019年8月副高偏北、大陆高压偏强,华北及其以南大部地区925 hPa位势高度平均风场为东风,中东部地区草地贪夜蛾向北迁飞扩散整体受抑;而2020年8月副高偏南偏西,中东部大部地区925 hPa风场以南风为主,有利于草地贪夜蛾继续向北扩散;2021 年 8 月副高明显偏西,冷空气影响以东路冷空气为主,华南和西南地区南部 925 hPa 高度以南风为主,利于该地虫源向北迁飞扩散;但冷空气与暖湿气流交汇于我国中东部地区,黄淮西部、西南地区东北部、长江中下游等地降水较常年偏多,阻断了该地虫源向北迁飞;华北、东北地区 925 hPa 高度仍以南风或西南风为主,利于当地成虫代草地贪夜蛾继续向北扩散。2022 年 8 月副高偏北偏西,强度异常偏强,925 hPa 偏南风异常偏强,利于草地贪夜蛾随偏南风继续向北扩展。

2019 年 9 月副高主体位于西北太平洋洋面上,且明显偏西偏强,华东、长江中下游及其以南大部地区 925 hPa 为东北风;2020 年 9 月西太平洋副高呈东西带状分布,位置偏东偏南,华北地区以西风为主,长江中下游以南以东北风为主,这两年风场均有利于长江中下游地区草地贪夜蛾向南回迁。2021 年 9 月副高偏西偏强,中东部平均风力较弱,草地贪夜蛾向南回迁进度总体偏慢;而华北至东北地区存在阶段性南风为主,有助于草地贪夜蛾北迁,但由于北方地区玉米已经接近成熟,食源条件转差,迁入草地贪夜蛾已经难以对玉米造成严重威胁;长江中下游及其以南地区以东风为主,草地贪夜蛾间歇性向南回迁。2022 年 9 月副高偏强,925 hPa 偏北风略偏强,草地贪夜蛾随偏北风间歇性向南回迁。

5.1.2　草地贪夜蛾迁入(迁出)气象预报技术

5.1.2.1　技术路线

草地贪夜蛾迁飞扩散主要指成虫在空中飞行和起飞、沉降等活动,在食料充足的情况下,主要受大气低层风、温、湿条件以及天气系统等影响。因此,根据大气低层动力场、温度场、湿度场数值天气预报产品对成虫迁飞的天气形势和温湿环境条件开展分析预报,并结合迁飞轨迹模拟模型预报成虫迁飞的迁入时间、路径、落区(图 5.1);此外,综合大气低层温度场、湿度场数值模式预报产品,以及地面降水、温度场和湿度场数值预报产品,结合草地贪夜蛾迁入(迁出)气象适宜程度评价指标开展迁入(迁出)气象等级预报。

5.1.2.2　预报所需资料

草地贪夜蛾迁飞预报所需资料包括迁飞高度层(距地面 500～800 m,大约相当于 925～950 hPa 位势高度①)动力场中的风、垂直速度和温度场、湿度场数值模式预报产品,以及地面降水、温度场和湿度场数值预报产品。数值模式预报产品可来源于中国气象局地球系统数值预报中心(CMA-GFS)、欧洲中期天气预报中心(ECMWF)等多种模式资料。

---

① 我国中东部大多数地区大致为 925 hPa 位势高度,高海拔地区可根据情况选用 850 hPa 位势高度。

5.1.2.3　迁入时间、路径、落区预报

（1）大气低层动力场对草地贪夜蛾迁飞的影响

春夏季向北迁飞：以 2021 年 5 月 14 日 20 时欧洲中期天气预报中心全球数值预报模式（简称 EC 模式）的 925 hPa 位势高度 24 h 风场及垂直速度预报图为例（图 5.2），图中 925 hPa 高空从两广地区一直到江苏、安徽都是偏南风或西南风为主，利于草地贪夜蛾向北迁飞；红暖色阴影显示有辐合上升运动，有利于草地贪夜蛾起飞；蓝冷色阴影显示有辐散下沉气流，有利于草地贪夜蛾沉降落地。图例为垂直运动速度，单位为 10^{-2} Pa/s。分析天气过程中的大气低层动力场形势、结合虫情监测，即可判断草地贪夜蛾可能迁入的时间、路径及落区。

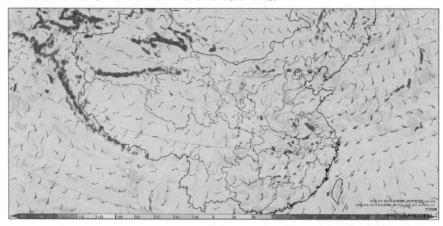

图 5.2　2021 年 5 月 14 日 20 时 EC 模式 925 hPa 高空 24 h 风场及垂直速度预报

夏秋季向南回迁：以 2021 年 9 月 2 日 20 时 EC 模式的 925 hPa 位势高度 96 h 风场及垂直速度预报图为例（图 5.3），图中 925 hPa 高度从河北中南部、河南大部、湖北中东部有偏北风，利于草地贪夜蛾向南回迁。分析天气过程中的大气低层动力场形势、结合虫情监测，即可判断草地贪夜蛾可能迁入的时间、路径及落区。

（2）大气低层温湿度场对草地贪夜蛾迁飞的影响

通过分析大气低层动力场、虫情监测以及迁入地玉米生育期等信息可得到草地贪夜蛾可能迁入的时间、路径及落区等初步结论，但仍然需要分析大气低层温湿度场对草地贪夜蛾迁飞的影响来判断迁入的时间以及路径是否合理。

温度场：以 2021 年 4 月 16 日 20 时全球数值预报模式的 925 hPa 位势高度 48 h 温度场预报图为例（图 5.4），在云南和四川南部 925 hPa 高空温度在 20～24 ℃，适宜草地贪夜蛾迁飞；华南大部地区、贵州西部、湖南和江西南部 925 hPa 高空温度在 15～20 ℃，较适宜草地贪夜蛾迁飞；南方其余大部地区 925 hPa 温度在 15 ℃以下，草地贪夜蛾成虫活动能力降低，不利于其迁飞。

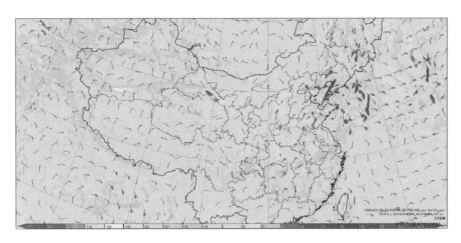

图 5.3 2021 年 9 月 2 日 20 时 EC 模式 925 hPa 高空 96 h 风场及垂直速度预报

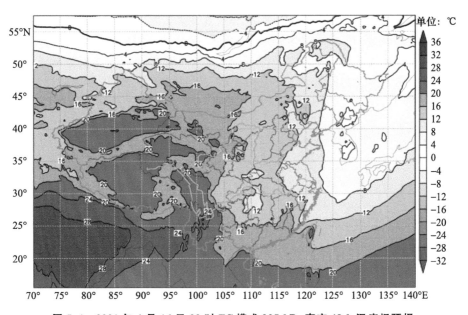

图 5.4 2021 年 4 月 16 日 20 时 EC 模式 925 hPa 高空 48 h 温度场预报

湿度场:以 2021 年 9 月 3 日 08 时全球数值预报模式 925 hPa 位势高度 84 h 湿度场预报图为例(图 5.5),我国中东部大部地区 925 hPa 高空相对湿度在 60%~90%,适宜草地贪夜蛾迁飞;但黄淮东部和南部、江淮北部和南部、江南西部等地 925 hPa高空相对湿度在 90% 以上,湿度过高增加飞行耗能,不适宜草地贪夜蛾迁飞。

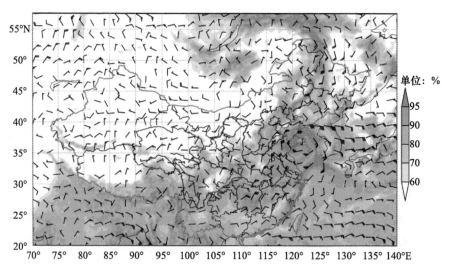

图 5.5　2021 年 9 月 3 日 08 时 EC 模式 925hPa 高空 84 h 湿度场预报

5.1.2.4　草地贪夜蛾迁入(迁出)气象适宜度等级预报

近地面上升气流利于草地贪夜蛾起飞,下沉气流利于草地贪夜蛾降落;垂直梯度越大越有利于起飞和降落,降水利于草地贪夜蛾降落;迁飞和落地最适宜温度条件为 20~25 ℃,15 ℃ 以下成虫活动能力减弱不利于起飞;迁飞和落地适宜的相对湿度为 60%~90%。

根据上述迁入(迁出)气象条件评价指标,给出草地贪夜蛾迁入(迁出)气象适宜度评价分级。其中,迁入气象条件适宜程度评判主要采用地面降水、气温、相对湿度以及 925 hPa 高空气流垂直运动等条件进行组合判断,当 925 hPa 存在上升气流或没有明显气流运动,或地面气温<15 ℃ 或>30 ℃,或地面空气相对湿度<60% 或>90% 出现任意一种情况,气象条件均不适宜草地贪夜蛾迁入。迁出气象条件适宜程度评判主要采用降水、近地面 1000 hPa 气流垂直运动、925 hPa 高空温度和相对湿度等条件进行组合判断,当出现降水或近地面 1000 hPa 下沉气流,或没有明显气流运动,或 925 hPa 温度<15 ℃ 或>30 ℃,或 925 hPa 相对湿度<60% 或>90% 出现任意一种情况,气象条件均不适宜草地贪夜蛾迁出(表 5.1)。

表 5.1　草地贪夜蛾迁入(迁出)气象适宜度等级分级表

气象适宜 程度评价	迁入	迁出	气象等级 分级
适宜	①有降水或 925 hPa 下沉气流;②地面气温 20~25 ℃;③地面空气相对湿度 60%~90%(条件同时满足)	①近地面 1000 hPa 上升气流;②925 hPa 气温 20~25 ℃;③925 hPa 空气相对湿度 60%~90%(条件同时满足)	高

气象适宜 程度评价	迁入	迁出	气象等级 分级
较适宜	①有降水或 925 hPa 下沉气流;②地面 气温 15~20 ℃或 25~30 ℃;③地面空 气相对湿度 60%~90%(条件同时满足)	①近地面 1000 hPa 上升气流;②925 hPa 气温 15~20 ℃或 25~30 ℃;③925 hPa 空气相对湿度 60%~90%(条件同时满 足)	较高
不适宜	①925 hPa 上升气流或没有明显气流运 动;②地面气温<15 ℃或>30 ℃;③地 面空气相对湿度<60%或>90%(满足 一个条件即可)	①有降水或近地面 1000 hPa 下沉气流, 或没有明显气流运动;②925 hPa 气温< 15 ℃或>30 ℃;③925 hPa 空气相对湿 度<60%或>90%(满足一个条件即可)	低

综合草地贪夜蛾迁飞高度层温度、湿度数值模式预报产品,以及地面降水、温度和湿度数值模式预报产品,按照表 5.1 判断草地贪夜蛾迁入(迁出)气象适宜度等级分级,并确定气象条件适宜、较适宜和不适宜草地贪夜蛾迁入(迁出)的三级区域分布,分别用红色(高等级)、橙色(较高等级)和蓝色(低等级)进行标注,即可形成草地贪夜蛾迁入(迁出)气象等级分布图。

5.1.3　典型天气过程迁飞轨迹及落区模拟

5.1.3.1　资料和方法介绍

(1)HYSPLIT 模型迁飞模拟

混合单粒子拉格朗日综合轨迹模式 HYSPLIT 是由美国国家海洋和大气局的空气资源实验室(ARL)研发的一种用于计算和分析大气污染物输送、扩散轨迹的专业模式(马玉芬 等,2015),它能够用于计算空气团的轨迹(Draxler,1996;Draxler et al.,1998),以及沙尘、对流层臭氧、二氧化硫等的扩散模拟(Rolph et al.,1992;Raxler,1995;Escudero et al.,2006;黄健 等,2010),2010 年以来也逐渐开发应用于蝗虫等迁飞性昆虫迁飞轨迹的模拟(郁振兴 等,2011;芦芳 等,2013;李克斌 等,2014;包云轩 等,2016)。基于 HYSPLIT 模型,通过不同的气象数据源,以及针对模拟对象(沙尘、气溶胶或迁飞昆虫)的特征进行参数设定,即可对模拟对象的输送、扩散轨迹进行模拟。

本节所用 HYSPLIT 模型采用 NCEP 全球预报分析资料作为气象驱动场,模拟对象设置主要参数包括:虫源起飞点经纬度、迁飞高度、飞行起止时间等。虫源起飞点经纬度采用农业部门草地贪夜蛾直报系统中成虫出现县(市)进行设定,迁飞高度设置在 500~1000 m。设定草地贪夜蛾在夜晚起飞,凌晨降落,迁飞时长为 10 h;白天草地贪夜蛾原地停留,下一夜晚从停留地作为起飞点继续迁飞。草地贪夜蛾迁飞速度为迁飞高度对应的高空风速与草地贪夜蛾本身飞行速度之和,其中草地贪夜蛾本身的飞行速度设为 4.5 m/s(Wolf et al.,1995;吴秋琳 等,2019)。

对于 HYSPLIT 模型进行简单改进,主要包括根据草地贪夜蛾春季由低纬度地区向高纬度迁飞扩散过程中,当迁飞层温度低于 15 ℃时其飞行能力降低,故当迁飞高度层空气温度低于 15 ℃时设定迫降;且根据草地贪夜蛾迁飞适宜相对湿度,设定迁飞层空气相对湿度高于 90％和低于 60％时虫体迫降。

(2)气象资料

包括分析草地贪夜蛾迁飞大气动力条件所用的环流特征资料及 HYSPLIT 模型模拟所用的数值天气预报分析场资料。环流特征分析采用美国国家环境预报中心 2019—2021 年 NCEP(美国国家环境预报中心)逐日再分析资料(空间分辨率 2.5°× 2.5°),包括 1000～10 hPa 共 17 层上的位势高度、温度、纬向风和经向风,1000～300 hPa 各层比湿及 1000～100 hPa 的各层垂直速度等,主要采用 925 hPa 位势高度(相当于距地面 600～800 m 高度)的风场资料分析草地贪夜蛾春夏季北迁以及秋季向南回迁的动力条件。HYSPLIT 模型所用 NCEP 全球数值天气预报分析资料(空间分辨率0.25°×0.25°)。

(3)草地贪夜蛾虫情资料

包括分析草地贪夜蛾迁飞规律的观测资料以及 HYSPLIT 模型模拟虫源资料和验证资料。

用 HYSPLIT 模型模拟及北迁验证的草地贪夜蛾虫情资料主要来源于农业部门草地贪夜蛾监测直报系统。该直报系统每日记录草地贪夜蛾成虫和幼虫出现县(市),并统计截至当日每个省累计出现县(市)个数。因此,利用模拟过程前(一般为前一旬旬末)成虫分布省份和县(市)点作为迁飞过程模拟虫源点输入 HYSPLIT 模型,模拟过程后(过程当旬末)新增成虫分布省份和县(市)用作模拟过程的验证对比;此外,成虫到达迁入地先产卵,卵发育成幼虫可以查见,也表明该地有成虫迁入,因此过程结束后一段时间内新增幼虫分布省份和县(市)点也可表明有成虫迁入。一般 15 ℃条件下虫卵发育成 2～3 龄可见幼虫需 20～30 d;20 ℃条件下虫卵发育成 2～3 龄可见幼虫需 10～15 d(何莉梅 等,2019),因此将模拟过程后 2～3 旬的幼虫新增点也用作模拟过程的验证;境外虫源模拟点主要在缅甸、泰国、老挝,以及越南等国北部农业区选点模拟。

利用草地贪夜蛾直报系统监测资料验证分析其向南回迁具有一定的局限性,主要是因为大部分地区已经出现过草地贪夜蛾迁入,新增的县(市)点非常有限。为此,本节选取迁飞过渡区湖北省当阳、松滋、咸安、云梦、老河口、黄陂等 52 个草地贪夜蛾观测站周报资料进行分析验证,包括高空灯、常规测报灯和性诱捕器观测数据;高空灯数据一般用来检验迁入成虫量,常规灯及性诱捕器数据一般用来检验当地整体成虫量。

(4)典型天气过程选取

低空急流被认为与稻飞虱等迁飞性昆虫的迁飞过程密切相关(封传红 等,2002;包云轩 等,2009;齐国君 等,2019),国内外雷达昆虫学研究观测证实,迁飞昆虫种群的大多数个体集聚在边界层附近的最大风速带或不同尺度的低空急流中成层运行(翟保平,1999)。最著名的如北美落基山东侧的大平原低空急流,被称为北迁种群的"传送带"(Wolf et al.,1990)。低空急流表现为 850 hPa 或 700 hPa 等压面上风速≥12 m/s 的西南风风速带,最大可达 30 m/s;此时 925 hPa 位势高度盛行较强劲的偏南气流,是迁飞昆虫进行远距离迁飞的主要动力;低空急流两侧有较强的风速水平切变,往往与强降水相关联。低空急流是含有丰富暖湿空气的输送带,急流上风速的脉动经常会触发对流强烈的空气辐合上升运动,不但促进了暴雨的形成,也常常会成为迁飞昆虫起飞的动力源;而副高控制的区域内通常为下沉运动区,天气晴朗,气压梯度小,风力通常不大,因此多为迁飞昆虫降落地。选取 2021 年 5 月13—15 日南方低层切变系统北抬、2021 年 9 月 7—9 日华北东北高空冷涡和低层风切变以及 2022 年 1 月 26—28 日西南急流 3 次天气过程,期间云南、广东、广西、湖南、江西、贵州、山东、河北等地 925 hPa 位势高度均盛行南风,有利于草地贪夜蛾向北迁飞。向南回迁的过程中,随冷空气势力的增强,当偏北风风速≥10 m/s 以上也十分有利于草地贪夜蛾的回迁,故选取 2021 年 9 月 5—7 日冷涡东移并与黄淮气旋叠加导致华北南部至长江中游偏北气流增强过程,期间陕西南部、河北南部以及河南大部 925 hPa 位势高度均盛行偏北风,有利于草地贪夜蛾向南回迁。

5.1.3.2　典型天气过程迁飞模拟

(1)2021 年 5 月 13—15 日西南低空急流过程,草地贪夜蛾北迁进入长江以北地区

据监测,截至 2021 年 5 月 10 日,草地贪夜蛾成虫主要分布在云南、贵州、广东、广西、海南、福建等省大部分地区以及湖南、浙江的部分县(市)和江西的个别县(市)。2021 年 5 月中旬,副高及西南低空急流较常年明显偏强,位置偏北。其中 5月 14 日四川东部低槽东移,700 hPa 西南急流强盛,最大风速 18 m/s,925 hPa 偏南气流从 5 月 14 日午后开始显著增强,湖南、贵州、江西 925 hPa 急流加强过程中有明显的辐合上升运动;受冷暖空气交汇以及急流水汽输送的影响,14—16 日西南地区东部至长江中下游出现明显降水过程,有利于草地贪夜蛾沉降。此外,925 hPa 位势高度场上我国淮河以南大部地区温度均在 15 ℃以上,其中长江以南大部地区在20~25 ℃,适宜草地贪夜蛾迁飞。

选取云南、广西、广东、湖南、江西、贵州 91 个虫源模拟点,利用改进的 HYS-PLIT 模型模拟 2021 年 5 月 13—15 日(草地贪夜蛾在夜间迁飞,即从 13 日夜晚开始模拟)迁飞轨迹及落点,结果如图 5.7 所示。其中,云南 25 个虫源模拟点基本覆盖了

5月上旬草地贪夜蛾成虫的出现区域,13—15日的迁飞轨迹显示为西南东北走向(图5.6a),有效迁飞时长为1~3 d,最远可以迁飞到重庆南部,3 d的主要降落点位于云南中北部、贵州西北部、重庆南部和四川东南部,在迁飞路径上没有低温屏障,主要是下沉气流和降雨迫使其降落。广西15个点主要包括广西北部5月上旬成虫出现的区域,13—15日的迁飞轨迹模拟显示为南北略偏东走向(图5.6b),有效迁飞时长为1~3 d,其西侧轨迹在第3 d出现了明显的回迁;理论最远点可以迁飞到黄淮南部,但由于长江中下游地区降水屏障的阻碍作用会导致其迫降,因此3 d的有效降落点位于贵州北部、重庆、四川东部、湖南西北部、湖北中部等地。广东23个点主要包括广东北部5月上旬草地贪夜蛾成虫的出现区域,13—15日的迁飞轨迹模拟显示为南北偏东走向,同样由于长江中下游地区降水屏障的阻碍作用会导致其迫降,因此有效迁飞时间多为1 d(13日),有效降落点主要位于湖南东北部、湖北东部、江西、浙江、江苏南部和安徽中南部(图5.6c)。湖南10个点迁飞轨迹模拟结果显示为南北偏西走向(图5.7d),最远可以迁飞到河南南部,但由于长江中下游地区降水屏障的阻碍作用,3 d的主要降落点位于湖北中西部和重庆东部。江西10个点模拟结果显示主要为南北偏东走向(图5.6e),有效迁飞时长多为1 d,最远也可以迁飞到河南南部和安徽北部,主要降落点位于湖北中东部和安徽中部。贵州8个点模拟结果显示南北偏西走向(图5.6f),有效迁飞时间为1~3 d,但在14—15日出现明显的回迁轨迹,主要降落点位于四川东部、重庆和湖北西南部。反推轨迹表明,此次过程迁入江苏、安徽的草地贪夜蛾最主要来源于广东、江西;迁入湖北的最主要来源是广西、湖南和江西;迁入四川东部和重庆的最主要来源是云南、广西、湖南和贵州。

　　根据草地贪夜蛾监测资料,5月20日与5月10日相比新增成虫县(市)主要集中在云南、四川、贵州、重庆、广东、广西、福建、湖南、江西、浙江、湖北和江苏等省(区、市),其中四川和浙江新增5个县(市),江西、江苏和湖北新增4个县(市),江苏为成虫首次出现(图5.7a)。此外,5月30日幼虫新增县(市)也集中在上述几个省,其中湖南新增幼虫县(市)最多,为36个;贵州、江西、安徽和浙江次多,为10~14个;安徽、江苏两省为幼虫首次出现(图5.7b)。分析5月11—20日925 hPa风场条件,除了5月13—15日为南风、有利于草地贪夜蛾向北迁飞外,其余时段均为北风、不利于草地贪夜蛾北迁,因此可以基本判断草地贪夜蛾成虫随5月13—15日向北迁入上述部分省及市(县),安徽、江苏以及湖北部分地区为成虫首次北迁进入,并且HYSPLIT模型模拟2021年5月13—15日迁飞过程有效地印证了上述落点区域,模拟结果可信。

　　(2)2021年9月7—9日华北东北高空冷涡和低层风切变,草地贪夜蛾北迁进入辽宁

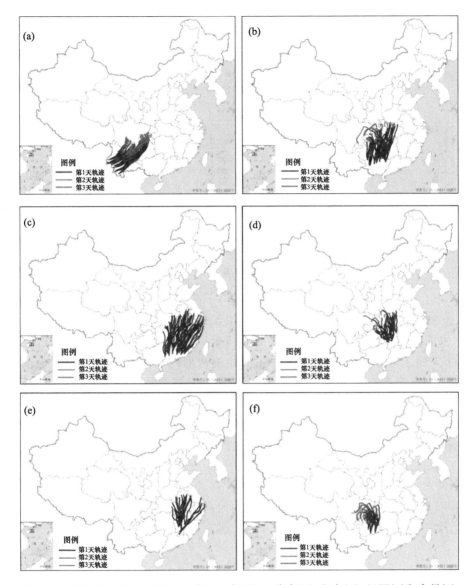

图 5.6　2021 年 5 月 13—15 日云南(a)、广西(b)、广东(c)、湖南(d)、江西(e)和贵州(f)草地贪夜蛾迁飞轨迹模拟

据监测,截至 2021 年 8 月 31 日,草地贪夜蛾成虫最北见虫点主要分布在河北中部、天津、陕西、宁夏、甘肃东部等地,其中东部最有可能扩散到东北玉米主产区的虫源主要分布在河北中部、天津和山东北部的部分县(市)。2021 年 9 月 7—9 日受华北东北高空冷涡和低层风切变影响,内蒙古中东部、京津冀、东北地区等地有小到中雨,部分地区有大到暴雨、并伴有强对流天气,其中 9 月 8 日涡前低空切变斜压发展,

9月9日850 hPa切变加深,偏南急流增强至20 m/s,主要过程集中在9月8—9日;期间,925 hPa位势高度场上华北至东北西南风较强劲,利于草地贪夜蛾向东北地区迁飞,但由于部分地区存在较强降水及强对流天气,下沉气流和降雨迫使其降落;吉林中西部气温在15 ℃以下,存在气温屏障迫使草地贪夜蛾提前降落。

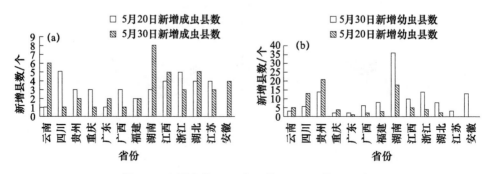

图5.7　主要省份2021年5月20日、5月30日与
前一旬对比草地贪夜蛾成虫(a)和幼虫(b)新增县(市)数

　　选取河北中部、山东半岛20个虫源模拟点,利用HYSPLIT模型模拟2021年9月7—9日迁飞轨迹及落点,结果如图5.8所示。河北中部的12个点迁飞轨迹显示在第1天的迁飞路径比较复杂,有东北向、也有南向的,甚至向南回迁到了山东大部分地区;但是第2天(8日)和第3天(9日)在西南风强劲的情况下向东北方向迁入辽宁境内(图5.8a),伴随下沉气流或降水降落危害,由于吉林925 hPa位势高度场气温降至15 ℃以下,草地贪夜蛾不再向吉林境内迁入。山东半岛8个虫源模拟点迁飞轨迹显示9月7—9日向东或向东南方向迁飞,不会降落进入我国东北地区(图5.8b)。

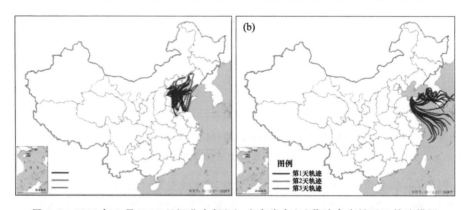

图5.8　2021年9月7—9日河北中部(a)、山东半岛(b)草地贪夜蛾迁飞轨迹模拟

　　据草地贪夜蛾监测资料,截至2021年9月10日辽宁省新增6个成虫县(市)。分析9月1—10日925 hPa风场条件,除了2日、7—9日华北地区风场为西南风、有

利于草地贪夜蛾向北迁飞外,其余时段均为北风、不利于草地贪夜蛾北迁;但 2 日风速较小,不足 10 m/s,草地贪夜蛾远距离迁飞动力不足,因此可以基本判断辽宁新增 6 个成虫县(市)为伴随 7—9 日华北东北低层风切变过程迁入,HYSPLIT 模型模拟也有效地表征了落点区域。模拟结果可信。

(3)2021 年 9 月 5—7 日冷涡东移叠加黄淮气旋、华北黄淮草地贪夜蛾向南回迁

2021 年 9 月 5 日,受东移冷涡影响,华北中部以南至长江中游一带转受偏北气流影响,并且与黄淮气旋叠加,9 月 5—6 日河北中南部、河南大部、湖北中东部925 hPa风场北风风速约在 8~12 m/s 之间,有利于华北南部、黄淮草地贪夜蛾向南回迁。

选取河北、河南、陕西南部虫源模拟点 35 个,模拟 9 月 5—7 日向南回迁轨迹及落点,结果如图 5.9 所示。其中,河北 6 个虫源模拟点中有 5 个出现明显的向南回迁轨迹,有效迁飞时长为 1~3 d,第 1 天为东北西南走向,第 2 天为西北东南走向,第 3 天个别点又出现向北的短距离迁飞;1~3 d 的降落点主要分布在河北、山西、河南和湖北(图 5.9a)。河南 17 个虫源模拟点中,中西部模拟点出现明显的向南回迁,有效迁飞时长为 1~3 d,有效降落点主要位于河南、湖北、重庆、湖南和江西;东部模拟点受黄淮气旋的影响路径向东,有效迁飞时长为 1 d(图 5.9b)。陕西 12 个虫源模拟点均显示向南回迁,遇陕西南部和四川盆地的降水而降落,有效迁飞时长为 1 d,落点集中在陕西南部和四川盆地北缘(图 5.9c)

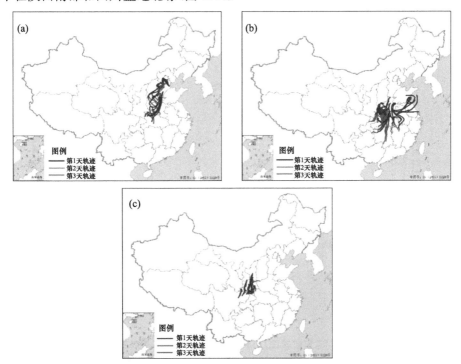

图 5.9　2021 年 9 月 5—7 日河北(a)、河南(b)和陕西(c)草地贪夜蛾迁飞轨迹模拟

　　9月上旬,湖北11个观测站高空测报灯、常规测报灯和性诱捕器监测到了草地贪夜蛾成虫高峰,其中,松滋站高空测报灯数据显示分别在9月5日和6日出现迁入高峰、小高峰,常规测报灯和性诱捕器数据显示9月3日为成虫高峰日(图5.10a);云梦站常规测报灯和性诱捕器数据显示9月9日为成虫高峰日(图5.10b);英山站性诱捕器监测数据显示9月9日为成虫诱虫高峰日(图略);此外,在当阳、广水、蔡甸、麻城等地性诱捕器监测数据也显示9月9日诱蛾量较大。虽然不能保证常规测报灯和性诱捕器数据监测到的高峰完全是迁飞过来的成虫,但是一日内成虫量突增仍表明近期内有迁入虫源补充;而松滋站高空测报灯在9月5日和6日出现高

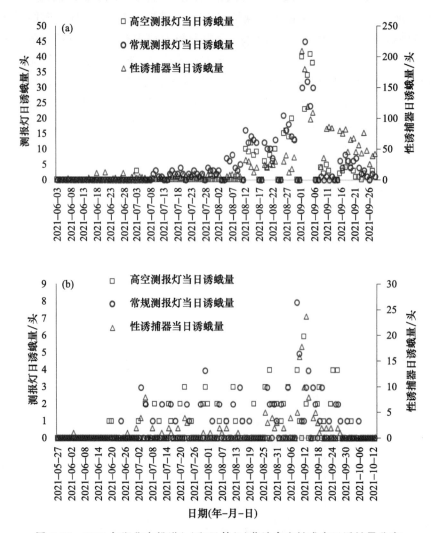

图 5.10　2021 年湖北省松滋(a)和云梦(b)草地贪夜蛾成虫日诱蛾量分布

峰和小高峰,直接表明了该时段有成虫迁入。分析湖北 9 月 1—10 日 925 hPa 风场,9 月 3 日为东南风,风速平均为 4 ~8 m/s,5—6 日大部地区为北风,风速平均为 8~12 m/s,其他时段风力很小。综合上述分析,9 月上旬湖北松滋、云梦等地出现草地贪夜蛾成虫迁入,而有利于其向南回迁的天气过程主要集中在 5—6 日,前述用 HYSPLIT 模型模拟的河北、河南迁飞路径和落点均有效指示了湖北落区,模拟结果具有可信性。

(4)2022 年 1 月 26—28 日西南急流过程、草地贪夜蛾在冬繁区扩散

据监测,2022 年 1 月 20 日草地贪夜蛾主要在云南、四川南部、广东、广西、海南、福建南部等冬繁区进行越冬繁殖。1 月 26—28 日,南支槽前西南急流发展北抬,27 日云南至贵州 700 hPa 急流风速 16 m/s 以上,西南地区 925 hPa 位势高度风场为西南风,但由于 925 hPa 位势高度 15 ℃线基本维持在云南西北部、四川南部、贵州西部、广西北部、广东北部等地,因此即使有合适的西南气流携带,一般只在 15 ℃线以南进行近距离迁飞扩散,越过 15 ℃线向北迁飞的可能性很小;同时,该西南气流有利于缅甸等境外虫源地成虫迁飞进入我国。

选取云南、广西、广东 1 月下旬成虫出现区域以及境外模拟虫源点 75 个,模拟 1 月 26—28 日西南急流过程迁飞轨迹及落点,结果如图 5.11 所示。其中,云南 26 个点模拟的迁飞轨迹显示为西南东北走向(图 5.11a),有效迁飞时长多为 1 d,大部分降落点仍为云南,少部分可以迁飞到贵州西部,在贵州西部受低温影响迫降。广西 13 个点模拟轨迹显示为南北走向,有效迁飞时长多为 1 d,大部分降落点仍为广西,少部分可以迁飞到贵州南部,受低温影响迫降(图 5.11b)。广东 19 个点模拟轨迹显示西部地区为东南西北走向,东部地区西南东北走向;有效迁飞时长为 1 d,西部模拟点可以迁飞到广西东部,中部模拟点迁飞落点仍为广西,东部模拟点可以迁飞到福建南部(图 5.11c)。境外虫源点主要模拟了缅甸中北部 9 个虫源点、老挝北部 3 个虫源点、越南北部 3 个虫源点和泰国北部 2 个虫源点的迁飞路径(图 5.11d),结果显示大部分迁飞轨迹为西南东北走向,有效迁飞时长为 1~3 d,落点大部分在云南,少部分可降落在我国广西壮族自治区。越南的 1 个模拟点可以远距离迁飞到我国贵州省南部,受低温影响迫降。

据草地贪夜蛾监测资料,1 月 30 日,草地贪夜蛾分布范围仍为云南、四川南部、广东、广西、海南、福建南部;与 20 日相比,云南、广东和广西新增成虫县(市)分别为 1 个、3 个和 1 个(图略);云南、广东、广西 2 月 10 日新增幼虫县(市)也分别为 1 个、3 个、1 个,福建、贵州没有新增成虫或幼虫发生点。分析 1 月 21—30 日 925 hPa 风场条件,云南大部地区 21—30 日均盛行南风或西南风,但风速基本不超过 10 m/s;广西、广东有利的南风条件主要出现在 21—22 日和 26 日;有利于缅甸虫源迁入我国云南的西南风场主要出现在 27 日;有利于泰国、老挝和越南虫源迁入我国云南和广西的偏南风场条件是在 21—22 日和 26—28 日。草地贪夜蛾虫情监测与模拟结果相对

比,贵州西部和南部、福建并未出现新增迁入点,HYSPLIT 模型模拟指征的该地落点不准确;此外,云南、广东和广西虽然出现新增迁入点,但是点位较少,说明此阶段草地贪夜蛾的迁飞活动较少,HYSPLIT 模型模拟指征作用有限;此外,由于缺乏资料,对于云南、广西新增迁入点虫源来源于本省还是境外不能有效验证。

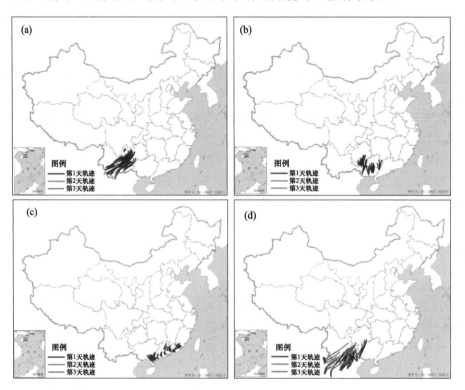

图 5.11 2022 年 1 月 26—28 日云南(a)、广西(b)、广东(c)以及境外(d)草地贪夜蛾迁飞轨迹模拟

5.1.4 存在的问题

副高西侧的偏南气流是昆虫在我国远距离迁飞活动的主要动力,而副高每年势力强弱、推进时间有差异,西南气流的强弱也存在阶段性的变化,导致草地贪夜蛾迁飞扩散风场动力条件不同。此外,副高西北侧的低空急流往往携带大量水汽向东亚地区输送,进而影响我国雨带位置的变化(王月 等,2016;晏红明 等,2019),草地贪夜蛾在随低空急流向北迁飞过程中,如果遇到降雨、下沉气流就会降落。因此大气环流,特别是副热带高压通过影响风场、降水等的时空分布变化,进而影响迁飞害虫的迁飞过程以及沉降位置。

在利用 HYSPLIT 模拟草地贪夜蛾轨迹时,由于不同高度层风向、风速略有差异,本节模拟了 500 m、800 m 和 1000 m 三个飞行高度的可能轨迹。鉴于害虫迁飞轨迹基本与迁飞高度层的风向保持一致,模拟效果较好。但在迁飞距离、时长、落点模拟上仍具有较大的不确定性。模拟迁飞过程除了气温、下沉气流和降水等因素导致其降落以外,按照草地贪夜蛾最长可以连续迁飞 3 个夜晚、每晚连续迁飞 10 h 进行模拟,但实际上迁飞过程中生物、地形、小气候等各种因素会导致夜间飞行停止,造成实际飞行时间和模拟假设时间有出入;其二,模拟过程中设定草地贪夜蛾自身飞行速度为恒定速度,但实际上其飞行速度在迁飞过程中受温度、湿度及气流变化而有所变化,并非始终保持匀速飞行,会导致飞行距离上和降落地点上的差异;第三,迁飞种群大小、昆虫质量体积等会导致迁飞高度、迁飞天数等有所变化,本节的模拟均没有考虑上述影响。

利用降水、气温等地面气象要素资料开展病虫害气象预报及气候风险评估已经有不少研究(张蕾 等,2016;Zhang et al.,2017;侯英雨 等,2018;王纯枝 等,2020),充分挖掘数值天气预报分析资料,利用 HYSPLIT 等轨迹模型模拟昆虫的迁飞活动具有较好的理论基础,可以用来开展迁飞害虫迁飞轨迹和落区的模拟和预报。但鉴于模拟过程中生物参数的不确定性,以及前述急流过程对于昆虫迁飞和起降影响的机制尚不清楚,未来需要加大昆虫迁飞过程与气象相关性的监测和研究。其中,应用雷达监测昆虫迁飞在国内外已经开展了较多的研究和应用(Drake et al.,2002,2012;姜玉英,2006;孙嵬 等,2018;王锐 等,2021),未来可结合气象组网雷达,通过深度学习和改进相关算法(马舒庆 等,2019;陶法 等,2020),实时监测获取昆虫迁飞过程参数,优化迁飞轨迹模拟模型,以提高模拟预报准确率。

5.2　稻纵卷叶螟迁飞扩散气象模拟预报技术

5.2.1　资料和方法介绍

5.2.1.1　FLEXPART 模型迁飞模拟

作为与 HYSPLIT 平台类似的污染源排放模式,拉格朗日扩散模式 FLEXPART(Flexible Particle dispersion model),则较少在病虫害蔓延、迁飞分析中试用。FLEXPART 模式是由挪威大气研究所(Norwegian Institute for Air Research,NILU)研发的一种基于拉格朗日计算方法的粒子扩散模式,可以通过时间的前向运算来模拟示踪物由源区向周围的扩散,也可以通过后向运算来确定对于固定站点有影响的潜在源区的分布,尤其当研究区域内观测站点数量少于排放源数量时,后向运算更具有优势。目前 FLEXPART 模式被广泛应用于空气污染与大气传输相结合的领域,国内 FLEXPART 模式研究主要集中在大气污染物的扩散与输送以及反演卤代温室气体排放源清单,并扩展到与其他中尺度模式联合应用上来。

FLEXPART 模式是通过计算点、线、面或体积源释放的大量粒子的轨迹,来描述示踪物在大气中长距离、中尺度传输、扩散、干湿沉降和辐射衰减等过程。该模型的核心内容是研究大气污染的源—受体关系,污染排放物为源,观测站为受体,通过研究污染物水平输送、扩散、对流、干湿沉降、辐射衰减和一阶化学反应等过程,可以得到随时间序列变化的格点污染浓度或格点驻留时间,通过源—受体关系转换 τi,计算格点驻留时间的公式为:

$$\tau i = \frac{T}{NJ} \sum_{n=1}^{N} \sum_{j=1}^{J} f_{ijn} \tag{5.1}$$

式中,τi 为格点驻留时间(s);i 为第 i 个格点;T 为时间分辨率(s);N 为 T 时间范围内采样的数量(个);J 为释放的粒子总数(个);f_{ijn} 是一个函数,它决定了对于指定格点有"贡献"的粒子的多少。FLEXPART 模式总共有 28 种粒子模拟方式,包括 tracer、O_3、NO 等众多方式。为了阐明 FLEXPART 模型模拟稻纵卷叶螟迁飞轨迹路径,采用 SO_4-aero 模拟方式对稻纵卷叶螟典型站点的迁飞过程进行分析;在此基础上明确稻纵卷叶螟迁飞的大气背景。

5.2.1.2 典型迁飞个例选择

分析 2000 年以来稻纵卷叶螟发生面积,确定大发生年份为 2008 年。在此基础上处理 2008 年全国 103 个植保站的稻纵卷叶螟资料,选用灯诱蛾量作为指标,对 2008 年全国稻纵卷叶螟虫情资料进行时间序列分析,以后一天对应前一天我国水稻主要生长区内有最大虫量突变为前提,分析后筛选了典型的北迁降落过程为 2008 年 7 月 15—18 日和南迁降落过程 2008 年 9 月 6—7 日,将对应过程的虫情资料导入 ArcGIS 中进行空间分析。

5.2.1.3 大气背景数值模拟

把稻纵卷叶螟成虫迁飞当作排放源,虫情观测站作为受体。采用 NECP 1°×1° 的气象再分析资料作为初始场,利用中尺度天气研究预报模式(weather research forecast,WRF)对 2008 年 7 月 15—18 日大气背景进行数值模拟,并根据 FLEXPART 模拟结果进行绘图,描述逆推的迁飞轨迹。WRF 模拟的物理参数化分别为:莫宁-奥布霍夫长度(Monin-Obukhov)陆面方案,Kain-Fritsch(new Eta)积云参数化方案,Morrison 2-moment 微物理方案,长波辐射 RRTM 方案,短波辐射 Dudhia 方案,YSU 边界层方案,Noah 的土壤方案。

5.2.2 稻纵卷叶螟迁飞轨迹及过程模拟

5.2.2.1 稻纵卷叶螟时空变化规律

(1)始见期与终现期

2008 年稻纵卷叶螟于 3 月 30 日迁入我国境内,最早始见我国华南的桂西南稻区,4 月底 5 月初在两广(广东,广西)及两湖(湖南,湖北)地区大面积爆发,5 月底 6

月中旬北迁到江南稻区及长江中下游稻区,8 月底 9 月初开始回迁,10 月下旬迁出我
国境内。在整体分析 2008 年全国各站虫情发生状况后,可以了解到 2008 年我国稻纵
卷叶螟发生的时间变化规律(表 5.2)。①始见期:全国范围内稻纵卷叶螟始见期为 3
月 30 日—8 月 1 日,其中广西柳江最早,为 3 月 30 日;最迟为江西余干,为 8 月 1 日;
普遍的始见期在 5 月 3 日左右。②终现期:全国范围内稻纵卷叶螟终见期为 8 月 2
日—10 月 31 日,其中云南丘北最早,为 8 月 2 日;贵州思南最迟,为 10 月 31 日;普遍
的终现期在 9 月 15 日左右。

表 5.2　2008 年全国部分植保站稻纵卷叶螟始见期与终见期持续时间

省份	站名	始见、终见日期(月-日)	省份	站名	始见、终见日期(月-日)	省份	站名	始见、终见日期(月-日)
湖南	安仁	05-12—09-10	江苏	张家港	06-17—09-15	江苏	赣榆	07-09—09-15
	安乡	06-24—09-15		太仓	06-14—09-15		邳州	07-03—09-15
	道县	04-16—08-10		吴江	06-13—09-10		新沂	07-01—09-15
	东安	04-21—09-30		江阴	07-06—09-15		沛县	07-11—08-25
	桂阳	04-02—10-04		宜兴	06-21—09-10		如皋	07-21—07-23
	汉寿	05-16—09-21		武进	06-17—09-15		灌南	07-23—07-24
	洪江	05-01—09-30		溧阳	06-21—09-15	云南	丘北	05-06—08-02
	醴陵	05-04—10-01		金坛	06-21—09-15		临沧	07-23—10-27
	临澧	05-17—09-24		高淳	06-21—09-15		文山	05-12—09-27
	龙山	04-03—09-25		浦口	06-17—09-15		富宁	05-03—09-05
	祁东	05-07—09-26		丹阳	06-20—09-15		西畴	06-11—08-30
	邵东	05-03—09-25		句容	07-16—08-25		麻栗坡	03-03—08-28
	双峰	05-01—09-25		江都	07-05—09-05		马关	07-02—09-08
	桃江	05-06—09-21		高邮	07-02—09-15		广南	04-19—08-20
	桃源	05-05—09-07		仪征	07-03—09-15	浙江	淳安	06-10—09-16
	湘乡	04-24—09-25		宝应	07-06—09-15		湖州	06-17—09-11
	湘阴	04-03—09-25		靖江	07-05—09-05		嘉兴	07-21—09-26
	宜章	05-01—09-21		姜堰	06-22—09-15		绍兴	05-28—09-18
	攸县	07-12—09-20		兴化	06-19—09-15		桐庐	07-01—09-16
	沅江	04-17—09-25		通州	07-07—09-10		婺城	05-30—09-15
	长沙	05-20—09-10		如东	07-20—09-15		象山	06-0—09-25
	芷江	04-07—09-15		海安	07-11—09-02		舟山	06-11—09-20

省份	站名	始见、终见日期(月-日)	省份	站名	始见、终见日期(月-日)	省份	站名	始见、终见日期(月-日)
安徽	金安	07-29—09-03	江苏	盐都	07-10—09-15	浙江	诸暨	06-01—09-29
	徽州	06-03—08-31		东台	07-16—09-05	贵州	惠水	05-31—08-11
	东至	06-11—10-08		大丰	06-25—09-15		锦屏	05-02—09-15
	贵池	06-15—09-14		射阳	07-10—08-30		思南	04-17—10-31
	望江	04-02—08-27		阜宁	07-19—09-15		余庆	05-01—09-23
	太湖	06-15—09-18		建湖	07-18—09-09	重庆	黔江	06-21—09-26
	居巢	06-21—08-29		楚州	07-16—09-10		万州	06-29—08-19
	肥东	06-21—08-23		淮阴	07-15—09-09		秀山	05-03—09-28
	宣州	06-16—09-09		洪泽	07-17—09-15		酉阳	05-03—08-30
	桐城	06-17—09-18		宿豫	07-05—09-15	江西	余干	08-01—08-14
	南谯	06-18—08-29		泗洪	06-22—09-10	湖北	监利	06-15—09-05
广东	翁源	04-15—10-17		灌云	07-15—09-15	广西	柳江	03-30—11-05
	梅县	06-15—09-05		东海	07-18—09-15			

(2)降落峰型

对各站灯诱蛾量进行时间序列分析,寻找对应峰次,然后筛选出当日全国有两个单站降落虫量大于 500 头,且次日有明显虫量突变的迁入过程作典型个例分析(表 5.3)。结果显示:①2008 年我国各地稻纵卷叶螟的发生峰型主要以双峰型为主;②严重发生期集中在 7 月中旬到 8 月下旬之间,其中 7 月中旬和 8 月中旬为大暴发期;③分析全国 103 个植保站的虫情数据发现,28 个站的降落峰型为单峰型,44 个站为双峰型,31 个站为多峰型。单峰型主要发生在云南、重庆、湖南的部分地区;双峰型集中在江苏、湖南、安徽等地,贵州、云南两省也有少量分布;多峰型主要集中在安徽、湖南、浙江以及江苏四省,而该四省也是虫情大暴发的地区。

表 5.3　2008 年全国部分植保站稻纵卷叶螟降落峰型

省份	站名	峰型	省份	站名	峰型	省份	站名	峰型
湖南	安仁	双峰型	江苏	张家港	多峰型	江苏	赣榆	单峰型
	安乡	多峰型		太仓	多峰型		邳州	双峰型
	道县	多峰型		吴江	双峰型		新沂	双峰型
	东安	多峰型		江阴	多峰型		沛县	多峰型
	桂阳	单峰型		宜兴	多峰型		如皋	单峰型
	汉寿	多峰型		武进	多峰型		灌南	单峰型

续表

省份	站名	峰型	省份	站名	峰型	省份	站名	峰型
湖南	洪江	多峰型	江苏	溧阳	双峰型	云南	丘北	单峰型
	醴陵	多峰型		金坛	单峰型		临沧	单峰型
	临澧	单峰型		高淳	多峰型		文山	单峰型
	龙山	单峰型		浦口	多峰型		富宁	双峰型
	祁东	双峰型		丹阳	双峰型		西畴	单峰型
	邵东	单峰型		句容	双峰型		麻栗坡	双峰型
	双峰	多峰型		江都	双峰型		马关	单峰型
	桃江	双峰型		高邮	双峰型		广南	单峰型
	桃源	双峰型		仪征	双峰型	浙江	淳安	多峰型
	湘乡	双峰型		宝应	双峰型		湖州	多峰型
	湘阴	多峰型		靖江	双峰型		嘉兴	多峰型
	宜章	单峰型		姜堰	双峰型		绍兴	多峰型
	攸县	单峰型		兴化	单峰型		桐庐	双峰型
	沅江	多峰型		通州	双峰型		婺城	多峰型
	长沙	单峰型		如东	双峰型		象山	多峰型
	芷江	单峰型		海安	双峰型		舟山	单峰型
安徽	金安	双峰型		盐都	双峰型		诸暨	多峰型
	徽州	多峰型		东台	双峰型	贵州	惠水	双峰型
	东至	多峰型		大丰	双峰型		锦屏	双峰型
	贵池	多峰型		射阳	双峰型		思南	双峰型
	望江	多峰型		阜宁	单峰型		余庆	单峰型
	太湖	多峰型		建湖	单峰型	重庆	黔江	单峰型
	居巢	多峰型		楚州	双峰型		万州	单峰型
	肥东	双峰型		淮阴	双峰型		秀山	单峰型
	宣州	双峰型		洪泽	双峰型		西阳	双峰型
	桐城	双峰型		宿豫	双峰型	江西	余干	单峰型
	南谯	双峰型		泗洪	双峰型	湖北	监利	多峰型
广东	翁源	单峰型		灌云	双峰型	广西	柳江	双峰型
	梅县	双峰型		东海	双峰型			

（3）空间变化规律

应用 ArcGIS 对 2008 年我国稻纵卷叶螟的空间分布状况进行分析,全国发生范围最广、程度最严重的北迁过程是 7 月 17 日左右,最严重的南迁过程是 9 月 6 日左右。始见期开始至 6 月中旬,稻纵卷叶螟主要降落在云南、湖南、贵州等稻区;6 月中旬至 7 月上旬降落在安徽、江苏和浙江三省的稻区,在此期间,虫量大发生。8 月下旬开始南迁,集中南迁期在 9 月上中旬,主要降落在安徽、江苏、浙江等地;9 月下旬主要降落在湖南、云南等省份。到 10 月下旬,稻纵卷叶螟基本上迁出我国。

北迁迁入虫量最多、降落面最广、危害程度最严重的过程是 2008 年 7 月 15—18 日发生在安徽、江苏、湖南、贵州等省的一次稻纵卷叶螟大迁入(图 5.12)。对其平均灯诱蛾量进行的 GIS 空间分析发现:这次北迁的主降区在我国黔、湘、皖、苏等地,日灯诱蛾量极大值出现在 7 月 18 日的江苏省淮安市淮阴区(7785 头)。

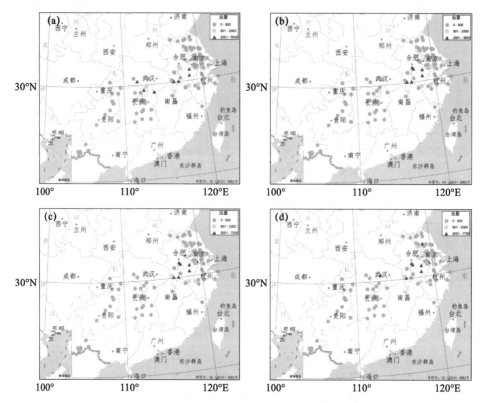

图 5.12　2008 年 7 月 15—18 日稻纵卷叶螟蛾量在南方稻区的空间分布

(a)7 月 15 日;(b)7 月 16 日;(c)7 月 17 日;(d)7 月 18 日

5.2.2.2　稻纵卷叶螟迁飞轨迹模拟分析

为了解 2008 年 7 月 15—18 日稻纵卷叶螟突增的北迁过程,选取江苏淮阴站作为代表性站点进行轨迹逆推,淮阴站首次出现虫量情况是 7 月 16 日,在 7 月 18 日即达到全年的峰值(图 5.13),说明该站虫量全部为外地迁入,没有本地虫源,因此选取江苏淮阴进行轨迹逆推。以淮阴站 7 月 18 日观测点虫量 7785 头作为释放粒子进行逆推,逆推采用将 17 日 17 时至 18 日 17 时 24 h 内释放,利用 WRF 模拟大气背景,得到逆推点轨迹(图 5.14)。由图 5.14 可知,淮阴站 7 月 18 日虫子大部分来自于浙江和安徽,可以看成是两条路径;17 日 15—21 时大部分虫子集中在浙江中部至安徽中西部一线;17 日 24 时至 18 日 06 时则集中在安徽西部和江苏西南部,在江淮之间尤其突出,由于白天稻纵卷叶螟一般不进行迁飞,因此 18 日 06 时的虫子准备沉降迁入,恰好大部分虫子集中在江苏淮阴站西侧和南侧,这也为淮阴站大爆发提供了虫情基础。由图 5.12c、d 可以看出,18 日相比于 17 日江淮之虫量有增多的趋势,这也符合模拟逆推的轨迹效果。

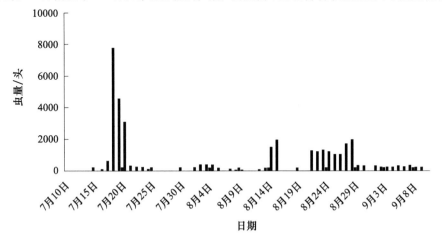

图 5.13　2008 年 7 月 10 日—9 月 10 日江苏淮阴站蛾量逐日变化情况

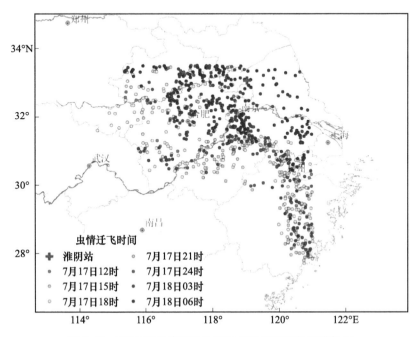

图 5.14　2008 年江苏淮阴站稻纵卷叶螟迁飞轨迹逆推图

5.2.2.3 稻纵卷叶螟北迁大气环流形势分析

控制和影响稻纵卷叶螟起飞、空中飞行、降落和为害的主要环境因素是大气背景,而构成大气背景的是大气环流形势、大气动力场和气象要素场。其中特定高度的大气环流形势、迁飞高度所对应的风场、降水分布等对稻纵卷叶螟的迁入和降落起着决定性的作用。

(1)850 hPa 等压面天气形势

气压分布的不均匀是大气运动的根本动力,也是风载迁飞性害虫高空飞行的动力。分析 850 hPa 等压面天气形势图(图 5.15)后可以发现:2008 年 7 月 17 日 20 时850 hPa 高度上,我国华南西部、云贵高原大部为低压控制,有上升气流,有利于稻纵卷叶螟的迁出和起飞,低压前部及东北侧盛行强劲西南暖湿气流,对西南虫源地迁出的稻纵卷叶螟有重要的输送作用。菲律宾群岛以北、我国台湾地区和东南沿海为一台风系统控制,台风控制区内有强上升气流,对区内北部的虫源有抬升、北送作用。华东沿海、黄海南部、东海北部为西太平洋副高控制,副高控制区内有强下沉气流,对从西南方向输送来的虫源有截留沉降作用;而其西北侧有大面积的、较强的降水区,降水对南方来的虫源有动力迫降作用。实际上该降水区是三股气流的汇合区,即从华南西部、云贵高原来的西南暖湿气流、从西北高纬地区来的西北干冷空气和从东南海区来的东南暖湿气流汇合于此。2008 年 7 月 18 日 08 时 850 hPa 等压面上,台风北上,并在我国福建沿海登陆;西北冷高压增强南下并控制四川盆地,其东南前沿南下的西北干冷空气增强、扩展、南下直逼两湖地区;西南低压稍有减弱南撤,副高出现短期振荡型北移;山东半岛低压区引导西南暖湿气流进入苏皖地区。湘、赣、皖、苏地处四大天气系统交汇区,也是偏南气流、西北气流、东北气流的交汇区,淮阴站正好处于该区域内,降下大到暴雨,导致这一地区稻纵卷叶螟的大规模迁入(见图 5.12d)。由此可见:气压场上天气系统分布、移动和强度变化对稻纵卷叶螟的迁飞和降落有重要的作用。

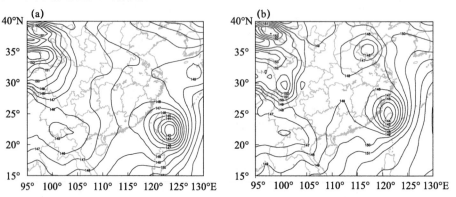

图 5.15 2008 年 7 月 17 日 20 时(a)与 18 日 08 时(b)850 hPa 等压面位势高度场

(2)850 hPa 风场

2008 年 7 月 17—18 日 850 hPa 风场对稻纵卷叶螟北迁也十分有利(图 5.16)。云贵高原以东,秦岭、淮河以南的我国大部地区水平风场为偏南气流,福建沿海受台风影响为气旋性环流,对这一地区的虫源迁出十分有利,台风北侧为偏南气流,为东南虫源向北输送至浙、沪、苏提供了良好的条件。安徽西南部、湖北东南部、湖南东北部、江西西北部有反气旋式风向切变,表明该地区盛行下沉气流,江苏中南部垂直风场向下,对害虫降落有利。18 日受苏皖北部垂直风场向上,有利于虫子迁出,但受到强降水影响,大部分虫源仍处于地面,等待迁飞。

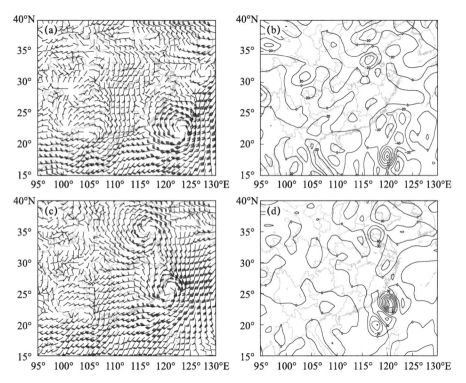

图 5.16 2008 年 7 月 17 日 20 时(a,b)、18 日 08 时(c,d)850 hPa 水平风场(a,c)与垂直风场(b,d)

(3)降水场分析

降水是影响稻纵卷叶螟降落的一个重要动力胁迫机制,尤其是水稻生长旺季、稻纵卷叶螟迁飞经过的特定区域一定强度(通常日降水量 10 mm 以上)的降水分布在很大程度上对稻纵卷叶螟降虫区的分布起着重要的定位作用。在 2008 年 7 月 15 日至 16 日 24 h 降水量分布图上可以看出,强降水主要分布在云贵高原、四川盆地、秦岭淮河以北至山东半岛、渤海湾的带状区域(见图 5.17a 和 5.17b),上述区域中并没有明显的稻纵卷叶螟迁入,表明稻纵卷叶螟受气流引导往长江中下游方向迁飞。

7月17日24 h降水量减少,分布区域零散,长江中下游湖北、安徽分别有大片强降水区,后者对应着7月17日的主降虫区(见图5.17c)。7月18日24 h降水量出现较大幅度的变化,强降水高度集中地出现在黄淮南部和江淮大部(见图5.17d),而当日主降虫区出现在降水区南部和南侧边缘地区,表明降水区对降虫有一定程度的影响,但强降水区与主降水区并不完全吻合,而是有一定程度的偏离,绝大多数稻纵卷叶螟受"雨墙"阻挡降落在中等偏弱的南侧降水带内。淮阴站恰好处于强降水南侧,从淮阴继续往北的稻纵卷叶螟受降水影响只能下沉迁入当地,导致18日淮阴站日虫量突增。

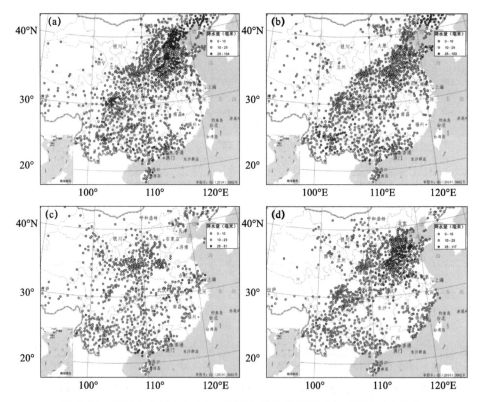

图5.17 2008年7月15—18日地面稻纵卷叶螟迁飞经过区域降水分布

(a)7月15日;(b)7月16日;(c)7月17日;(d)7月18日

5.2.3 小结

分析2008年我国稻纵卷叶螟的时空变化规律后发现:2008年我国稻纵卷叶螟的发生情况比往年重。全国范围内稻纵卷叶螟迁入始见期普遍出现在5月3日前后,但是各地区初见期极不一致,最多相差123 d。全国范围内稻纵卷叶螟迁入终见期为 9 月 15 日前后,但各地区终见期也不一致,最多相差 90 d。稻纵卷叶螟种群迁入峰有单峰型、双峰型和多峰型三种,其中以双峰型发生的地区最多。在不同时期迁飞的稻纵卷叶螟降落在不同的地区,而且降落的时间空间分布极不均匀。2008 年 7 月 15—18 日是北迁迁入虫量最多、降落面最广、危害程度最严重的一次稻纵卷叶螟大迁入过程。江苏淮阴站在 7 月 18 日出现迁入虫量的突增,用来当作逆推的虫源地。

在明确 2008 年我国稻纵卷叶螟降落时空变化特征的基础上,利用中尺度 WRF 模式对大气背景场的模拟,结合 FLEXPART 模型能够描述稻纵卷叶螟的迁飞轨迹,对北迁过程中大气背景进行分析,结果表明:江苏淮阴的稻纵卷叶螟来源于浙江中部至安徽中西部一线。850 hPa 大气环流形势对稻纵卷叶螟的北迁降落起着重要作用。不同背景下大尺度天气系统的分布、移动、强度变化对害虫迁入有重地的影响。春、夏季节,当 850 hPa 风场上盛行强而一致的偏南风时,对稻纵卷叶螟的北迁有利,同时风场切变也对稻纵卷叶螟的迁入有较大的影响;秋季,850 hPa 上的高度上的偏北风对南迁有一定程度的影响,但作用不如北迁明显。风场上的反气旋式切变区,盛行下沉气流,对稻纵卷叶螟的迁入和降落有利;气旋式切变区,盛行上升气流,对稻纵卷叶螟的起飞和迁出有利。降水是稻纵卷叶螟大量迁入和降落的一个重要动力胁迫机制,稻纵卷叶螟迁入极易出现在一定强度的降水区内。

由于能提供逐日虫情的全国病虫测报站点有限,所用数据也不齐全,因此要全面反映害虫迁入和危害特征势必受到一定程度的限制。除了稻纵卷叶螟本身生理特性的内在因素外,气象条件是众多环境因素中影响最大、关系最密切的因子。FLEXPART-WRF 模型能够用来进行迁飞性害虫的正向或逆向迁飞推断,单一站点的迁飞轨迹受大气背景场的控制,与实际稻纵卷叶螟的迁飞路径存在一定误差,但依靠气象模式还不能完全模拟迁飞过程,还应该结合地面观测取样、多普勒雷达监测、生物标定等方法共同对稻纵卷叶螟的迁飞降落进行研究。需要注意的是本节在使用 FLEXPART 模式模拟时并未考虑本地繁殖的虫源对迁飞虫源的影响,这也在一定程度上影响了逆推的准确性。此外还受到地形因素、下垫面成分的影响,这些因素共同构成了稻纵卷叶螟的迁飞过程。因此,在农业生产中,还须系统地掌握害虫生存、活动所处地面与气象背景的变化规律,密切关注害虫发生、迁飞、降落动态,以便适时做出合理的防治对策,避免或减轻水稻虫灾损失。

第6章 病虫害气候风险评估技术

6.1 灾害风险评估理论基础

气象灾害预报和风险评估是为了实时防灾减灾,而病虫害属于自然灾害的范畴,其风险评估指标体系是进行病虫害风险评估的关键环节,指标选取应遵循科学性、实用性、动态性、系统性、人本性原则。20 世纪 80 年代以来,国内外在开展自然灾害风险分析研究方面已取得了一定成果(Petak et al. ,1993;李世奎 等,1999;史培军 等,2014)。美国学者 Petak 等(1993)在《自然灾害风险评价与减灾对策》一书中对美国主要自然灾害的风险分析进行了详细的论述,以风险分析技术为核心,探讨了农业自然灾害分析的理论、概念、方法和模型。史培军等(2014)对自然灾害系统内各因素间的相互关系进行了系列深入的分析,明确了灾情是致灾因子、孕灾环境和承灾体相互作用的产物(史培军,1991,1996,2002,2005,2009)。霍治国等(2003)、王春乙等(2005)针对农业灾害的风险评估,研究探讨了主要农业气象灾害风险评估的技术,提出风险区划的指标和方法。

农业气象灾害风险是指在历年的农业生产过程中,由于孕灾环境的气象要素年际之间的差异引起某些致灾因子发生变异,承灾体发生相应的响应,使最终的承灾体产量或品质与预期目标发生偏离,影响农业生产的稳定性和持续性,并可能引发一系列严重的社会问题和经济问题(霍治国 等,2003)。农业气象灾害系统由孕灾环境、承灾体、致灾因子、灾情 4 个子系统组成;其中灾情是孕灾环境、承灾体、致灾因子相互作用的最终结果。农业气象灾害风险属自然风险的研究范畴,病虫害气候风险则属于农业气象灾害风险的范畴。经过多年的发展,自然灾害风险评估已经形成致灾因子危险性评估、承灾体脆弱性(包括敏感性和暴露水平)评估的操作范式(史培军,1996,2002;IUGS,1997;UNISDR,2004;叶涛 等,2014)。在评估过程和结果形式上,又一般区分为基于指标体系的风险指数(risk index)评估和基于概率(probablistic)框架的定量风险评估。依据自然灾害风险形成机制和自然灾害风险分析基本理论,一定区域内某时段自然灾害风险是致灾因子危险性(H)、孕灾环境敏感性(E)、承载体易损性(V)和防灾减灾能力(C)四个因素相互作用的结果。通常以危险性、敏感性(暴露性)、易损性(也称脆弱性)和防灾减灾能力 4 个因素作为指标,评估自然灾害的发生风险,将其用于病虫害气候风险评估,其数学表达式为:

$$病虫害气候风险 = f(H、E、V、C) \tag{6.1}$$

脆弱性是指受危险影响地区的承载体面对致灾因子危险性可能遭受的伤害或损失程度。防灾减灾能力主要是体现一些当地经济能力反应的抵御灾害的能力,主要可以包括一些工程性和非工程性两类。例如对农作物病虫害的抵御能力包括:资金投入、物资、人力、防治水平以及灾害发生后的应急管理与调控能力等。分别对这4 种指标进行极差标准化,使其处于 0～1 之间,再将 4 种指数加权求和或取乘积即得综合风险指数,并划分低、中、高风险等级。

6.2　小麦蚜虫害气候风险评估技术

对小麦主产区蚜虫害发生风险进行合理的区划,是对虫害开展针对性防治的基础。在区划方法上,基于关键因子的病虫害气候风险区划是普遍采用的方法(郭安红等,2012;张蕾 等,2016),但多限于从气象单因子或组合因子角度对病虫害气候危险性进行狭义风险区划和分析,结合气候危险性、脆弱性、防灾减灾能力等多因素进行病虫害综合气候风险区划方面较为鲜见。北方地区是中国冬小麦的主产区,本节基于风险角度,根据小麦蚜虫气候致灾指标构建气候危险性指数(王纯枝 等,2021),结合小麦蚜虫气候危险性和脆弱性及防灾减灾能力对北方冬小麦主要种植区域进行小麦蚜虫综合气候风险评估,基于年代际变化角度和发生实况,分析小麦蚜虫发生风险趋势。

6.2.1　资料与方法介绍

6.2.1.1　资料

虫情资料:同章节 2.2;气象资料:同章节 2.2。

小麦种植面积资料:来源于国家统计局,包括研究区 1958—2018 年 8 个省(市)冬小麦、春小麦的逐年种植面积等。

研究区涉及我国北方冬小麦主要种植区域 8 个主产省(市),包括河北、北京、天津、山西、河南、山东、江苏和安徽。从各省小麦蚜虫多年平均发生面积可以看出(图 6.1),全国主要有 25 个省份有小麦蚜虫发生,各省发生面积差异明显,河南省小麦蚜虫发生面积最大(1.8925×10^6 hm^2),广西发生面积最小(4700 hm^2),河南、山东、河北、江苏、安徽、山西等排名前 9 个省(市)小麦蚜虫发生面积占了全国的87.6%,其中研究区 8 个省(市)就占了全国的 75.3%,因此研究区在北方麦区中具有典型性和代表性。研究区主要种植冬小麦,春小麦只在华北北部少部分地区播种,冬小麦播种面积占比在 95% 以上,因此研究区范围设置为 8 个主产省(市)的冬麦区(图 6.2)。气象站点剔除高山站、城市开发区等非农田站点后,最终选取上述 8个省(市)561 个气象站点,其中在华北选取 206 站,包括北京 10 站、河北 119 站、天津 11 站、山西 66 站,黄淮地区和苏、皖两省站点选取同章节 2.2。

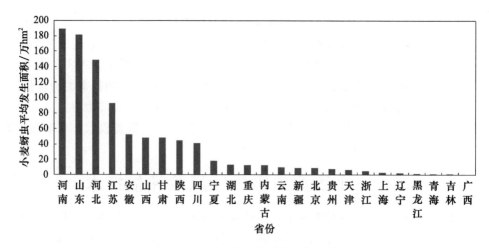

图 6.1 各省小麦蚜虫平均发生面积

图 6.2 冬小麦研究区

6.2.1.2 百分位数法

本节采用百分位数法中的四分位数进行风险区划等级范围划分。

百分位数是将一组数据 n 个变量值由小至大逐一排序后,计算各数据对应的累计百分位,则某一百分位所对应数据的值就称为这一百分位的百分位数(Cleveland et al.,1988;徐雅,2014),在统计学上也称 PR(percentile ranks)值。百分位数法是一种常用的统计方法。在实际应用中,百分位数作为一种位置指标,用来描述一组样本值在某百分位置上的水平,经常使用的百分位数有 $P_{2.5}$、P_5、P_{25}、P_{50}、P_{75}、P_{95}、$P_{97.5}$ 等,其中 P_{25}、P_{50}、P_{75} 也称为四分位数,如果多个百分位数结合使用,所描述数据

分布特征能够更为全面,计算公式为:

$$\hat{Q}_i(p) = (1-\gamma)\,X_j + \gamma\,X_{j+1} \tag{6.2}$$

$$j = int[p \times n + (1+p)/3] \tag{6.3}$$

$$\gamma = [p \times n + (1+p)/3] - j \tag{6.4}$$

式中,$\hat{Q}_i(p)$ 为第 i 个百分位值,X 为升序排列后的样本数列,p 是百分位数,n 是序列总数,j 是第 j 个序列数,X_j 表示此数列中第 j 个数。

6.2.2　小麦蚜虫害气候风险评估指标和模型

6.2.2.1　小麦蚜虫害气候危险性指数构建

采用相关分析、主成分分析和回归分析等方法,依据章节 2.2 中气象适宜度指数模型的构建方法和筛选出的关键因子,构建北方冬小麦主产区分区域小麦蚜虫害气候致灾指数,构建的模型和建模方法具体见章节 2.2。基于章节 2.2 所建北方地区分区域的小麦蚜虫气象适宜度模型作为麦蚜气候致灾指数模型,以小麦蚜虫害发生气候适宜度指数作为其气候适宜指标和气候致灾因子,在此基础上计算 1958—2018 年研究区小麦蚜虫气候致灾指数,并据此构建北方主产麦区小麦蚜虫气候危险性指数序列数据集。采用百分位数法,将小麦蚜虫气候致灾指数划分不同致灾等级,统计 1958—2018 年及不同年代不同等级致灾指数发生频次作为小麦蚜虫气候危险性致灾指标,利用小麦蚜虫不同致灾等级和发生频次构建气候危险性指数(李世奎 等,2004;张蕾 等,2016a):

$$\chi = \sum_{i=1}^{4} \chi_i \times d_i \tag{6.5}$$

式中,χ_i 为不同年代小麦蚜虫各等级致灾指数出现频率,d_i 为对应各强度的平均气候致灾指数,i 为致灾等级。强度共分为 4 个等级,对应气象等级为不适宜、较适宜、适宜、非常适宜。

6.2.2.2　小麦蚜虫害发生脆弱性指数构建

为了消除不同省份小麦种植面积的差异,利用各省小麦蚜虫害不同年份实际发生面积与小麦种植面积的比值进而计算不同年代平均小麦蚜虫害发生面积率来作为年代际小麦蚜虫害脆弱性指数,指数越大,表明该地区受小麦蚜虫危害的影响越重。

$$v = \frac{S_a}{S_g} \tag{6.6}$$

式中,v 为小麦蚜虫脆弱性指数,S_a 为各省小麦蚜虫发生面积,S_g 各省小麦种植面积。

6.2.2.3　小麦蚜虫害防灾减灾能力指数构建

本节利用小麦蚜虫防治面积与发生面积的比值即不同年代麦蚜防治面积与虫害发生面积比率来作为年代际小麦蚜虫防灾减灾能力指数,指数越大,说明可供投入的防灾减灾能力越强,损失概率就越小,则灾害发生风险相应也越低。

$$c = \frac{S_p}{S_a} \qquad (6.7)$$

式中,c 为小麦蚜虫防灾减灾能力指数,S_p 为小麦蚜虫防治面积(单位:万 hm^2),S_a 为小麦蚜虫发生面积(单位:万 hm^2)。

6.2.2.4 小麦蚜虫害气候风险指数构建

本节在进行小麦蚜虫风险区划过程中,基于 GIS 技术,利用 IDW(反距离权重)插值法、栅格运算、百分位数法等方法,完成小麦蚜虫害气候危险性、脆弱性、防灾减灾能力和综合风险区划。

计算综合气候风险指数时,为消除不同指数量级之间的差异,且避免底数为 0(如某地区某年代小麦蚜虫脆弱性为 0),在综合计算前对各指数进行规范化处理:

$$f_i' = 0.5 + 0.5 \times \frac{f_i - f_{\min}}{f_{\max} - f_{\min}} \qquad (6.8)$$

式中,f_i 为各指数值,$f_{\max}$、$f_{\min}$ 分别为各指数的历史最大值、最小值。基于灾害风险分析的原理,综合考虑小麦蚜虫气候危险性、脆弱性和种植区防灾减灾能力,构建小麦蚜虫气候风险指数:

$$s = \chi \times v \times (1 - c) \qquad (6.9)$$

式中,s 为小麦蚜虫气候风险指数,χ 为小麦蚜虫危险性指数,v 为小麦蚜虫脆弱性指数,c 为小麦蚜虫防灾减灾能力指数。

6.2.3 小麦蚜虫害气候风险评估

6.2.3.1 小麦蚜虫害气候危险性评估

在地理信息系统 ArcGIS10.2 支持下,对小麦蚜虫害气候危险性指数进行区划,划分为低风险区、中等风险区、较高风险区和高风险区(表 6.1)。研究区不同年代际基于气候危险性指数的小麦蚜虫害气候风险性见图 6.3。由图 6.3a—f 可以看出,20 世纪 60 年代以来我国北方小麦主产区小麦蚜虫害气候风险空间上呈现自南向北增加的趋势,时间上呈现逐渐加重的态势。从小麦蚜虫害年代际气候风险性来看,20 世纪 60—70 年代小麦蚜虫害气候风险性普遍较低;80 年代开始华北和黄淮气候危险性逐渐增大;江淮 80 年代和 90 年代的年代际气候风险性分布形式相似,仍普遍较低;90 年代高风险区主要集中在河北东部、河南北部、山东北部(图 6.3)。进入 21 世纪后,山东小麦蚜虫害气候风险性与 20 世纪 90 年代分布形式变化不大,高风险区呈现由华北东部向黄淮扩大南移趋势,黄淮中南部、江淮小麦蚜虫害气候风险性明显增大,2011—2018 年达最高。分析小麦蚜虫造成的各省小麦产量年代损失,均呈增加趋势,其中河南 20 世纪 90 年代以后产量损失增长率达 1.7×10^5 t/(10 a),与气候危险性年代趋势一致。由图 6.3g 中 1958—2018 年多年平均气候危险性指数分析得出,安徽中南部、江苏中南部、河南东南部为小麦蚜虫害气候低风险区;苏皖北部、河南中部偏南地区为气候中等风险区;河南西部和中部偏北地区、山东南部、京津地区、河北中北部、山西西部为气候较高风险区;河南北部、山东中北部、河北南部、山西东南部为气候高风险区,风险程度最高。

表 6.1　小麦蚜虫害气候风险评估因子分级标准

因子	低	中等	较高	高
危险性	[0.50,0.65]	(0.65,0.70]	(0.70,0.75]	(0.75,1.00]
脆弱性	[0.50,0.64]	(0.64,0.77]	(0.77,0.90]	(0.90,1.00]
防灾减灾能力	[0.50,0.68]	(0.68,0.74]	(0.74,0.80]	(0.80,1.00]
气候风险	[0.00,0.46]	(0.46,0.53]	(0.53,0.61]	(0.61,1.00]

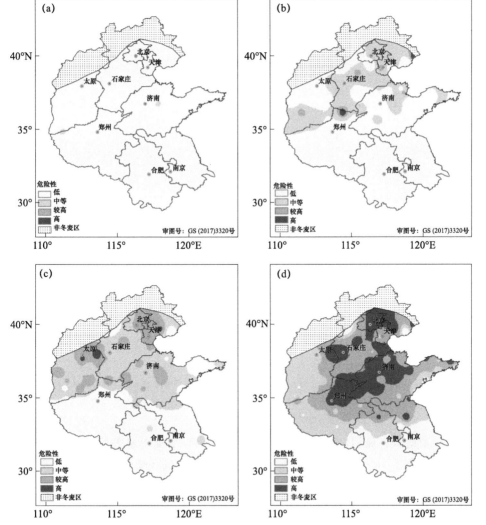

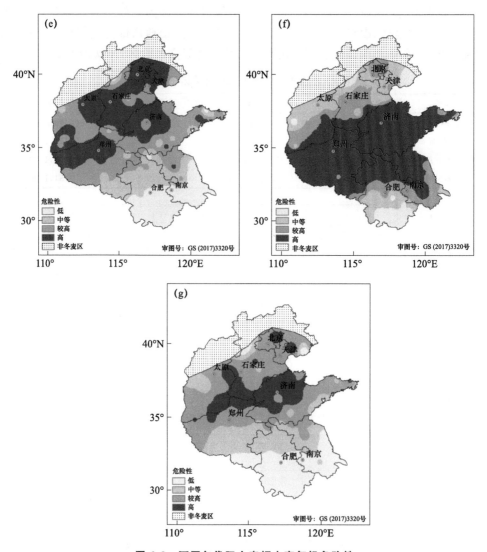

图6.3　不同年代际小麦蚜虫害气候危险性

(a)1961—1970年;(b)1971—1980年;(c)1981—1990年;(d)1991—2000年;
(e)2001—2010年;(f)2011—2018年;(g)1958—2018年

6.2.3.2　小麦蚜虫害脆弱性评估

　　从小麦蚜虫害脆弱性来看,随着年代际的演变,小麦蚜虫害脆弱性有逐步加重的趋势。由图6.4a可以看出,20世纪60年代小麦蚜虫害脆弱性较高值区主要位于江苏,其他地区脆弱性较低;70年代(图6.4b)小麦蚜虫害脆弱性有所增加,较高值区位于北京,中等值位于山西、河北、山东;80年代(图6.4c)小麦蚜虫脆弱性高值区位于北京,较高值主要位于河北,中等值集中在山西、山东、河南;90 年代(图 6.4d)华北、黄淮、江淮小麦蚜虫害脆弱性又有所增强,小麦蚜虫脆弱性高值区集中在京津地区、河北和山东,较高值在山西、河南、江苏地区,中等值位于安徽。21 世纪初(图 6.4e)小麦蚜虫害脆弱性高值区范围最广,主要位于山西、京津地区、河北和山东,较高值在河南和江苏,中等值位于安徽地区;2011—2018 年(图 6.4f)华北西部小麦蚜虫害脆弱性有所降低,江淮西部有所增强。总体来看(图 6.4g)北京为小麦蚜虫害脆弱性的高值区,河北、天津地区为脆弱性的较高值区,山西、河南、山东、江苏为中等脆弱性区,安徽为低脆弱性区。

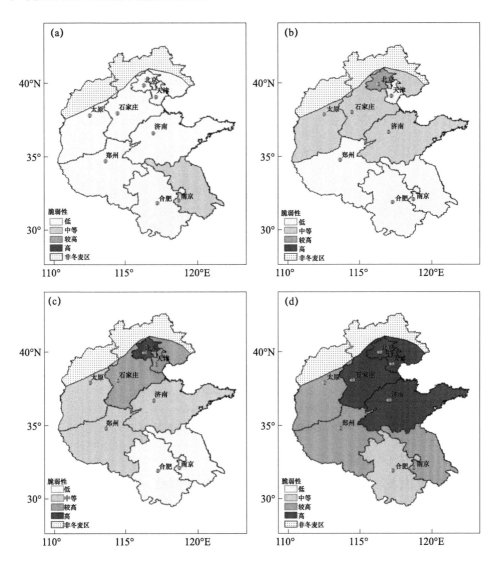

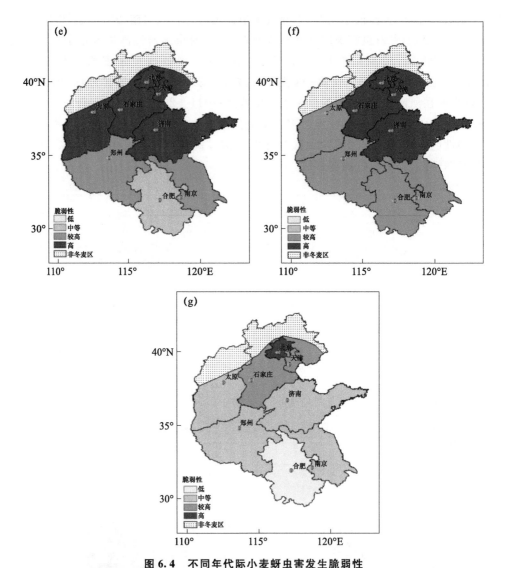

图 6.4 不同年代际小麦蚜虫害发生脆弱性

(a)1961—1970 年;(b)1971—1980 年;(c)1981—1990 年;(d)1991—2000 年;

(e)2001—2010 年;(f)2011—2018 年;(g)1958—2018 年

6.2.3.3 小麦蚜虫害防灾减灾能力评估

从小麦蚜虫害防灾减灾能力来看,随着年代际的演变,小麦蚜虫害防灾减灾能力呈逐步增强的趋势。由图 6.5a 可以看出,20 世纪 60 年代小麦蚜虫害防灾减灾能力中等区主要位于北京和河南,其他地区防灾减灾能力较弱;70 年代(图 6.5b)小麦蚜虫防灾减灾能力中等区主要位于北京、山东、安徽,其他地区防灾减灾能力较弱,其中河南防灾减灾能力较 20 世纪 60 年代有所降低;80 年代(图 6.5c)天津、河南、山东、江苏和安徽小麦蚜虫防灾减灾能力均为中等水平,北京升为较高水平,河北、山西防灾减灾能力仍较弱;90 年代(图 6.5d)8 省(市)小麦蚜虫防灾减灾能力普遍提升为较高水平,这与张福山(2007)的研究结论一致:1994 年起粮食作物有害生物植保防治的被动状况开始从总体上得到改变,防治面积增速快于发生面积增速。21 世纪初(图 6.5e)和 2011—2018 年(图 6.5f),河北、河南、江苏和安徽小麦蚜虫害防灾减灾能力均提升为高水平,北京、天津、山西和山东则与 90 年代一致、均保持在较高水平,这与各地区经济发展水平、粮食价格高低、对农业重视程度、农药成本比重、植保投资力

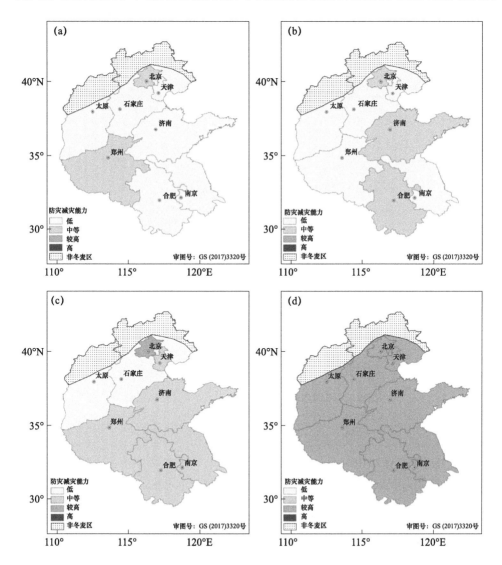

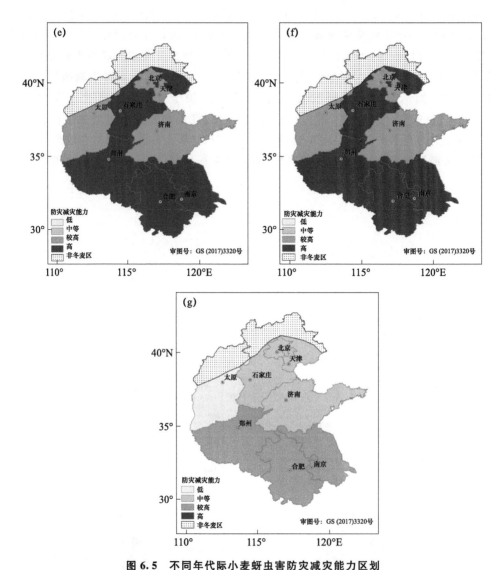

图6.5 不同年代际小麦蚜虫害防灾减灾能力区划

(a)1961—1970年;(b)1971—1980年;(c)1981—1990年;(d)1991—2000年;
(e)2001—2010年;(f)2011—2018年;(g)1958—2018年

度有关。据研究(张福山,2007),90年代后期以来我国粮食生产已形成了相对稳定的植保减灾能力,但目前我国与农药等科技性物质投入相关的科技水平近年来处于停滞状态,农药投入效率和农药成本的高低制约着农户在麦蚜防治能力方面的提升空间。总体来看(图6.5g),河南、江苏、安徽为小麦蚜虫害防灾减灾能力较强区,河北、北京、天津、山东为防灾减灾能力中等区,山西为防灾减灾能力较弱区。

6.2.3.4　小麦蚜虫害气候风险区划

对小麦蚜虫害综合气候风险指数进行区划,划分为低风险区、中等风险区、较高风险区和高风险区(表 6.1)。总体来看,小麦蚜虫害气候高风险区主要位于北京、天津、河北中南部大部、山东北部部分地区,较高风险区集中在山东大部、河南北部、山西东部和南部及江苏北部,中等风险区集中在河南中南部、江苏中南部,低风险区主要集中在安徽地区(图 6.6g)。从图 6.6a—f 中小麦蚜虫害综合气候风险年代际变化来看,20 世纪 60 年代我国北方小麦主要种植区大部小麦蚜虫害风险较低(图 6.6a);20 世纪 70 年代华北地区小麦蚜虫害气候风险程度有所增加(图 6.6b),河北、山西西南部、北京西部和天津地区由 20 世纪 60 年代的低风险区转为中等风险区,较高风险区在北京中东部,河南、山东、江苏、安徽风险仍较低;进入 20 世纪 80 年代(图 6.6c),华北、黄淮东部小麦蚜虫害气候风险程度都有所加强,山东中北部、山西东部由 20 世纪 80 年代之前的低风险区转为中等风险区,北京西南部、天津、河北东部转为较高风险区,北京大部转为高风险区,仅山西西南部风险程度降低;20 世纪 90 年代华北、黄淮、江淮东部风险程度进一步加重(图 6.6d),中等以上风险区范围进一步南扩,河北大部、山东北部、北京西南部、天津逐渐转为高风险区,山西东部、河南北部、山东中南部、河北南部、江苏东北部逐渐转为较高风险区,山西大部、河南中南部、江苏中部由低风险区变成中等风险区,仅安徽仍为低风险区。21 世纪 00 年代(图 6.6e)小麦蚜虫害气候风险水平明显增加,华北和山东大部普遍处于高风险水平、风险程度历史最高,较高风险区集中在河南大部、江苏北部、山东西南部,中等风险区集中在河南东南部、江苏南部;2011—2018 年(图 6.6f)华北西部风险水平有所下降,黄淮、江淮地区风险水平继续增加、分别位居历史最高水平,河南北部和西部转为高风险区,河南东南部、安徽北部转为较高风险区,安徽中南部转为为中等风险水平。

从小麦蚜虫害实际发生情况分析:小麦蚜虫害广泛分布在我国各小麦主产区,以河南、山东、河北、江苏等地虫害发生最为普遍(图 6.1)。20 世纪 70 年代以前,北方地区小麦蚜虫仅在河南、江苏有所发生,发生面积率(占平均麦播面积 1.4×10^7 hm²)仅 17.4%,程度和范围相对较小;70 年代中期至 80 年代,在河南、山东、河北和北京相继有所发生,并向华北西部发展;90 年代之后,小麦蚜虫范围不仅遍及华北、黄淮麦区,且进一步南扩到苏皖两省,发生面积呈不断扩大趋势。从北方小麦主产区小麦蚜虫害实际发生面积来看,小麦蚜虫害实际年均发生面积从 20 世纪 60 年代(2.44×10^6 hm²)到 21 世纪初逐年代增加,2001—2018 年年均发生面积超过 1.2×10^7 hm²;且 20 世纪 80 年代、90 年代发展迅速,分别比上年代增加了 2.351×10^6 hm² 和 5.541×10^6 hm²;而 21 世纪 00 年代和 2011—2018 年小麦蚜虫害发生面积保持稳定和缓慢增长态势,分别比 20 世纪 90 年代、21 世纪初增加了 3.1×10^5 hm² 和 1.103×10^6 hm²。以小麦主产省河南、山东、河北为例(表 6.2):20 世纪 80 年代以前,河南省小麦蚜虫害发生面积较小（周树堂 等,1991）,风险水平较低,20 世纪 80 年代、90 年代、21 世纪 00 年代和 2011—2018 年年均发生面积分别为 143.4 万 hm²、306.7 万 hm²、355.5 万 hm² 和 376.4 万 hm²,风险水平逐渐加重;山东省小麦蚜虫年均发生面积从 20 世纪 60 年代的 1.41×10^5 hm² 至 2011—2018 年增长到 3.509×10^6 hm²,风险水平不断提高;河北 20 世纪 90 年代发生面积迅速增加,较 80 年代增加了 7.58×10^5 hm²,之后发生面积虽略有波动,但都在 2.0×10^6 hm² 以上,发生面积率均超过 90%,风险水平维持在较高的程度。上述小麦蚜虫的实际发生时空分布特征及发展趋势与本文的小麦蚜虫害气候风险分布及变化趋势相一致(图 6.6)。综合 1958—2018 年小麦蚜虫害脆弱性变化趋势,

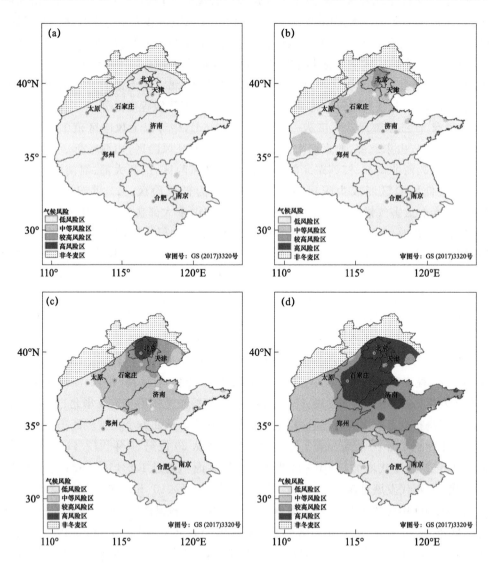

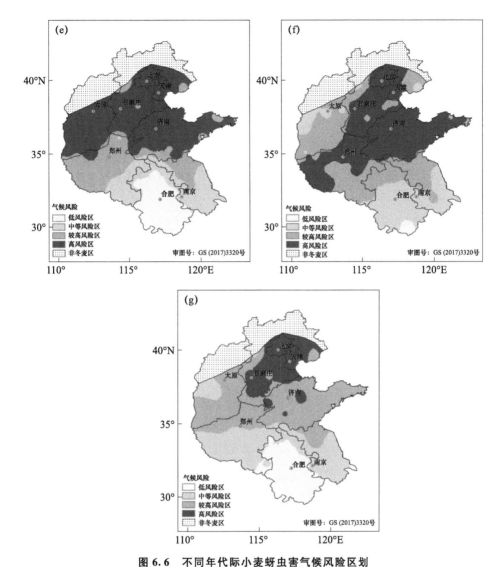

图 6.6　不同年代际小麦蚜虫害气候风险区划

(a)1961—1970 年；(b)1971—1980 年；(c)1981—1990 年；(d)1991—2000 年；
(e)2001—2010 年；(f)2011—2018 年；(g)1958—2018 年

即从小麦蚜虫发生面积率的变化趋势(图 6.7)和气候危险性年代际变化(图 6.3)可以看出，在北方小麦主产区 8 个省(市)小麦蚜虫害气候危险性总体呈增加趋势，发生面积率倾向率也均呈增加趋势，因此北方地区小麦蚜虫害气候风险水平总体逐渐增加，其中山东、天津发生面积率倾向率最高、风险增速最快，苏皖两省最低、风险增速最慢。

以近 10 a 小麦蚜虫发生典型年 2014 年、2015 年为例(全国农业技术推广服务中心，2015，2016)，2014 年麦蚜为害实际发生程度等级空间分布格局为：北京和山东为大发生、程度最重,天津和河北总体偏重发生,河南、山西、江苏中等发生,安徽偏轻发生;2015 年为:河北和山东大发生、程度最重,北京、天津、河南偏重发生,山西中等发生,江苏和安徽总体偏轻发生。从 2 个典型年小麦主产区 8 省(市)小麦蚜虫害实际发生程度分布看出,京津冀地区及山东麦蚜为害总体发生等级最高,苏皖地区偏低,这与图 6.6f(2011—2018 年)和图 6.6g(1958—2018 年)中相应年代际小麦蚜虫害气候风险分布格局总体是一致的,进而说明图 6.6g 中小麦蚜虫害综合气候风险区划分布是合理的。

表 6.2 北方冬麦区代表省(市)小麦蚜虫害发生面积、发生面积率年际变化

时段(年份)	河南		山东		河北	
	年均发生面积/万 hm²	年均发生/面积率%	年均发生面积/万 hm²	年均发生/面积率%	年均发生面积/万 hm²	年均发生/面积率%
1961—1970	84.9	22.4	14.1	4.0	46.3	21.8
1971—1980	69.7	18.5	110.5	29.6	104.5	39.4
1981—1990	143.4	31.6	190.8	49.1	179.2	74.9
1991—2000	306.7	63.1	332.9	82.6	255.0	98.0
2001—2010	355.5	70.0	334.1	97.6	220.5	92.0
2011—2018	376.4	67.4	350.9	89.4	228.9	95.3

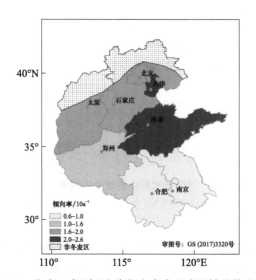

图 6.7 北方 8 省(市)小麦蚜虫害发生脆弱性趋势分布

6.2.4 小结

北方冬小麦主要种植区域小麦蚜虫害气候危险性总体呈增加趋势,且年代际变

化差异明显,尤其 20 世纪 90 年代以来增加显著。1958—2018 年北方冬小麦主产区小麦蚜虫害多年平均气候危险性风险分布为:从南往北增强,安徽中南部、江苏中南部、河南东南部为小麦蚜虫害气候低风险区;苏皖北部、河南中部偏南地区为气候中等风险区;河南西部和中部偏北地区、山东南部、京津地区、河北中北部、山西西部为气候较高风险区;河南北部、山东中北部、河北南部、山西东南部为气候高风险区,风险程度最高,需重点监测和防范。

以小麦蚜虫发生面积率来评估小麦蚜虫害脆弱性,随着年代变化,脆弱性呈逐步加重的趋势。小麦蚜虫害防灾减灾能力总体呈逐步增强趋势,20 世纪 90 年代提升显著,2001 年以来趋于稳定。从 20 世纪 60 年代起,小麦蚜虫害综合气候风险逐步加重,尤其自 90 年代起高风险范围逐渐加大;21 世纪 00 年代和 2011—2018 年较高风险和高风险范围相对趋于稳定,华北、黄淮分别于 21 世纪初、2011—2018 年综合风险等级达最高;空间上综合风险等级总体从南向北加重。

北方冬小麦主产区小麦蚜虫害综合气候风险高的区域主要分布在北京、天津、河北中南部大部、山东北部部分地区;较高风险区域在山东大部、河南北部、山西东部和南部及江苏北部地区;中等风险区集中在河南中南部、江苏中南部地区;低风险区主要集中在安徽地区。总体来看,小麦蚜虫害综合气候风险高或较高的区域主要集中在北京、天津、河北、山东、河南北部和山西东部与南部等地,即这些地区是小麦蚜虫害的常发区和易发区,需加强小麦蚜虫的监测预警和防治工作。

小麦蚜虫害发生发展和干旱密切相关(王纯枝 等,2020),因水分缺乏可以提高干旱地区蚜虫潜在的适应能力,蚜虫需耗费更多的时间取食(戴鹏,2016)。从 1958—2018 年共 61 a 的小麦蚜虫综合气候风险空间分布看,北方冬小麦主产区 8 省(市)麦蚜气候风险从南向北加重。而张蕾等(2016b)对 1981—2012 年华北与黄淮冬小麦干旱风险评估的结论与小麦蚜虫综合气候风险空间分布总体一致:全生育期内冬小麦干旱风险总体上从南向北逐渐增加,北京、天津属于冬小麦干旱高风险区,抽穗期冬小麦干旱的高风险区主要在北京、天津、河北中南部、山东北部等地;王连喜等(2019)对河南省 1961—2014 年冬小麦干旱的时空特征分析结论为豫北一带重旱、特旱发生频率明显要高于豫中南部,这说明了本文研究结果的合理性和正确性。如 2014 年春季后期华北中南部、黄淮东部等地温高雨少,导致河北中南部、山东中西部及半岛西部、河南北部部分地区出现旱情(王纯枝 等,2020),促进了黄淮海麦区穗蚜为害偏重发生,造成 2014 年全国因麦蚜害导致小麦产量损失达 9.186×10^5 t(全国农业技术推广服务中心,2015;王纯枝 等,2021)。

河南、山东作为全国小麦蚜虫害常年发生面积最大的两个省份,其小麦蚜虫害多年综合气候风险区划并非属高风险区,其原因在于两省多年综合气候危险性虽然较高,但由于小麦蚜虫害发生面积率均处于中等水平,二者有抵消作用,导致山东小麦蚜虫害综合气候风险处于较高水平,河南则处于中等至较高水平。自 20 世纪 60

年代以来,河南、山东两省冬小麦播种面积始终保持占全国冬小麦主产区即北方8个典型省(市)小麦播种面积的50%以上。河南为第一大省(1958—2018年平均小麦播种面积4.56×10^6 hm^2),山东为第二大省(1958—2018年平均小麦播种面积为3.74×10^6 hm^2),这是两省小麦蚜虫害发生面积位于全国前列的主要原因所在,气候危险性较高则起到了促进麦蚜发生面积增大、发生程度加重的作用。

在致灾因子的选取上,从气候综合致灾指数角度考虑,对进行大范围小麦蚜虫害评估有一定指示意义。致灾指数呈现出总体特征为:春季降水偏少、气温偏高及引发的干旱有助于促进小麦蚜虫害加重(王纯枝 等,2020)。研究表明:近130 a全球气温呈升高趋势,1983—2012年是过去1400 a中最暖的30 a(王玉洁 等,2016),气候变暖则可促进绝大多数病虫害发育期变短、危害期变长(任三学 等,2020)、害虫种群增长力提高(霍治国 等,2012b;王纯枝 等,2019)。本研究结果与气候变化趋势(丁一汇 等,2020)相一致,自20世纪80年代以来,北方小麦主产区小麦蚜虫害年代际气候危险性、脆弱性和气候风险总体均呈逐渐加重趋势,尤其90年代以来风险明显增大,分析发现小麦蚜虫害气候风险年代分布与发生实况一致。而已有研究表明:全球气候变暖导致的温室效应和极端天气等衍生的干旱等灾害的频发(Hartmann et al.,2013;周广胜 等,2016;王纯枝 等,2021),导致小麦蚜虫对逆境环境的适应能力也在显著提高(Awmack et al.,1997;李晶晶,2011;霍治国 等,2012b;王纯枝 等,2021),这也是20世纪90年代以后小麦蚜虫害呈偏重发生态势的原因。研究表明本节所依据的华北、黄淮分区域麦蚜气候致灾指数模型具有业务可行性,有助于支持业务服务。

6.3 小麦条锈病气候风险评估技术

小麦条锈病的越冬菌源量和春季气象条件决定了其春季流行程度,而影响小麦条锈病越冬菌源量的主要因素也是气象条件(刘可 等,2002;蒲崇建 等,2012;石守定 等,2004)。因此,可以在冬、春两季农业气候条件的基础上,结合地理环境、种植特点等,开展小麦条锈病发生气候风险评价及区划研究(郭翔,2019)。本节以四川盆区为例,在充分考虑小麦条锈病冬季繁殖与春季流行两个主要阶段气象条件的基础上,从构建灾害风险评价模型的易损性、危险性等方面分别选取相应的评价因子,建立小麦条锈病发生风险评估模型,并进行分区评价。

6.3.1 资料与方法介绍

6.3.1.1 资料

(1)气象资料

用于小麦条锈病越冬期和春季流行期气候适宜性的计算。选取1961—2017年逐年 12 月至翌年 4 月,四川盆地冬麦区 105 个气象站逐日气象资料(平均温度、最低温度、最高温度、降水量、平均风速、日照时数、平均相对湿度等)。检查气象观测数据的完整性,对个别缺失的数据,用气象条件最相近的邻近站点数据代替。

(2)小麦条锈病资料

用以分析小麦条锈病危险性。1999—2016 年四川盆区小麦主产县条锈病系统调查和动态监测资料中,以小麦条锈病的发病面积比(即发病面积占播种面积的比例,y)来表示小麦条锈病发生程度,并按照 $y>80\%$、$80\%\geq y>60\%$、$60\%\geq y>40\%$、$40\%\geq y>20\%$、$y\leq 20\%$ 的阈值,将小麦条锈病发生程度划分成大发生、中等偏重发生、中等发生、中等偏轻发生和轻发生五个等级,并计算各等级小麦条锈病发生频次。

(3)农业统计资料

整理气象站所在行政区(县)1999—2016 年小麦种植面积、产量,小春作物播种面积,进行均值、比值等计算,用以代表各区(县)近年小麦生产现状、农业生产水平、病虫防治情况等。

(4)地理信息资料

选取 1∶25 万四川省基础地理信息数据,审图号 GS(2017)3320 号。

6.3.1.2　风险评估方法

(1)评估思路

小麦条锈病是一种高空气流传播的病害,其发生流行程度与气象条件、地理环境等因素关系紧密,因此,以气象和环境条件为出发点,分析评估小麦条锈病风险,符合自然灾害风险理论。

在自然灾害风险分析理论的基础上,结合小麦条锈病发生机制,将四川盆地小麦条锈病发生风险要素分为致灾因子危险性、孕灾环境敏感性、承载体脆弱性、防灾减灾能力;利用 GIS 技术,分别对致灾因子危险性、孕灾环境敏感性、承载体易损性、防灾减灾能力 4 个要素进行评价;针对能影响小麦条锈病发生风险程度的因子,利用层次分析法为小麦条锈病发生风险各因子赋予权重;构建小麦条锈病风险评估模型并分区评价。

(2)自然灾害风险指数法

本节以危险性、敏感性、易损性和防灾减灾能力 4 个因素作为指标,评估四川盆地小麦条锈病的发生风险,数学表达式如下:

$$小麦条锈病风险 = f(H、E、V、R) \tag{6.10}$$

(3)集优法

选取与小麦生长和产量形成密切相关的气候、土壤要素值作为指标,分别将这些指标值在地域上的分布范围插入地图中,再根据各个地区所占指标的数量,划分出不同适宜程度的农业气候区。某地区所具有的指标数量越多,适宜度越高。

（4）空间化

气象因子的空间化处理采用基于经度、纬度和海拔高度的气象要素推算模型来完成,小网格推算模型为:

$$Y = f(\lambda、\Phi、h) + \varepsilon \tag{6.11}$$

式中,Y 为气象要素;λ、Φ、h 分别代表经度、纬度和海拔高度;ε 为综合地理残差。

（5）标准化

为消除不同量纲对评价指标的影响,使各评估因子处于同一数量级,本例采用极差标准化方法对评估因子数据进行处理,表达式如下:

$$x' = \frac{x - x_{\min}}{x_{\max} - x_{\min}} \tag{6.12}$$

式中,x' 为归一化处理后的数值;x 为原始数据;$x_{\max}$ 和 $x_{\min}$ 分别为数据序列中的最大值和最小值。

（6）加权综合评价法

加权综合评价法是综合考虑各指标对评价对象的影响程度,用量化的指标来表达整个评价对象优劣的方法,其表达式为:

$$C_j = \sum_{i=1}^{n} (Q_{ij} \times W_i) \tag{6.13}$$

式中,C_j 为风险指数;j 为第 j 个要素层;n 为评价指标个数;Q_{ij} 为第 j 个要素层第 i 个指标的归一化数值;W_i 为第 i 个指标的权重。

（7）层次分析法

通过将研究对象分解为若干层次及若干因素,再在各因素之间进行比较和计算,建立判断矩阵,通过一致性检验后,得出不同要素或者评价对象权重值的方法,称为层次分析法。本节中涉及权重的计算,均采用该方法来量化各个因素的影响程度。依据小麦条锈病风险评估指标,构建的各层指标因子判断矩阵和计算结果如表6.3所示,CR<0.1,通过一致性检验。

表 6.3　判断矩阵和各风险指标权重

A	B₁	B₂	B₃	B₄	权重	λ_max	CI	CR
B_1	1	1/3	1/2	1/2	0.1224	3.05	0.025	0.043
B_2	3	1	1	2	0.4236			
B_3	2	1/2	1	1	0.2270			
B_4	2	1/2	1	1	0.2270			

注:A,条锈病发生风险;B₁—B₄,致灾因子危险性、孕灾环境敏感性、承载体易损性、防灾减灾能力;$\lambda_{\max}$:最大特征根;CI:一致性指标;CR:随机一致性比率。

6.3.1.3　小麦条锈病气候风险评估指标及模型

（1）致灾因子危险性指标

本节选用四川盆地区小麦条锈病发生危害程度和发生频率两个因子共同表征小麦条锈病危险性，小麦条锈病的危害程度用发生面积比表示；不同等级小麦条锈病发生的频率由条锈病发生频次代表。用小麦条锈病发生危险性指数的大小表示危险性的高低，其表达式见式（6.14）：

$$H = \sum_{j=1}^{5} (\text{SR}_j \times W_j) \qquad (6.14)$$

式中，H 为危险性指数，SR_j 表示第 j 个等级小麦条锈病发生频次，W_j 为第 j 等级小麦条锈病发生情况在危险性中所占的权重。$j=1$ 表示大发生，$j=2$ 表示中偏重发生，$j=3$ 表示中等发生，$j=4$ 表示中等偏轻发生，$j=5$ 表示轻发生，通过层次分析法计算，$W_j(j=1,2,3,4,5)$ 分别为 0.496、0.232、0.137、0.085、0.050。

（2）孕灾环境敏感性指标

孕灾环境是指酝酿致灾因子的环境系统，本例采用气象条件适宜性来表征小麦条锈病孕灾环境的敏感性，分为越冬期和春季流行期 2 个时期。气象条件适宜性越高，则孕灾环境敏感性越高，其表达式如下：

$$E = E_w^{we_w} + E_s^{we_s} \qquad (6.15)$$

式中，E_w、E_s 分别为越冬气象条件适宜性和春季气象条件适宜性；we_w、we_s 分别为它们的权重系数，由层次分析法确定为 0.50 和 0.50。标准化处理后，得到孕灾环境敏感性指标，其值越大，孕灾环境敏感性越高。

① 气象因子的选取

利用 1999—2016 年梓潼县等 24 个县（市）小麦条锈病发病面积比（即小麦条锈病发病面积与小麦播种面积的比值）与小麦条锈病菌越冬期（12 月下旬—翌年 2 月下旬）、春季流行期（3 月中旬—4 月下旬）的相关气象因子（日平均气温、日最高气温、日最低气温、降水量、相对湿度、平均风速、日照时数、雨日数等）进行相关性分析，结合小麦条锈病萌发、侵染、发生流行的规律，筛选相关性显著并具有生物学意义的气象因子，作为气象条件适宜性分析的指标（表 6.4）。

表 6.4　适宜性评价的气象因子

时段	气象因子	r	P
越冬期	平均最低温度/℃	0.299*	0.038
	平均相对湿度/%	0.284*	0.042
春季流行期	平均温度/℃	0.488**	0.003
	降水量/mm	0.379*	0.023

注：r 为相关系数；*、**：分别为通过 0.05 和 0.01 的相关性显著性检验。

② 气象因子的空间化处理

将气象因子与气象观测站的经度、纬度和海拔高度进行回归分析,分别建立各气象因子的 GIS 小网格推算模型(表 6.5)和残差计算。利用 GIS 技术,实现各气象因子残差的空间插值处理,修正结果。

表 6.5　气象因子的小网格推算模型

时段	气象因子	推算模型
越冬期	平均最低温度/℃	$Y=14.091-0.066\lambda-0.094\Phi$
	平均相对湿度/%	$Y=142.864-0.499\lambda-0.257\Phi-0.002h$
春季流行期	平均温度/℃	$Y=13.386+0.061\lambda-0.144\Phi$
	降水量/mm	$Y=123.227-1.011\lambda+2.288\Phi+0.005h$

③ 适宜性阈值的确定

通过分析代表站点 2003—2016 年的气象因子,与所在行政区小麦条锈病发生面积比的散点图(图 6.8),来确定各单一气象因子适宜性分级的阈值。

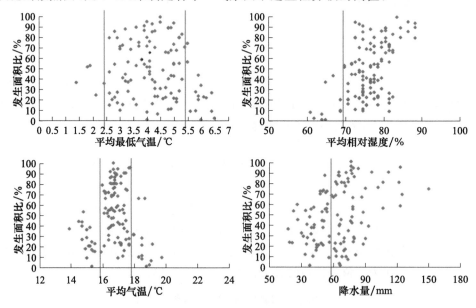

图 6.8　发生面积比与气象因子的散点图

从图 6.8 可见,当 2.5 ℃<平均最低气温≤5.5 ℃时,小麦条锈病发生面积比最大,而越冬期平均最低气温>5.5 ℃或者≤2.5 ℃时,小麦条锈病发生面积比始终低于 60%。由此,可将这两种情况分别定义为适宜和次适宜,并分别赋值 1 和 2,便于后续综合计算。用同样的方法确定越冬期平均相对湿度、春季流行期平均温度、春季流行期降水量这 3 个区划因子的适宜性分级阈值,结果见表 6.6。

表 6.6　气象因子阈值及等级

时段	气象因子	阈值	等级
越冬期	平均最低气温/℃	(2.5,5.5]	适宜(E_1)
		>5.5 或≤2.5	次适宜(E_2)
	平均相对湿度/%	>70	适宜(E_3)
		≤70	次适宜(E_4)
春季流行期	平均气温/℃	[16,18]	适宜(E_5)
		>16 或<18	次适宜(E_6)
	降水量/mm	>60	适宜(E_7)
		≤60	次适宜(E_8)

④ 气象条件适宜性

根据气象因子和阈值,通过集优法,得到四川盆区小麦条锈病越冬期和春季流行期气象条件适宜性分区,区划规则如表 6.7。

表 6.7　气象条件适宜性区划规则

等级	越冬期	春季流行期
高适宜区(D_1)	$E_1 \cap E_3$	$E_5 \cap E_7$
中等适宜区(D_2)	$E_2 \cap E_3$ 或 $E_1 \cap E_4$	$E_6 \cap E_7$ 或 $E_5 \cap E_8$
低适宜区(D_3)	$E_2 \cap E_4$	$E_6 \cap E_8$

(3)承载体易损性指标

小麦是小麦条锈病的直接承载体,小麦条锈病造成的损害程度取决于该区域小麦生产情况,在本例中用 1999—2016 年四川盆区内各县(市、区)小麦产量与研究区域小麦总产之比(百分比)的平均值来表征承载体易损指数(V),指数越大,则易损性越高。

(4)防灾减灾能力指标

防灾减灾能力表示防治病虫害的能力,本例从单位耕地面积农药使用量和农业生产水平两方面建立防灾减灾能力评价模型。其表达式为:

$$C = P^{W_p} + S^{W_s} \tag{6.16}$$

式中,C 为防灾减灾能力指数,其值越大,对小麦条锈病的防御能力越强,越不容易造成小麦条锈病严重发生或受到条锈病危害后恢复能力越强。其中 P 表示 1999—2016 年单位耕地面积农药使用量(农药使用量/耕地面积)的平均值;S 表示 1999—2016 年平均农业生产水平(某区县粮食单产/四川盆区粮食单产)。W_p、W_s 为层次分析法计算得到的权重,分别为 0.50 和 0.50。

(5)四川盆区小麦条锈病发生风险评价模型

将致灾因子危险性指数、孕灾环境敏感性指数、承载体脆弱性指数及防灾减灾

能力指数标准化,基于风险评估理论,利用层次分析法和加权综合评价法,建立四川盆区小麦条锈病发生风险评价模型为:

$$F = H^{wh} \times E^{we} \times V^{wv} \times (1 - C)^{wc} \tag{6.17}$$

式中,F 为四川盆区小麦条锈病发生风险指数,用于表示小麦条锈病发生风险程度,其值越大,发生风险程度越大;H、E、V、C 分别为致灾因子危险性、孕灾环境敏感性、承载体易损性、防灾减灾能力;wh、we、wv、wc 分别为它们的权重系数,本节中由层次分析法确定为 0.1223、0.4236、0.2270、2270。

6.3.2　四川盆区小麦条锈病气候风险评估

6.3.2.1　四川盆区小麦条锈病致灾因子危险性评估

从四川盆区小麦条锈病危险性指数分布(图 6.9)看,高危险性指数区域,主要集中在盆地的西部和盆地中部的部分地区,该区域正是四川盆区小麦条锈病的冬繁区。其余大部地区或因小麦生育期较盆地西部早,条锈病春季发病时该区域小麦多已处于成株期,或由于小麦种植较少等原因,危险性指数较低。

6.3.2.2　四川盆区小麦条锈病孕灾环境敏感性评估

(1)越冬期气象环境适宜性分析

图 6.10 为四川盆区小麦条锈病越冬期气象条件适宜性分布。在小麦条锈病菌越冬期,四川盆区内绝大部分地区的气象环境对小麦条锈病菌繁殖适宜性高,仅在盆地东部、西南部和北部的山区零星分布有适宜性稍次的区域。分布在山地的中等适宜区平均最低气温低于 2.5 ℃的最适范围;分布于丘陵地区的低—中等适宜区平均最低气温则高于 5.5 ℃;湿度条件几乎均高于平均相对湿度 70%的阈值。

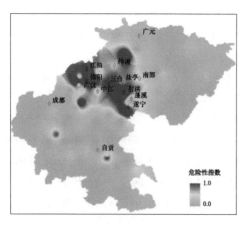

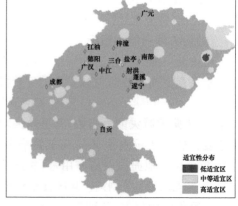

图 6.9　四川盆地小麦条锈病发生风险致灾因子危险性指数分布　　图 6.10　四川盆区小麦条锈病越冬期气象条件适宜性分布

（2）春季流行期气象环境适宜性分析

在四川盆区小麦条锈病春季流行期（图6.11），气象环境对小麦条锈病发生流行的适宜性整体处于中等适宜程度。适宜性高的区域主要分布在盆中丘区、盆东北丘区、盆西平原和盆南丘陵区，这些区域湿度适中，降水充足，温、湿度条件都有利于小麦条锈病的侵染危害。适宜性低的区域零星分布在盆地南部和中部，这些区域春季平均温度略高于最适水平，或降水量略低于60 mm，因此总体适宜性较盆地其余大部地方偏低。

（3）孕灾环境敏感性评估

四川盆区小麦条锈病孕灾环境敏感性高低，代表气象环境条件对小麦条锈病菌繁殖、侵染、爆发、流行的适宜程度，受越冬期气象条件和春季流行期气象条件的共同作用。从图6.12可以看出，在四川盆区内大部地区敏感性指数处于中高水平，表明四川盆区冬、春两季整体气象条件对小麦条锈病有利。高敏感性指数和低敏感性指数区域均呈零散分布，高敏感性指数区较低敏感性指数区分布广。高敏感性指数区在盆西平原、盆东、盆南、盆中以及盆周山地均有分布，这些区域冬季温暖、湿润、雾和露日多，春季回温快；低敏感性指数区域则多出现于盆地东北边缘山区，该区域冬季温度较低，不利于小麦条锈病菌的越冬。

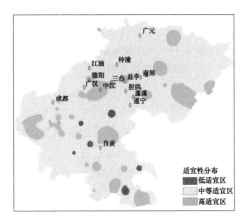

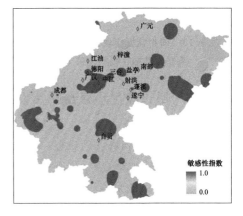

图6.11　四川盆区小麦条锈病春季流行期气象条件适宜性空间分布

图6.12　四川盆区小麦条锈病发生风险孕灾环境敏感性指数空间分布

6.3.2.3　四川盆区小麦条锈病承载体易损性评估

从四川盆区小麦条锈病承载体易损性指数分布看（图6.13），盆西平原、盆中浅丘区域的易损性指数较高，当遭受小麦条锈病危害时，该区域的损失程度相对较大。盆地南部、西南部、东北部部分地区由于近年来小麦种植面积大幅减少，易损性指数较低。

6.3.2.4 四川盆区小麦条锈病防灾减灾能力评估

四川盆区小麦条锈病防灾减灾能力是指各区域小麦生产中防御小麦条锈病的能力,防灾减灾能力指数分布如图 6.14。防灾减灾能力指数高值区主要集中在盆西平原地区、盆南丘陵地区和盆中与盆东北相交的浅丘地区,这些区域防治小麦条锈病的能力较强,遭遇小麦条锈病后的恢复能力也较强;低值区主要分布在盆东北平行岭谷区、盆中浅丘大部和盆周山地的大部分地区,该区域在病虫害防治方面的投入和农业经济水平方面相对较弱。

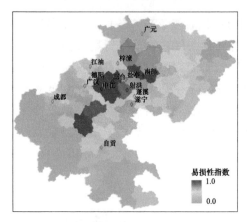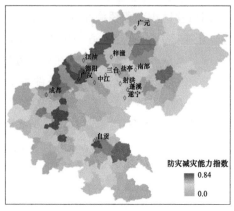

图 6.13 四川盆区小麦条锈病发生风险承载体易损性指数空间分布 　　图 6.14 四川盆区小麦条锈病防灾减灾能力指数分布

6.3.2.5 四川盆区小麦条锈病发生风险评估

四川盆区小麦条锈病发生风险指数的空间分布如图 6.15 所示。总体而言,盆地内小麦条锈病发生风险指数以低—中为主,风险指数最高值为 0.81,最低值为 0.0,平均值为 0.22。风险值的高值区零星分布于四川盆区,在盆地西部、中部和东北部相对较多,这些区域是四川小麦主产区,气象环境条件适宜于小麦条锈病越冬和暴发流行,且该区域常年都受到小麦条锈病危害,因此风险指数较高;盆地其余大部地方孕灾环境敏感性不高,小麦条锈病常年发病程度较轻,危害损失也较小,故而风险指数偏低。

6.3.2.6 四川盆区小麦条锈病发生风险区划

利用自然断点法将四川盆区小麦条锈病发生风险划分为轻、低、中、高风险区(图 6.16)。表 6.8 为小麦条锈病发生风险值及各风险区所占面积比。根据图 6.15 和表 6.8 可以识别和判断小麦条锈病发生风险等级。

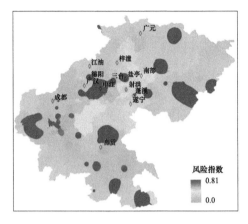

**图 6.15 四川盆区小麦条锈病
发生风险指数分布**

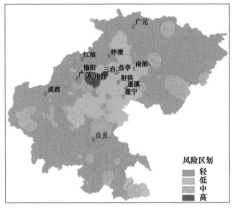

**图 6.16 四川盆区小麦条锈病
发生风险区划**

高风险区分布在盆地西部;中等风险区呈零星状分布;低风险区分布较为集中,主要位于盆地西部和中部;轻风险区主要分布在盆地边缘山地农区。轻风险区分布最广,面积比最高,超过研究区总面积的 60%;低风险区总面积与中风险区面积相近;面积最小的是高风险区,不到总面积的 2%。

表 6.8 四川盆区小麦条锈病发生风险区划等级及面积比

等级	风险指数	面积比/%
轻	[0.002,0.191)	63.0
低	[0.191,0.389)	19.4
中	[0.389,0.661)	16.4
高	[0.661,0.806)	1.2

6.3.3 小结

(1)本节充分考虑了孕灾环境、承载体、致灾因子和防灾减灾能力 4 个指标对四川盆区小麦条锈病发生风险的影响,强调了不同时期气象环境条件在小麦条锈病发生中的作用,从而在条锈病影响因子和指标的选取上更加符合四川盆区小麦条锈病发生特点,研究结果和实际情况吻合,具有一定的科学性和可靠性。

(2)由于气候、地形和种植习惯的影响,四川盆区内小麦生育期和条锈病发病期具有一定的差异性,本节中选取的越冬期和春季流行期时段可能存在一定的局限性。同时,小麦条锈病发生程度与气象条件、小麦品种抗性、综合防治措施、条锈病病菌越冬基数,以及从甘肃等地随气流迁移来的菌源量等因素有关,在做风险区划时所选择的评价指标和判断因子限于能收集到的相关数据,可能在准确性上还有待进一步提高。

6.4　小麦白粉病气候风险评估技术

对小麦白粉病进行合理的区划,是进行针对性防治的基础。李迅等(2002)针对小麦白粉病病情数据,利用地理信息系统软件分析了小麦白粉病的地理空间分布特征;霍治国等(2002b)从气象条件和白粉病病害发生情况角度,采用系统聚类分析法对我国小麦白粉病进行区划;刘伟昌等(2013)以白粉病病叶率和发病面积构建综合发病指数,进行了河南省小麦白粉病风险分析。上述研究多从气象条件或病害发生本身角度对小麦白粉病进行区划,本节则从气候风险角度分析白粉病发生范围和危害程度变化趋势,旨在提出有针对性的重点关注区域。

6.4.1　资料与方法介绍

6.4.1.1　资料

(1)病害资料:来源于全国农业技术推广服务中心,包括1961—2010年全国各省小麦(包括冬小麦和春小麦)白粉病的发生面积、防治面积、挽回损失和实际损失等资料。从各省小麦白粉病多年平均发生面积可以看出(图6.17),全国主要有23个省份发生小麦白粉病,各省(区、市)发生面积差异较大,河南白粉病发生面积最大(139.21万hm²),广西白粉病发生面积最小(0.13万hm²),河南、山东、江苏等9个省白粉病发生面积占了全国的90.31%。

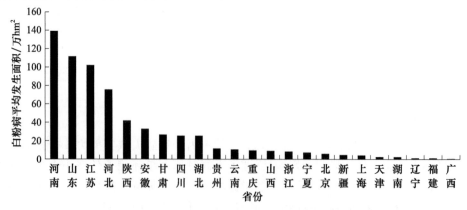

图6.17　各省(区、市)小麦白粉病平均发生面积

(2)气象资料:来源于国家气象信息中心。选取上述23个小麦白粉病发生省份共392个气象站点1961—2010年的逐日气象资料,包括日平均气温、降水量、日照时数、平均风速等。

(3)其他资料:小麦种植面积、产量资料来源于中国种植业信息网,包括23个省份 1961—2010 年小麦的逐年种植面积、产量、单产等。

6.4.1.2　风险评估指标和方法

（1）小麦白粉病气候危险性指数构建

环境条件，尤其是气象条件是影响白粉病发生的重要因素。适宜的温湿条件利于小麦白粉病的发生流行，当温度过高或过低时对小麦白粉病有明显的抑制作用（李伯宁 等，2008）；小麦生长季节多雨，空气湿度较高对病害的流行有利，而降雨强度过大又容易冲杀白粉病病菌。通常小麦白粉病病菌待春季气温回升，小麦返青后，潜伏越冬的病菌恢复活动，产生分生孢子，借气流传播危害，故以北方麦区返青至成熟期、南方麦区拔节至成熟期为小麦白粉病发生关键时段，考虑到小麦白粉病适宜环境条件（中国农业科学院植物保护研究所，1995；李伯宁 等，2008），以关键期日平均气温 10～24 ℃，且日降雨量＜25 mm 的雨日数作为小麦白粉病气候致灾因子。利用百分位数法（唐为安 等，2012；莫建飞 等，2012）对致灾因子进行等级划分，具体做法如下：统计 392 个站点 1961—2010 年逐年白粉病气候致灾日数，将所有站点致灾日数进行有序排列，以 60%～80%、80%～90%、90%～95%、95%～98%、≥98%位数对应的致灾日数作为 1～5 级致灾等级；统计 1961—2010 年及不同年代不同等级致灾日数的发生频次作为小麦白粉病气候危险性致灾指标。对不同等级致灾指标给予不同的权重，对小麦白粉病致灾等级加权构建白粉病气候危险性指数：

$$x = \sum_{i=1}^{5} (x_i \times d_i) \tag{6.18}$$

式中，x_i 为不同年代小麦白粉病不同等级致灾日数发生频次，d_i 为不同等级强度的权重，这里考虑等级越大贡献越大的原则，分别给 1～5 级危险性强度赋予权重 1/15、2/15、3/15、4/15、5/15。

（2）小麦白粉病发生脆弱性指数构建

脆弱性是指受危险影响地区的承灾体面对致灾因子危险性可能遭受的伤害或损失程度。本节利用各省（区、市）小麦白粉病实际发生面积来评估小麦白粉病脆弱性，为了消除不同省份小麦种植面积的差异，以不同年代平均小麦白粉病发生面积率（白粉病发生面积/小麦种植面积）作为年代际小麦白粉病脆弱性指数，指数越大，表明该地区受小麦白粉病的影响越重。

（3）小麦白粉病气候风险指数构建

在计算综合气候风险指数之前，为了消除不同指数量级之间的差异，且避免底数为 0（如地区某年代白粉病脆弱性为 0），在指数进行综合计算前对其进行归一化处理：

$$f_i' = 0.5 + 0.5 \times \frac{f_i - f_{min}}{f_{max} - f_{min}} \tag{6.19}$$

式中，f_i' 为归一化之后的指数值；f_i 为各指数值；f_{max}、f_{min} 分别为各指数的最大值、最小值。

综合考虑小麦白粉病气候危险性和脆弱性,构建小麦白粉病气候风险指数:

$$s = x \times v \tag{6.20}$$

式中,s 为小麦白粉病气候风险指数,x 为白粉病危险性指数,v 为白粉病脆弱性。

本节在进行白粉病风险区划过程中,利用 ArcGIS 空间分析模块中的 Kriging 插值法、栅格运算、自然断点分级等方法,完成小麦白粉病气候危险性、脆弱性和综合风险区划。

6.4.2 小麦白粉病气候危险性评估

对小麦白粉病气候危险性指数进行区划,划分为低危险性区、中等危险性区、较高危险性区和高危险性区(表 6.9)。从小麦白粉病的气候危险性可以看出,危险性呈现从南往北减弱的趋势(图 6.18f)。高危险性区域主要集中在云南西部、贵州大部、重庆西部、湖南北部以及福建北部,较高危险性区集中在重庆西部、湖北南部、安徽南部、江苏南部、浙江、湖南南部和广西,中等危险性区域在四川大部、云南大部、湖北北部、安徽中部、江苏中部、甘肃东南部、陕西南部、河南南部、河北北部和辽宁中东部,低危险性区域主要位于河南中北部、山东、山西、河北大部、京津地区、陕西中北部、甘肃和新疆大部。从小麦白粉病年代际气候危险性来看,在 21 世纪以前,小麦白粉病的年代际气候危险性分布形式相似,高危险性区主要集中在贵州、重庆、湖南北部和福建北部(图 6.18a—d);进入 21 世纪后,南方小麦白粉病气候危险性分布形式变化不大,华北北部、新疆西部区域白粉病气候危险性有所增强(图 6.18e)。

表 6.9 小麦白粉病气候风险评估因子分级标准

因子	低	中等	较高	高
危险性	≤0.52	(0.52,0.55]	(0.55,0.60]	>0.60
脆弱性	≤0.63	(0.63,0.75]	(0.75,0.87]	>0.87
气候风险	≤0.31	(0.31,0.39]	(0.39,0.49]	>0.49

6.4.3 小麦白粉病发生脆弱性评估

从小麦白粉病脆弱性来看,随着年代际的演变,小麦白粉病脆弱性有逐步加重的趋势。20 世纪 60 年代小麦白粉病脆弱性高值区主要位于广西地区,较高值位于山东,其他地区脆弱性较低(图 6.19a);70 年代,白粉病脆弱性有所增加,高值区主要在北京,较高值位于山东福建,中等值位于云南、广西(图 6.19b);进入 80 年代,华北、黄淮白粉病脆弱性有所增强,西南地区则有所减弱,白粉病脆弱性高值区位于上海,较高值主要集中在江苏和北京地区,中等值集中在河北、山东、河南、湖北、宁夏、浙江和福建(图 6.19c);90 年代,小麦白粉病脆弱性的高值区集中在北京、江苏和上

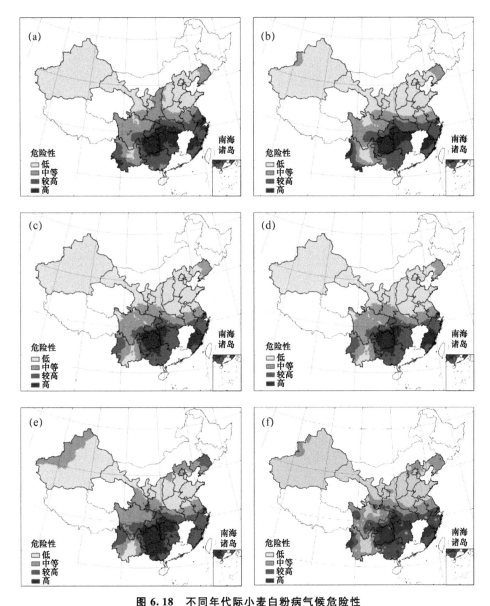

图 6.18　不同年代际小麦白粉病气候危险性

(a)20 世纪 60 年代;(b)20 世纪 70 年代;(c)20 世纪 80 年代;

(d)20 世纪 90 年代;(e)21 世纪 00 年代;(f)1961—2010 年

海,较高值在河北地区,中等值位于辽宁、天津、山东、河南、山西、甘肃、湖北、重庆、贵州和湖南(图 6.19d);2001—2010 年,小麦白粉病脆弱性的高值区主要集中在上海,较高值在江苏和贵州,中等值位于辽宁、河北、北京、山东、河南、陕西、宁夏、甘肃、重庆、云南地区(图 6.19e)。总体来看(图 6.19f),江苏、北京和上海地区为小麦白粉病脆弱性的高值区,山东、河北、河南、湖北、陕西、甘肃、宁夏、重庆和贵州地区为白粉病的中等脆弱性区,辽宁、天津、山西、新疆、安徽、浙江、福建、湖南、广西、云南、四川为白粉病的低脆弱性区。

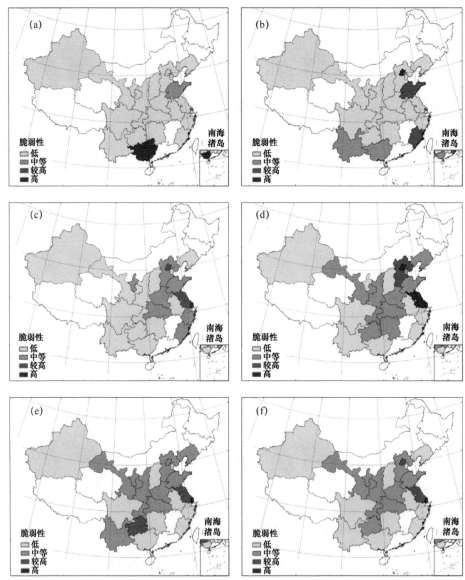

图 6.19　不同年代际小麦白粉病脆弱性

(a)20 世纪 60 年代;(b)20 世纪 70 年代;(c)20 世纪 80 年代;

(d)20 世纪 90 年代;(e)21 世纪 00 年代;(f)1961—2010 年

6.4.4　小麦白粉病气候风险区划

对小麦白粉病气候风险指数进行区划,划分为低风险区、中等风险区、较高风险区和高风险区(表 6.9)。总体来看,小麦白粉病气候高风险区主要位于贵州、重庆、上海和江苏南部地区,较高风险区集中在云南西部、四川东南部、陕西南部、湖北、湖南、安徽南部、江苏中北部、浙江、福建和北京地区,中等风险区集中在云南中东部、广西大部、四川大部、甘肃、宁夏、陕西中北部、河南、安徽中北部、山东、河北和辽宁大部,低风险区主要集中在山西、天津和新疆地区(图 6.20f)。从年代变化来看,20世纪 60 年代小麦白粉病高风险区主要集中在广西地区,较高风险区在云南西南部、贵州、重庆、湖北南部、湖南北部、江苏南部、上海、浙江北部和福建北部地区,中等风险区在云南西部、四川东部、湖南南部、湖北北部、安徽中南部、江苏中部和山东,北方大部风险较低(图 6.20a);20 世纪 70 年代白粉病气候风险趋势出现北抬,且程度上有所增加,高风险区集中在云南西部、广西大部、福建和北京地区,较高风险区在云南中东部、贵州、重庆、湖南北部、湖北南部、安徽南部、浙江西部和山东,中度风险区集中在四川、陕西南部、湖北北部、安徽中部、江苏南部和辽宁东部地区(图6.20b);进入 20 世纪 80 年代,北方大部小麦白粉病气候风险程度有所加强,甘肃东南部、宁夏、陕西、河北、河南、天津和苏皖北部由 20 世纪 80 年代之前的低风险区转为中等风险区,仅北京和山东风险程度降低(图 6.20c);20 世纪 90 年代北方地区小麦白粉病气候风险程度进一步升高,河南西部和南部、陕西南部和河北中北部地区逐渐转为较高风险区,辽宁地区由低风险区变成中等风险区(图 6.20d);进入 21 世纪 10 年代,小麦白粉病气候风险水平仍维持在较高水平,但程度有所降低,除了山西南部外,北方大部均处于中等风险或低风险水平,高风险区仅集中在贵州地区(图 6.20e)。

从小麦白粉病发生实际情况来看(霍治国 等,2009):白粉病广泛分布在我国各小麦主产区,以四川、贵州、云南、河南、山东等地发生最为普遍。20 世纪 70 年代以前,小麦白粉病一般仅在西南地区的滇、黔、川等省山区发生较重,程度轻和范围较小;70 年代中期以后,在西南地区发生相继加重,并向江淮、黄淮、西北、华北地区发展;进入 20 世纪 90 年代,白粉病范围不仅遍及江淮、黄淮等麦区,且进一步北移,波及辽宁等春麦区。从全国小麦白粉病实际发生面积来看,小麦白粉病实际发生面积从 20 世纪 60 年代(3.1 万 hm²)到 90 年代逐年代增加,且 80 年代、90 年代白粉病发展迅速,分别比上一个年代增加了 412.3 万 hm²、285.7 万 hm²;而 2001—2010 年白粉病发生面积出现一定的下降,比 20 世纪 90 年代降低了 28.7 万 hm²。以河南和河北两小麦主产省为例,在 20 世纪 80 年代以前,小麦白粉病发生较少,风险水平较低,河南省小麦白粉病从 20 世纪 80 年代、90 年代和 2001—2010 年发生面积分别为 1411.0 万 hm²、2411.1 万 hm² 和 2442.2 万 hm²,风险水平逐渐加重;河北省小麦白粉病从 80 年代的 644.9 万 hm² 至 90 年代增长到 1412.8 万 hm²,2001—2010 减少了 75.7 万 hm²,

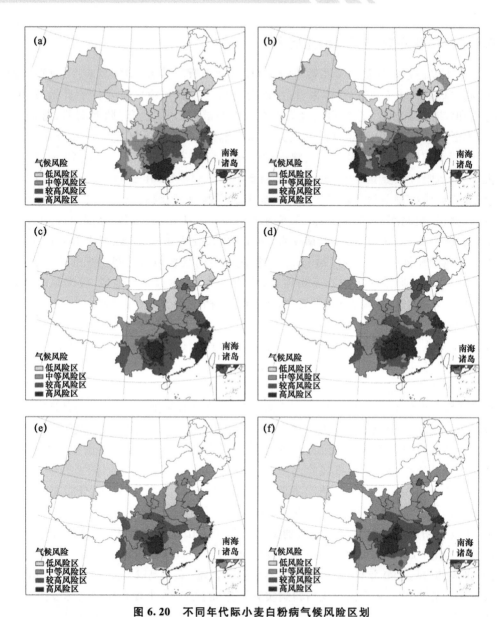

图 6.20　不同年代际小麦白粉病气候风险区划

(a)20 世纪 60 年代；(b)20 世纪 70 年代；(c)20 世纪 80 年代；

(d)20 世纪 90 年代；(e)21 世纪 00 年代；(f)1961—2010 年

风险水平有一定降低。上述小麦白粉病的实际发生分布形式及发展趋势与本节的小麦白粉病气候风险分布及变化趋势相一致。

综合近 50 a 小麦白粉病气候适宜条件及脆弱性变化趋势，可以分析白粉病发生气候风险变化趋势。从小麦白粉病适宜气候条件及发生面积率的变化趋势可以看出(图 6.21),在贵州中部、四川西部和南部、云南北部、河北大部、山西东部、辽宁中北部、新疆和甘肃大部白粉病气候适宜日数呈增加的趋势,上述大部地区白粉病发生面积率也呈增加趋势,因此这些地区白粉病气候风险水平逐渐增加;在湖南中北部、安徽大部、浙江中东部和福建大部白粉病气候适宜日数呈减少的趋势,这些地区白粉病发生面积率也呈一定下降趋势,综合考虑上述地区白粉病气候风险水平呈降低趋势;其他地区白粉病气候适宜日数和发生面积率变化趋势相反,有一定的抵消作用,这些地区白粉病气候风险水平变化不大。

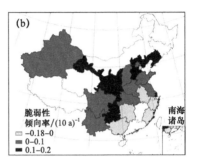

图 6.21 小麦白粉病气候适宜日数(a)及脆弱性(b)趋势分布

6.4.5 小结

本节从风险的角度,以适宜小麦白粉病发生流行的气象条件为致灾因子来评估小麦白粉病的气候危险性,其从南往北减弱,且年代变化差异较小;以小麦白粉病发生面积率来评估白粉病脆弱性,随着年代变化,脆弱性有逐步加重的趋势;综合小麦白粉病气候危险性和脆弱性,进行小麦白粉病的气候风险区划,从 20 世纪 60 年代起,小麦白粉病气候风险逐步加重、范围逐渐加大,2001—2010 年有所减弱。总体来看,小麦白粉病气候风险较高的区域主要集中在云南西部、贵州、四川东部、湖南、湖北、安徽南部、江苏、浙江和福建地区,这些地区属于小麦白粉病的常发生区和易发生区(霍治国 等,2002b),上述结果与小麦白粉病发生流行的实际情况相一致,这些地区需要加强小麦白粉病的监测预警和防治工作。

在致灾因子的选取上,从白粉病的适宜发生流行角度考虑,对进行大范围小麦白粉病危害评估有较好的指示意义。当然,由于地区气候条件及白粉病病菌本身的差异,造成白粉病的气候适宜条件在时间和空间上存在差异(Juroszek et al.,2013;李祎君 等,2010),例如,宛琼等(2010)研究显示,不同地区白粉病病菌群体对温度的敏感性存在很强的异质性;不同地区温度的高低,使得白粉病病菌群体受到的温度选择压力存在差异,从而使病菌对温度的敏感性不同(明章勇 等,2012);春季降雨量多利于北方麦区白粉病流行,而降水偏少则利于南方麦区白粉病发生(霍治国 等,

2002b)。因此,有必要针对不同区域建立不同的白粉病气候适宜指标。

小麦白粉病属于多循环性气传病害,除了气象条件外,品种、肥料和种植制度等均是影响其发展的主要因子。如 Wohlleben(2004)发现,采用冬小麦-草地/苜蓿轮作制度,白粉病的发病情况比冬小麦-油菜轮作制度下发病重;而采用间作方式、配合施用硅肥,能显著降低小麦白粉病的发病率和严重程度(肖靖秀 等,2011)。针对上述因子,采取有效措施可以在一定程度上减轻白粉病危害,故可以考虑将其作为小麦白粉病的防治水平,对白粉病气候风险进行更合理而全面的分析。

第7章 主要农作物病虫害生理 气象指标及防控建议

在我国每年4—9月为作物主要生长季,也是病虫防控关键时段,密切监测与病虫害发生发展相关的气象条件,并结合农业植保部门实时监测的农田病虫情发生实况,在未来一段气象条件或气候趋势较适宜或适宜农作物病虫害发生、流行或适宜害虫迁飞时,提前对病虫害发生潜势进行气象适宜度指数(促病指数)等级、害虫迁飞轨迹预报,这对于相关部门开展针对性病虫监测、节省人力、物力、高效防控尤为重要。而要实现这些目标,首先要确定作物病虫害发生流行的适宜生理气象指标。本章将介绍这方面的内容,并给出防控建议。

7.1 害 虫

我国主要农作物害虫的主要种类、发生区域及危害对象、相关气象条件、虫害典型年以及防控建议见表7.1。

表7.1 主要作物害虫特征、虫害典型年及防控建议

主要种类	发生区域及危害对象	与气象条件的相关性	虫害典型年份	防控建议
草地贪夜蛾	在世界分布极广,原产于美洲热带和亚热带地区。我国西南、华南、长江中下游地区、西北、黄淮、华北等地,主要危害玉米、水稻等多种禾本科作物	跨境迁飞性害虫,2019年入侵我国。幼虫期食量最大、危害最重,幼虫发育以温度20~25 ℃和空气相对湿度70%~80%最为适宜;成虫迁飞、繁殖以温度20~25 ℃和空气相对湿度60%~90%最为适宜。常夜晚迁飞,到黎明降落停止,飞行可达1~3个夜晚。西南季风利于其北迁,下沉气流、降水利于其降落危害	2021 2020	迁飞过渡区4—10月全面监测发生动态,诱杀迁入成虫、扑杀幼虫,减轻当地危害;遏制迁出虫口数量,减轻北方玉米主产区防控压力;北方玉米重点防范区5—9月份全面监测发生动态,诱杀迁入成虫,防治低龄幼虫,保护玉米生产,降低危害损失率

主要种类	发生区域及危害对象	与气象条件的相关性	虫害典型年份	防控建议
东亚飞蝗	主要分布在我国东部,黄河滩区、环渤海湾沿海和湖库区,黄淮海平原是主要发生和危害区域,危害多种禾本科作物	迁飞性害虫。在黄河流域干旱与飞蝗同年发生的概率最大;在海河流域前一年大涝,第二年发生的概率最大。日平均气温≥25 ℃,历时≥30 d,才能完成发育生殖。发育温度范围20～42 ℃,以温度28～35 ℃最为适宜。常白天迁飞。成虫迁飞、产卵以温度25～40 ℃为适宜,30 ℃产卵量最高。温度30～35 ℃,土壤含水量20%,孵化率最高。迁飞时可在空中持续1～3 d	2003 2001	提高复种指数,作物种类演替,施行麦-稻-麦-玉米轮作。如6月初,麦收后翻耕灭茬、放水插秧或播种大豆、玉米等,迫使成虫迁飞转移,滋生地减少,飞蝗种群数量可得到抑制。或7月下旬和8月中下旬,稻田施药防治"两迁"害虫时,药剂兼治飞蝗
小麦蚜虫	世界各小麦产区。在我国主要发生在黄淮海等北方主产麦区,主要危害小麦	迁飞性害虫。麦二叉蚜喜干怕湿,繁殖以5 d平均温度16～25 ℃和空气相对湿度35%～67%最为适宜;麦长管蚜喜中温不耐高温,繁殖以温度13～25 ℃和空气相对湿度40%～80%最为适宜。以穗期优势种麦长管蚜危害最重	2015 2014 2009 1999	穗期加强监测频次,抢抓麦区晴好天气,及时查看田间蚜量,一旦达到防治标准及时开展防治工作,有效控制蚜虫危害,确保小麦优质高产。有条件地区提倡释放蚜茧蜂等天敌昆虫进行生物防治
玉米黏虫	亚洲各国以及澳大利亚和新西兰。在我国除新疆外,其余玉米产区均有发生。主要危害玉米、水稻、粟、高粱、小麦等多种作物	迁飞性害虫,具杂食性。喜好潮湿,雨水多的年份往往大发生。成虫飞翔力强,在4级以下的风力常迎风飞行,还能随气流作远距离迁飞。黏虫幼虫发育以温度20～25 ℃和空气相对湿度75%～90%最为适宜;温度在35 ℃以上或湿度在18%以下时,孵化的幼虫均不能存活。成虫发育和产卵以温度15～30 ℃为适宜,产卵最适温度20～23 ℃,适宜空气相对湿度为70%～90%。成虫昼伏夜出,成虫迁飞高度取决于迁飞时的温度条件,适宜迁飞温度为17～20 ℃	2013 2012	成虫期利用黏虫成虫趋光性,采用糖醋液、性诱捕器、杀虫灯等无公害防治技术诱杀成虫,以减少成虫产卵量,降低田间虫口密度。幼虫期做好田间管理,及时去除杂草,适时查田,一旦发现虫量达防治指标,及时进行达标防治,防范其暴发危害

续表

主要种类	发生区域及危害对象	与气象条件的相关性	虫害典型年份	防控建议
稻飞虱稻纵卷叶螟	我国南方稻区。日本、朝鲜、南亚次大陆和东南亚也有发生。多认为是专食性害虫，但白背飞虱和灰飞虱除危害水稻外，还取食小麦、高粱、玉米等作物	迁飞性害虫，喜温湿，俗称水稻"两迁"害虫。幼虫发育以气温20~30 ℃和空气相对湿度80%~90%最为适宜。主要在夜间迁飞，雨日多、雨量大利其迁入；成、若虫喜阴湿环境，田间阴湿利其繁殖。日最高气温高于27 ℃时，地面易形成上升气流，害虫才可借力扇翅上升起飞。稻飞虱起飞时间为当地18:00前后，迁飞平均高度约925 hPa高度，适宜飞行湿度为75%~85%，迁飞历时2 d左右；稻纵卷叶螟19:00前后起飞，迁飞高度约850 hPa高度，适宜飞行湿度为70%~85%，迁飞历时3 d左右。下沉气流、降水利于其降落危害	2012 2010 2008 2007	避开降雨天气采用药剂或灯光诱杀等措施及时防治，并注意做好联防联控、严格达标防治、重点保护功能叶；加强稻田水肥管理，及时除草，增加稻田通风和透光性，营造遏制"两迁"害虫发生发展的农田生态环境
玉米螟	分布极广，几乎遍及世界各国玉米产区。我国除青藏高原玉米区外，广布全国玉米种植区。主要危害玉米、高粱、谷子等，也能为害棉花、水稻、甘蔗、向日葵、甜菜、豆类等作物	属喜温喜湿性害虫。幼虫期和成虫期适宜日平均气温为20~30 ℃，适宜空气相对湿度分别为60%~80%和70%~100%。春夏季平均气温为15~30 ℃、空气相对湿度在60%以上，适温、多雨、湿度大的天气条件利于玉米螟危害程度加重。一代玉米螟如与玉米大喇叭口期相遇，将加重危害。在东北地区，主要以一代幼虫严重危害春玉米生产	2012 2011 2010	密切监测虫情，抓住晴好天气或降雨间歇，对达到防治指标田块及时防治，对发生程度重的田块及时采取药剂灌心、喷雾等措施集中防治，杀灭一代玉米螟卵和幼虫，避免或减轻玉米螟对春玉米等作物的危害
棉铃虫	亚洲、大洋洲、非洲及欧洲各地。我国黄河流域、长江流域、新疆棉区普遍发生，主要危害棉花、蔬菜等	属喜温喜湿性、杂食性害虫。幼虫发育以日平均气温25~28 ℃和空气相对湿度75%~90%最为适宜。在我国北方月降雨量在100 mm以上，相对湿度70%以上时为害严重。幼虫期危害最重	1995 1994 1992	合理布局作物，种植抗虫品种，改进栽培技术，压低棉铃虫发生基数。采用生物防治、诱杀成虫等无公害防治措施，控制各代虫口密度。针对主要为害世代，选用高效、低毒农药，以卵期和初龄幼虫阶段为防治重点，科学合理使用农药

7.2 病　害

我国主要农作物病害的主要种类、发生区域及危害对象、相关气象条件、发生典型年以及防控建议见表 7.2。

表 7.2　主要作物病害主要种类与特征、典型年及防控建议

主要 种类	发生区域及 危害对象	与气象条件的相关性	病害典型 年份	防控建议
小麦 条锈病	世界性病害,在美洲、亚洲、大洋洲、欧洲和非洲等五大洲麦区均有分布。在我国主要在黄河中下游、西南地区、汉水流域及西北地区东部,危害冬小麦、春小麦	该病喜温喜湿,小麦返青至开花期温暖多雨、多露、高湿易高发;空气相对湿度生理下限为40%;病菌侵染最适温度为9~16 ℃。病害发生适宜温度 10~25 ℃,适温和空气相对湿度大于70%有可能造成病害流行	2020 2018 2017 2009 2003 2002 1991 1990 1964	及时开展条锈病监测和防治工作,增加监测频次,坚持"发现一点防治一片",发现一片防治全田,最大程度控制病害流行和为害,保障小麦生长安全。还要加强麦田管理,合理施肥,促进小麦生长发育,增强小麦抗病力
小麦 赤霉病	在全世界麦区普遍发生。在我国主要发生在长江中下游、西南麦区,危害冬小麦、大麦等	小麦抽穗扬花期多雨、高湿、寡照(日平均气温≥15 ℃、空气相对湿度≥85%)易高发	2018 2017 2016 2012 2010 2003 1998 1989	麦区要见花打药、主动防治;遇有降雨或雾露天气,要注意对进入抽穗扬花阶段的麦田开展赤霉病补防一次
稻瘟病	遍及世界稻区,以亚洲、非洲稻区发病为重。在我国全国各稻区自南向北均有发生。危害水稻	水稻孕穗至抽穗期间暖湿、寡照(空气相对湿度≥90%、日照≤1 h、日降水量≥1 mm、日平均气温为 20~30 ℃)易高发。抽穗扬花期适温多雨导致的穗颈瘟对水稻产量影响最大	2015 2006 2005 1999 1993 1985	加强稻瘟病监测,根据病情发展和天气变化,在水稻孕穗末期或抽穗始期以及齐穗期,避开降雨时段分别喷药防治,严防病菌扩散蔓延。并加强稻田水肥管理,避免过施氮肥,促进水稻形成合理群体;及时清除杂草,增加稻田通风透光条件,改善稻田生态环境,遏制稻瘟病发生发展

续表

主要种类	发生区域及危害对象	与气象条件的相关性	病害典型年份	防控建议
马铃薯晚疫病	世界性病害,世界各地马铃薯产区均有发生。在我国主要在西南地区,及东北、华北与西北地区	该病菌喜湿,以日平均气温10~30 ℃、空气相对湿度≥75%为适宜。适温和空气相对湿度≥80%,有可能造成病害流行。丰雨期与马铃薯开花至块茎膨大期易感病时段吻合度越高,越利于该病的发生流行	2013 2012	选用抗病品种和无病种薯,减少初侵染源;合理轮作,推广种植优良品种时,避开马铃薯晚疫病常发区种植;加强田间管理,开花期前后加强田间调查,一旦发现中心病株,立即拔除,并摘除附近病叶,及时进行化学防治
油菜菌核病	世界性病害。在我国主要发生在长江中下游及东南沿海地区	日平均气温15~30 ℃、空气相对湿度≥80%、日降水量≥0.1 mm,有可能造成病害流行	2012 2005 2003 2002	种植抗病品种;与禾本科作物轮作减少田间菌核积累;平衡施肥,盛花期及时去除老叶,改善农田小气候,减少病菌再次侵染。开花结荚期及时排水,降低田间湿度,防止病菌蔓延;发现病症后,及时开展化学防治
小麦白粉病	世界性病害,在各主要产麦国均有分布。我国山东沿海、四川、贵州、云南发生普遍,近年来在东北、华北、西北麦区,亦有日趋严重之势。危害小麦	病害发生适宜温度10~24 ℃,低于10 ℃发病缓慢,适温和空气相对湿度大于70%可能造成病害流行。春季3—5月温度较高、降水较多,是小麦白粉病高发期。但连续降雨尤其大雨(日降水量≥25 mm)对分生孢子有冲刷作用,有助减轻病害	2016	密切关注天气变化和白粉病发生动态,当病叶率达到10%以上时,抓住麦区晴好、无风及微风天气,及时喷药防治,防治作业注意避开降水时段;为防止小麦后期早衰,还可实施一喷多防、综合防治,确保小麦优质稳产
玉米大(小)斑病	在我国玉米大斑病主要分布在东北、华北北部、西北和南方海拔较高、气温较低的玉米产区。玉米小斑病主要在河北、河南、北京、天津、山东、广东、广西、陕西、湖北等省(区、市)	玉米大斑病发生适宜日平均气温20~25 ℃、空气相对湿度≥90%。玉米小斑病发生适宜日平均气温20~32 ℃、空气相对湿度≥90%。玉米拔节到抽穗期气温适宜、多雨、田间湿度大,易造成玉米大斑病流行。玉米孕穗、抽穗期降水多、湿度高,易造成玉米小斑病流行	2014 2013 2012	选用抗病品种,注意与其他作物轮作;在玉米抽雄前后喷施叶面肥及杀菌剂,预防玉米大(小)斑病发生;注意增施有机肥,如增施磷钾肥、锌肥和生物菌肥,追施足量氮肥,促进玉米植株健壮,提高抗病性能

主要种类	发生区域及危害对象	与气象条件的相关性	病害典型年	防控建议
水稻纹枯病	世界各产稻区均有分布,亚洲、欧洲、非洲和美洲等国有发生。在我国发生普遍,南北稻区均有分布,以南方稻区为害较重	该病发生适宜日平均气温23~30 ℃,适温和空气相对湿度≥90%、日照时数≤2 h、日降水量≥1 mm有可能造成病害流行。分蘖盛期至穗期受害最重。水稻分蘖末期为防治关键期	2016 2015 2014 2011	加强肥水管理,分蘖期应浅水勤灌;分蘖末期至拔节前适时晒田、降低田间湿度,合理施肥,忌偏施氮肥,促进稻株健壮生长,增强抗病性;水稻分蘖末期,及时施药,进行达标防治

7.3 病虫害发生程度分级

7.3.1 虫害

农业农村部根据百株虫量、发生面积比率、被害株率、危害指数等划分虫害发生程度,一般分为5级,即轻发生(1级)、偏轻发生(2级)、中等发生(3级)、偏重发生(4级)、大发生(5级)。表7.3—表7.7给出几种主要作物虫害发生程度分级指标。

表7.3 草地贪夜蛾发生程度分级指标(农业农村部种植业管理司,2021)

作物	虫口密度	1级 (轻发生)	2级 (偏轻发生)	3级 (中等发生)	4级 (偏重发生)	5级 (大发生)
玉米	平均百株虫量 N/头	$0.1 \leqslant N < 5$	$5 \leqslant N < 10$	$10 \leqslant N < 30$	$30 \leqslant N < 80$	$N \geqslant 80$
小麦	平均每平方米虫量 Y/头	$0.1 \leqslant Y < 5$	$5 \leqslant Y < 10$	$10 \leqslant Y < 30$	$30 \leqslant Y < 50$	$Y \geqslant 50$
	发生面积比率 R/%	$\leqslant 3$	$3 < R \leqslant 5$	$5 < R \leqslant 10$	$10 < R \leqslant 20$	$R > 20$

注:以各季玉米发生严重生育期(或代次)普查的虫口密度为主要指标,发生面积比率为参考指标。全年发生程度采用各季玉米发生程度加权平均值。

表7.4 小麦蚜虫发生程度分级指标(农业部种植业管理司,2002a)

发生程度等级	1级(轻发生)	2级(偏轻发生)	3级(中等发生)	4级(偏重发生)	5级(大发生)
百株蚜量 N/头	$N \leqslant 500$	$500 < N \leqslant 1500$	$1500 < N \leqslant 2500$	$2500 < N \leqslant 3500$	$N > 3500$

注:主要以当地小麦蚜虫发生盛期平均百株蚜量(以麦长管蚜为优势种群)来确定。

表7.5 稻飞虱发生程度分级指标(中华人民共和国农业部,2009a)

发生程度等级	1级(轻发生)	2级(偏轻发生)	3级(中等发生)	4级(偏重发生)	5级(大发生)
加权平均百丛虫量 N/头	$N < 250$	$250 \leqslant N < 700$	$700 \leqslant N < 1200$	$1200 \leqslant N < 1600$	$N > 1600$

注:主要以加权平均发生量来确定。

表 7.6　稻纵卷叶螟发生程度分级指标(中华人民共和国农业部,2011a)

发生程度等级		1 级(轻发生)	2 级(偏轻发生)	3 级(中等发生)	4 级(偏重发生)	5 级(大发生)
分蘖期	卷叶率 $Z/\%$	$Z<5.0$	$5.0{\leqslant}Z<10.0$	$10.1{\leqslant}Z<15.0$	$15.1{\leqslant}Z{\leqslant}20.0$	$Z>20.0$
	幼虫虫量 $N/$万头$/667\text{m}^2$	$N<1.0$	$1.0{\leqslant}N<4.0$	$4.1{\leqslant}N<6.0$	$6.1{\leqslant}N{\leqslant}8.0$	$N>8.0$
孕穗至抽穗期	卷叶率 $Z/\%$	$Z<1.0$	$1.0{\leqslant}Z<5.0$	$5.1{\leqslant}Z<10.0$	$10.1{\leqslant}Z{\leqslant}15.0$	$Z>15.0$
	幼虫虫量 $N/$万头$/667\text{m}^2$	$N<0.6$	$0.6{\leqslant}N<2.0$	$2.1{\leqslant}N<4.0$	$4.1{\leqslant}N{\leqslant}6.0$	$N>6.0$

表 7.7　东亚飞蝗发生程度分级指标(中华人民共和国农业部,2007)

发生程度等级	1 级(轻发生)	2 级(偏轻发生)	3 级(中等发生)	4 级(偏重发生)	5 级(大发生)
发生指数 L	$L{\leqslant}0.1$	$0.1<L{\leqslant}0.25$	$0.25<L{\leqslant}0.56$	$0.56<L{\leqslant}0.9$	$L>0.9$
发生面积比率 $R/\%$	$R{\leqslant}30$	$30<R{\leqslant}50$	$50<R{\leqslant}70$	$70<R{\leqslant}90$	$R>90$
蝗蝻平均密度 $d/($头$/\text{m}^2)$	$0.2{\leqslant}d{\leqslant}0.3$	$0.3<d{\leqslant}0.5$	$0.5<d{\leqslant}0.8$	$0.8<d{\leqslant}1$	$d>1$

注1:发生程度分级最终以发生指数指标来衡量。

　2:发生面积比率为 0.2 头/m² 以上发生面积占宜蝗面积的百分率;发生指数=发生面积比率 x 蝗蝻平均密度。

7.3.2　病害

农业农村部根据病穗率、发病面积比率、病情指数等划分病害发生程度,一般分为 5 级,即轻发生(1 级)、偏轻发生(2 级)、中等发生(3 级)、偏重发生(4 级)、大发生(5 级)。表 7.8—表 7.15 给出几种主要作物病害发生程度分级指标。病情指数是表示病害发生的平均水平的一个数值,以当地发病盛期的平均病情指数来确定,用式(7.1)进行计算:

$$I=F\times D\times 100 \tag{7.1}$$

式中:I 表示病情指数,F 表示病叶率,D 表示病叶平均严重度。

表 7.8　小麦赤霉病发生程度分级指标(中华人民共和国农业部,2011d)

发生程度等级	1 级(轻发生)	2 级(偏轻发生)	3 级(中等发生)	4 级(偏重发生)	5 级(大发生)
病穗率 $P/\%$	$0.1<P{\leqslant}10$	$10<P{\leqslant}20$	$20<P{\leqslant}30$	$30<P{\leqslant}40$	$P>40$
发病面积比率 $R/\%$	$R>30$	$R>30$	$R>30$	$R>30$	$R>30$

注:表中病穗率为主要指标,发病面积比率为参考指标。

表 7.9 小麦条锈病发生程度分级指标(中华人民共和国农业部,2011c)

发生程度等级	1级(轻发生)	2级(偏轻发生)	3级(中等发生)	4级(偏重发生)	5级(大发生)
病情指数 $I/\%$	$0<I\leqslant5$	$5<I\leqslant10$	$10<I\leqslant20$	$20<I\leqslant30$	$I>30$
病田率 $H/\%$	$1<H\leqslant5$	$5<H\leqslant10$	$10<H\leqslant20$	$20<H\leqslant30$	$H>30$

注:表中病情指数为主要指标,病田率为参考指标。

表 7.10 小麦白粉病发生程度分级指标(农业部种植业管理司,2002b)

发生程度等级	1级(轻发生)	2级(偏轻发生)	3级(中等发生)	4级(偏重发生)	5级(大发生)
病情指数 $I/\%$	$I\leqslant10$	$10<I\leqslant20$	$20<I\leqslant30$	$30<I\leqslant40$	$I>40$

表 7.11 稻瘟病发生程度分级指标(中华人民共和国农业部,2009b)

发生程度等级	1级(轻发生)	2级(偏轻发生)	3级(中等发生)	4级(偏重发生)	5级(大发生)
病情指数 $I/\%$	$0<I\leqslant3$	$3<I\leqslant5$	$5<I\leqslant10$	$10<I\leqslant20$	$I>20$

表 7.12 水稻纹枯病发生程度分级指标(中华人民共和国农业部,2011b)

发生程度等级	1级(轻发生)	2级(偏轻发生)	3级(中等发生)	4级(偏重发生)	5级(大发生)
病情指数 $I/\%$	$0<I\leqslant2.5$	$2.5<I\leqslant5$	$5<I\leqslant10$	$10<I\leqslant15$	$I>15$
发病面积比率 $R/\%$	$1<R\leqslant15$	$15<R\leqslant30$	$30<R\leqslant50$	$50<R\leqslant80$	$R>80$

表 7.13 玉米大斑病发生程度分级指标(农业部种植业管理司,2020)

发生程度等级	1级(轻发生)	2级(偏轻发生)	3级(中等发生)	4级(偏重发生)	5级(大发生)
病情指数 $I/\%$	$1\leqslant I<10$	$10\leqslant I<20$	$20\leqslant I<40$	$40\leqslant I<60$	$I\geqslant60$

表 7.14 油菜菌核病发生程度分级指标(中华人民共和国农业部种植业管理司,2011e)

发生程度等级	1级(轻发生)	2级(偏轻发生)	3级(中等发生)	4级(偏重发生)	5级(大发生)
病株率 $H/\%$	$1\leqslant H\leqslant10$	$10<H\leqslant20$	$2<H\leqslant30$	$30<H\leqslant40$	$H>40$
病情指数 $I/\%$	$0.5\leqslant I\leqslant5.0$	$5.0<I\leqslant10.0$	$10.0<I\leqslant15.0$	$15.0<I\leqslant20.0$	$I>20.0$

表 7.15 马铃薯晚疫病发生程度分级指标(中华人民共和国农业部种植业管理司,2010)

发生程度等级	1级(轻发生)	2级(偏轻发生)	3级(中等发生)	4级(偏重发生)	5级(大发生)
病株率 $H/\%$	$0.03<H\leqslant5$	$5<H\leqslant15$	$15<H\leqslant30$	$30<H\leqslant40$	$H>40$
发病面积比率 $R/\%$	$1<R\leqslant10$	$10<R\leqslant20$	$20<R\leqslant30$	$30<R\leqslant40$	$R>40$

7.4　全国粮、棉、油产区作物病虫害气象预报时段及对应防控种类

全国主要粮、棉、油作物产区主要生长季病虫害气象预报时段及其对应病虫种类见表 7.16。

表 7.16　主要生长季气象预报关注和重点防控的病虫害

月份	旬	小麦主产区	水稻产区	玉米产区	棉花产区	马铃薯产区	油菜产区	其他重大病虫鼠害
3 月	下旬	—	—	—	—	—	油菜菌核病	
4 月	上旬	赤霉病	—	草地贪夜蛾	—	—	油菜菌核病	
	中旬	赤霉病、条锈病	—	草地贪夜蛾	—	—	—	
	下旬	条锈病、蚜虫	—	草地贪夜蛾	—	南方马铃薯晚疫病	—	
5 月	上旬	条锈病、蚜虫、白粉病	—	草地贪夜蛾	棉花苗期病虫害	南方马铃薯晚疫病	—	
	中旬	条锈病、蚜虫、吸浆虫、麦蜘蛛及白粉病	—	草地贪夜蛾	棉花苗期病虫害	南方马铃薯晚疫病	—	农区鼠害
	下旬			草地贪夜蛾				土蝗
6 月	上旬			玉米螟、草地贪夜蛾				
	中旬	—	稻瘟病、稻飞虱及水稻螟虫	草地贪夜蛾	棉铃虫、棉蚜、棉花枯萎病、黄萎病	—	—	夏蝗、草地螟
	下旬		稻瘟病、稻飞虱及水稻螟虫	草地贪夜蛾	棉铃虫、棉蚜、棉花枯萎病、黄萎病	—	—	夏蝗、草地螟
7 月	上旬	—	稻瘟病	玉米螟、草地贪夜蛾	棉铃虫	北方马铃薯晚疫病		夏蝗、草地螟
	中旬	—	稻瘟病	黏虫、草地贪夜蛾	棉铃虫	北方马铃薯晚疫病		夏蝗、草地螟
	下旬	—	稻瘟病、稻飞虱及水稻螟虫	玉米螟、黏虫、大小斑病、草地贪夜蛾	棉铃虫	北方马铃薯晚疫病		北方草地螟、土蝗

续表

月份	旬	小麦主产区	水稻产区	玉米产区	棉花产区	马铃薯产区	油菜产区	其他重大病虫鼠害
8月	上旬	—	稻瘟病、稻飞虱	玉米螟、黏虫、草地贪夜蛾、西北地区玉米红蜘蛛	棉铃虫	北方马铃薯晚疫病	—	秋蝗
	中旬	—	稻瘟病、稻飞虱	玉米螟、黏虫、草地贪夜蛾、西北地区玉米红蜘蛛	棉铃虫	北方马铃薯晚疫病	—	秋蝗
	下旬	—	稻瘟病、稻飞虱	玉米螟、黏虫、草地贪夜蛾、西北地区玉米红蜘蛛	棉铃虫	北方马铃薯晚疫病	—	秋蝗
9月	上旬	小麦秋播期间条锈病、地下害虫	晚稻稻瘟病、稻飞虱、稻纵卷叶螟	—	四五代棉铃虫及烟粉虱	—	—	秋蝗
	中旬	小麦秋播期间条锈病、地下害虫	晚稻稻瘟病、稻飞虱、稻纵卷叶螟	—	四五代棉铃虫及烟粉虱	—	—	秋蝗
	下旬	小麦秋播期间条锈病、地下害虫	晚稻稻瘟病、稻飞虱、稻纵卷叶螟	—	四五代棉铃虫及烟粉虱	—	—	秋蝗
10月	上、中旬	小麦秋播期间条锈病、地下害虫	晚稻稻瘟病、稻飞虱	—	四五代棉铃虫及烟粉虱	—	—	秋蝗

第8章　作物病虫害气象等级
监测预报业务服务系统

作物病虫害气象等级监测预报业务服务系统是在 WebCAgMSS（中国农业气象业务系统）、Mapnik 地图渲染工具、GDAL（Geospatial Data Abstraction Library）光栅（raster）和矢量（vector）地理空间数据格式的转换库、MapBox 地图在线渲染应用平台的支撑下，基于微服务架构（Microservices architecture）和 SpringBoot 技术规范，使用 UML（unified modeling language）建模语言、Python 脚本语言、TypeScript 脚本语言、HTML（hypertext markup language）超文本标记语言、XML（Extensible Markup Language）可扩展语言等技术开发而成的，系统框架结构见图 8.1。系统包括病虫情数据管理、病虫害发生发展气象等级监测预报、病虫害防治气象等级预报、迁飞气象条件预报以及空间制图显示等功能，可实现华北地区、黄淮地区、江淮江汉地区、西南地区、西北地区中东部等小麦种植区小麦病虫害，东北地区、黄淮海地区、长江中下游地区、西南地区等玉米种植区玉米病虫害等主要农作物病虫害发生发展气象等级预报、病虫害防治气象等级逐日动态预报和迁飞害虫迁飞气象条件逐日动态预报（含迁飞轨迹预报）。

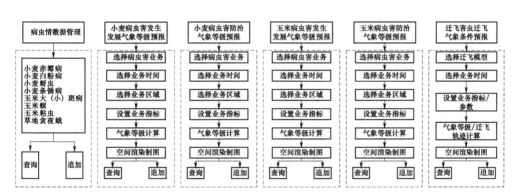

图 8.1　系统框架结构

8.1　系统登录

系统登录界面主要包括用户名和密码两个登录选项，如图 8.2 所示。

图 8.2　系统登录界面

8.2　系统主要功能

系统主要功能包括病虫情数据集管理、小麦病虫害发生发展气象等级预报、小麦病虫害防治气象等级预报、玉米病虫害发生发展气象等级预报、玉米病虫害防治气象等级预报、迁飞害虫迁飞气象条件预报 6 个功能子系统。其中小麦病虫害发生发展气象等级预报包括小麦赤霉病发生发展气象等级预报、小麦条锈病发生发展气象等级预报、小麦蚜虫发生发展气象等级预报、小麦白粉病发生发展气象等级预报 4 个模块；小麦病虫害防治气象等级预报包括小麦赤霉病防治气象等级预报、小麦条锈病防治气象等级预报、小麦蚜虫防治气象等级预报、小麦白粉病防治气象等级预报 4 个模块；玉米病虫害发生发展气象等级预报包括草地贪夜蛾发生发展气象等级预报、黏虫发生发展气象等级预报、玉米螟发生发展气象等级预报、玉米大斑病发生发展气象等级预报、玉米小斑病发生发展气象等级预报 5 个模块；玉米病虫害防治气象等级预报包括玉米螟生物防治气象等级预报、玉米病虫害化学防治气象等级预报 2 个模块；迁飞害虫迁飞气象条件预报包括害虫迁入迁出气象等级预报、害虫迁飞轨迹气象模拟预报 2 个模块。

8.2.1　病虫情数据集管理

病虫情数据集管理主要涉及小麦赤霉病、小麦白粉病、小麦蚜虫、小麦条锈病、玉米大（小）斑病、玉米螟、玉米黏虫、草地贪夜蛾病虫情数据的查询和图表制作。

8.2.1.1　数据查询

主要功能为查询 1980 年以来的小麦赤霉病、小麦白粉病、小麦蚜虫、小麦条锈病和玉米大（小）斑病、玉米螟、玉米黏虫、草地贪夜蛾等病虫情的灾害发生情况和受灾面积。图 8.3 是以小麦赤霉病为例,业务系统对逐年全国发生面积数据集查询结果。

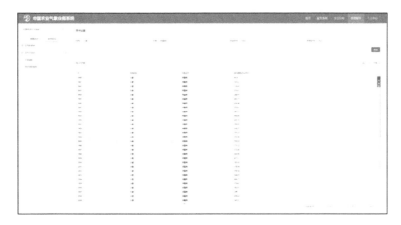

图 8.3　小麦赤霉病全国逐年发生面积数据集系统查询界面

8.2.1.2　图表制作

主要功能为将查询到的病虫灾害信息通过时间序列制图,便于观察灾害发生规律和逐年变化情况及历史发生程度年际间比较分析和评价。图 8.4 是以小麦赤霉病为例,业务系统对全国逐年发生面积数据制图结果。

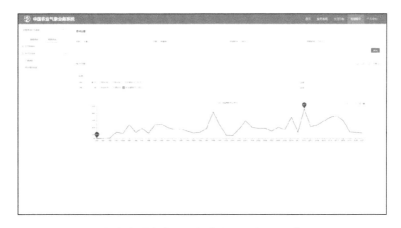

图 8.4　小麦赤霉病全国逐年发生面积数据系统制图界面

8.2.2　小麦病虫害发生发展气象等级预报

小麦病虫害发生发展气象等级预报主要涉及小麦赤霉病、小麦条锈病、小麦蚜虫、小麦白粉病发生发展气象等级动态预报和产品制图展示。图 8.5 为以西南地区为例,业务系统对区域小麦赤霉病发生发展气象等级动态预报运行结果界面。

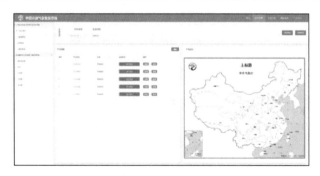

图 8.5 西南地区小麦赤霉病发生发展气象等级动态预报系统运行结果界面

8.2.2.1 小麦赤霉病发生发展气象等级预报

主要功能为通过选择或输入预报时间、区域,以格点为单元计算小麦赤霉病促病指数,利用小麦赤霉病气象等级分级标准(气象适宜度指数对应的气象等级),实现小麦赤霉病发生发展气象等级预报。

小麦赤霉病发生发展气象等级预报分为:西南地区小麦赤霉病发生发展气象等级预报、江淮江汉小麦赤霉病发生发展气象等级预报。

8.2.2.2 小麦条锈病发生发展气象等级预报

主要功能为通过选择或输入预报时间、区域,以格点为单元计算小麦条锈病气象适宜度指数,利用小麦条锈病气象等级分级标准(气象适宜度指数对应的气象等级),实现小麦条锈病发生发展气象等级预报。

小麦条锈病发生发展气象等级预报分为:西北地区中东部小麦条锈病发生发展气象等级预报、黄河中下游地区小麦条锈病发生发展气象等级预报、西南地区小麦条锈病发生发展气象等级预报。

8.2.2.3 小麦蚜虫发生发展气象等级预报

主要功能为通过选择或输入预报时间、区域,以格点为单元计算小麦蚜虫气象适宜度指数,利用小麦蚜虫气象等级分级标准(气象适宜度指数对应的气象等级),实现小麦蚜虫发生发展气象等级预报。

小麦蚜虫发生发展气象等级预报分为:华北地区小麦蚜虫发生发展气象等级预报、黄淮地区小麦蚜虫发生发展气象等级预报。

8.2.2.4 小麦白粉病发生发展气象等级预报

主要功能为通过选择或输入预报时间、区域,以格点为单元计算小麦白粉病气象适宜度指数,利用白粉病气象等级分级标准(气象适宜度指数对应的气象等级),实现小麦白粉病发生发展气象等级预报。

小麦白粉病发生发展气象等级预报分为：华北地区小麦白粉病发生发展气象等级预报、黄淮地区小麦白粉病发生发展气象等级预报、江淮江汉地区小麦白粉病发生发展气象等级预报。

8.2.3　小麦病虫害防治气象等级预报

小麦病虫害防治气象等级预报主要涉及小麦赤霉病、小麦条锈病、小麦蚜虫、小麦白粉病防治气象等级逐日预报和产品制图展示。图 8.6 为以西南地区为例，业务系统对区域小麦赤霉病防治气象等级动态预报运行结果界面。

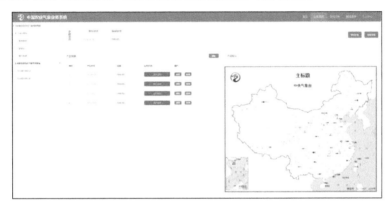

图 8.6　西南区域小麦赤霉病防治气象等级动态预报系统运行结果界面

8.2.3.1　小麦赤霉病防治气象等级预报

主要功能为通过选择或输入预报时间、区域，以格点为单元计算小麦赤霉病防治气象条件判别结果，利用小麦赤霉病防治气象等级分级标准，实现小麦赤霉病防治气象等级预报。

小麦赤霉病防治气象等级预报分为：西南地区小麦赤霉病防治气象等级预报、江淮江汉小麦赤霉病防治气象等级预报。

8.2.3.2　小麦条锈病防治气象等级预报

主要功能为通过选择或输入预报时间、区域，以格点为单元计算小麦条锈病防治气象条件判别结果，利用小麦条锈病防治气象等级分级标准，实现小麦条锈病防治气象等级预报。

小麦条锈病防治气象等级预报分为：西北地区中东部小麦条锈病防治气象等级预报、黄河中下游地区小麦条锈病防治气象等级预报、西南地区小麦条锈病防治气象等级预报。

8.2.3.3　小麦蚜虫防治气象等级预报

主要功能为通过选择或输入预报时间、区域，以格点为单元计算小麦蚜虫防治气象条件判别结果,利用小麦蚜虫防治气象等级分级标准,实现小麦蚜虫防治气象等级预报。

小麦蚜虫防治气象等级预报分为:华北地区小麦蚜虫防治气象等级预报、黄淮地区小麦蚜虫防治气象等级预报。

8.2.3.4 小麦白粉病防治气象等级预报

主要功能为通过选择或输入预报时间、区域,以格点为单元计算小麦白粉病防治气象条件判别结果,利用小麦白粉病防治气象等级分级标准,实现小麦白粉病防治气象等级预报。

小麦白粉病防治气象等级预报分为:华北地区小麦白粉病防治气象等级预报、黄淮地区小麦白粉病防治气象等级预报、江淮江汉地区小麦白粉病防治气象等级预报。

8.2.4 玉米病虫害发生发展气象等级监测预报

玉米病虫害发生发展气象等级监测预报主要涉及草地贪夜蛾、玉米黏虫、玉米螟、玉米大斑病、玉米小斑病发生发展气象等级逐日监测预报和产品制图展示。图8.7是以草地贪夜蛾为例,业务系统对其发生发展气象等级逐月动态预报运行结果界面。

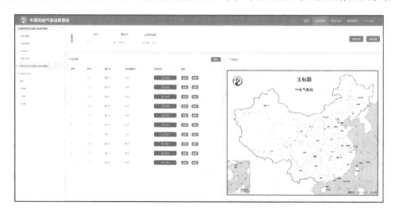

图8.7 草地贪夜蛾发生发展气象等级逐月动态预报系统运行结果界面

8.2.4.1 草地贪夜蛾发生发展气象等级监测预报

主要功能为在站点气象数据基础上,将气象关键因子插值计算,基于格点气象要素插值技术、以格点为单元,计算草地贪夜蛾发生发展气象监测等级;基于气象格点预报产品数据计算草地贪夜蛾发生发展气象预报等级,并对监测和预报等级数据进行空间制图渲染,实现草地贪夜蛾发生发展气象条件监测预报和预警。

8.2.4.2 玉米黏虫发生发展气象等级监测预报

主要功能为在站点气象数据基础上,将气象关键因子插值计算,基于格点气象要素插值技术、以格点为单元,计算玉米黏虫发生发展气象监测等级;基于气象格点预报产品数据计算玉米黏虫发生发展气象预报等级,并对监测和预报等级数据进行空间制图渲染,实现玉米黏虫发生发展气象条件监测预报和预警。

8.2.4.3　玉米螟发生发展气象等级监测预报

主要功能为在站点气象数据基础上,将气象关键因子插值计算,基于格点气象要素插值技术、以格点为单元,计算玉米螟发生发展气象监测等级;基于气象格点预报产品数据计算玉米螟发生发展气象预报等级,并对监测和预报等级数据进行空间制图渲染,实现玉米螟发生发展气象条件监测预报和预警。

8.2.4.4　玉米大斑病发生发展气象等级监测预报

主要功能为在站点气象数据基础上,将气象关键因子插值计算,基于格点气象要素插值技术、以格点为单元,计算玉米大斑病发生发展气象监测等级;基于气象格点预报产品数据计算玉米大斑病发生发展气象预报等级,并对监测和预报等级数据进行空间制图渲染,实现玉米大斑病发生发展气象条件监测预报和预警。

8.2.4.5　玉米小斑病发生发展气象等级监测预报

主要功能为在站点气象数据基础上,将气象关键因子插值计算,基于格点气象要素插值技术、以格点为单元,计算玉米小斑病发生发展气象监测等级;基于气象格点预报产品数据计算玉米小斑病发生发展气象预报等级,并对监测和预报等级数据进行空间制图渲染,实现玉米小斑病发生发展气象条件监测预报和预警。

8.2.5　玉米病虫害防治气象等级预报

玉米病虫害防治气象等级预报主要涉及玉米螟生物防治和玉米病虫害化学防治气象等级逐日预报和产品制图展示。图 8.8 是以玉米病虫害化学防治为例,业务系统对化学防治气象等级动态预报运行结果界面。

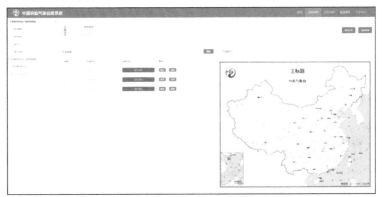

图 8.8　玉米病虫害化学防治气象等级动态预报系统运行结果界面

8.2.5.1 玉米螟生物防治气象等级预报

主要功能为基于智能网格气象格点预报产品数据计算玉米螟生物防治气象预报等级,并对预报等级数据进行空间制图渲染,实现玉米螟生物防治气象等级预报。

玉米螟生物防治功能包括白僵菌防治气象等级预报和赤眼蜂防治气象等级预报。

8.2.5.2 玉米病虫害化学防治气象等级预报

主要功能为基于智能网格气象格点预报产品数据计算玉米病虫害化学防治气象条件预报等级,并对预报等级数据进行空间制图渲染,实现玉米病虫害化学防治气象等级预报。

8.2.6 迁飞害虫迁飞气象条件预报

利用数值天气预报资料(CMA 模式)、欧洲中期天气预报中心(ECMWF)数据、美国国家环境预报中心 NCEP GFS 预报再分析资料等作为气象驱动场,构建玉米迁飞害虫(草地贪夜蛾、黏虫)迁飞扩散轨迹模拟模块,进行玉米迁飞害虫迁飞气象条件(图 8.9)和路径的预报。

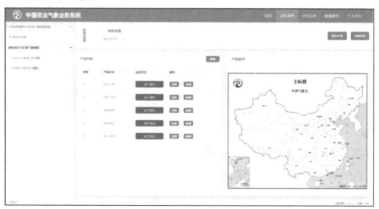

图 8.9 草地贪夜蛾迁飞气象条件动态预报系统运行结果界面

8.2.6.1 迁飞害虫迁入迁出气象等级预报

通过获取温度、降水、相对湿度、气压等气象要素数据,再根据草地贪夜蛾迁入(迁出)气象条件评价模型计算,并根据结果数据进行相应的分级:适宜、较适宜、不适宜分级。

8.2.6.2 害虫迁飞轨迹气象模拟预报

(1)Trajectory 轨迹分析模型

读取 ECMFC1D 格点场数据,包括相对湿度数据、风速数据、温度数据等,选取模拟起始点位置和模拟时间,并将数据代入 trajectory_model 模型运算得到迁飞轨迹点数据结果,将轨迹点数据结果绘制轨迹图(图 8.10)。

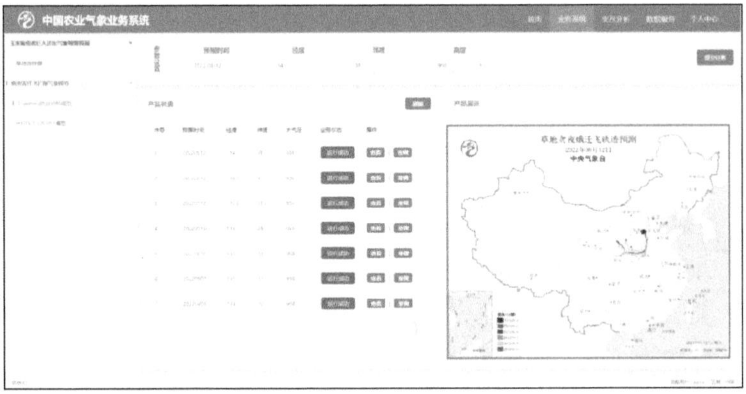

图 8.10 草地贪夜蛾迁飞轨迹动态预报系统运行结果界面

(2)HYSPLIT LOCUST 模型

集成 HYSPLIT LOCUST 迁飞模型,通过设置模型参数获取害虫迁飞轨迹计算结果(图 8.11)。

图 8.11 系统集成 HYSPLIT LOCUST 迁飞模型轨迹模拟功能

8.3 系统操作说明

8.3.1 系统登录

在 Chrome 内核浏览器中输入地址:http://10.20.90.185:8080/#/login,进入到中国农业气象业务系统的登录界面(同前图 8.2)。

输入用户名和密码、点击登录按钮进入系统。

8.3.2 病虫情数据集管理

点击顶部菜单【数据服务】,进入菜单【农业气象灾害库】子菜单【病虫情数据集】,进入病虫情数据集管理功能。

8.3.2.1 数据查询

选择作物种类【小麦/玉米】。选择数据集类型【赤霉病/条锈病/蚜虫/白粉病/草地贪夜蛾/玉米螟/玉米黏虫/玉米大(小)斑病】。设置开始年份和结束年份。点击查询按钮,得到相应病虫情数据查询结果,见图 8.3。

8.3.2.2 图表制作

点击图表中图表按钮。设置 X 轴数据为年份。设置 Y 轴数据为病虫灾害发生面积,即完成图表制作。如前图 8.4。

8.3.3 小麦病虫害发生发展气象等级预报

点击顶部菜单【业务系统】,进入菜单【病虫害子系统】子菜单【发生发展气象等级预报】—【小麦病虫害发生发展气象等级预报】,进入小麦病虫害发生发展气象等级预报功能。

8.3.3.1 小麦赤霉病发生发展气象等级预报

单击【小麦赤霉病】菜单,进入小麦赤霉病发生发展气象等级预报功能。设置业务预报时间。设置业务预报区域,可选【西南地区、江淮江汉、全部区域】(图 8.12)。

图 8.12 小麦赤霉病发生发展气象等级预报模块参数设置界面

单击指标设置按钮,弹出指标设置窗口(图 8.13),可设置业务预报指标数据,设置完成后单击保存按钮保存。

图 8.13 小麦赤霉病发生发展气象等级预报模块指标设置界面

单击提交任务按钮，开始计算并制作预报图，得到产品列表（图 8.14）。

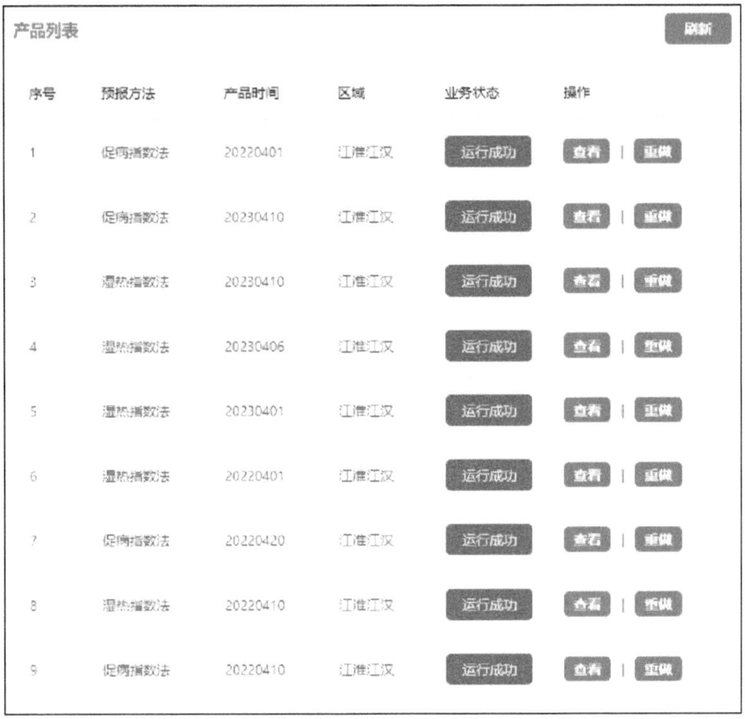

产品列表　　刷新

序号	预报方法	产品时间	区域	业务状态	操作
1	促病指数法	20220401	江淮江汉	运行成功	查看 | 重做
2	促病指数法	20230410	江淮江汉	运行成功	查看 | 重做
3	湿热指数法	20230410	江淮江汉	运行成功	查看 | 重做
4	湿热指数法	20230406	江淮江汉	运行成功	查看 | 重做
5	湿热指数法	20230401	江淮江汉	运行成功	查看 | 重做
6	湿热指数法	20220401	江淮江汉	运行成功	查看 | 重做
7	促病指数法	20220420	江淮江汉	运行成功	查看 | 重做
8	湿热指数法	20220410	江淮江汉	运行成功	查看 | 重做
9	促病指数法	20220410	江淮江汉	运行成功	查看 | 重做

图 8.14　小麦赤霉病发生发展气象等级预报模块产品列表界面

单击查看按钮，可以切换查看预报结果图（图 8.15）。

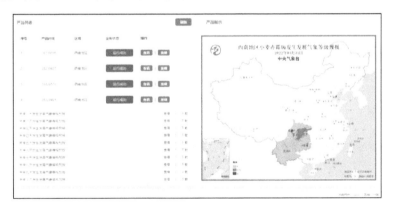

图 8.15　小麦赤霉病发生发展气象等级预报模块预报图查看界面

单击下载按钮可将选中的产品数据下载到本地。单击重做按钮可重做当前日期的业务产品。

8.3.3.2 小麦条锈病发生发展气象等级预报

单击【小麦条锈病】菜单,进入小麦条锈病发生发展气象等级预报功能。选择业务年份。

选择业务预报时次,可选第一次、第二次、第三次。选择【区域设置】,可选【西北地区中东部、黄河中下游地区、西南地区】(图8.16)。

图8.16　小麦条锈病发生发展气象等级预报模块参数设置界面

单击指标设置按钮,弹出指标设置窗口(图8.17),可设置业务指标数据,设置完成后单击保存按钮保存。

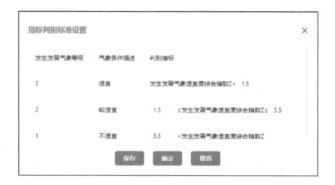

图8.17　小麦条锈病发生发展气象等级预报模块指标设置界面

单击提交任务按钮,开始计算并制作预报图,得到产品列表(图8.18)。

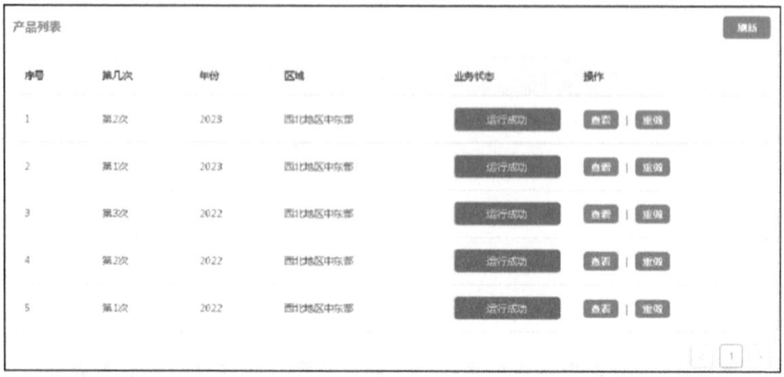

图8.18　小麦条锈病发生发展气象等级预报模块产品列表界面

单击查看按钮,可以切换查看预报结果图(图8.19)。

图 8.19　小麦条锈病发生发展气象等级预报图查看界面

单击下载按钮可将选中的产品数据下载到本地。单击重做按钮可重做当前日期的业务产品。

8.3.3.3　小麦蚜虫发生发展气象等级预报

单击【小麦蚜虫】菜单,进入小麦蚜虫发生发展气象等级预报功能。设置业务预报时间。设置业务年份。设置业务预报区域,可选【华北地区、黄淮地区】(图 8.20)。

图 8.20　小麦蚜虫发生发展气象等级预报模块参数设置界面

单击指标设置按钮,弹出指标设置窗口(图 8.21),可设置业务指标数据,设置完成后单击保存按钮保存。

图 8.21　小麦蚜虫发生发展气象等级预报模块指标设置界面

单击提交任务按钮,开始计算并制作预报图,得到产品列表(图 8.22)。

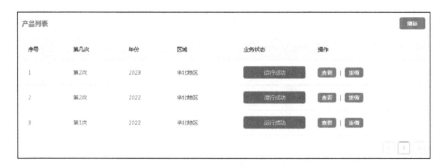

图 8.22　小麦蚜虫发生发展气象等级预报模块产品列表界面

单击查看按钮,可以切换查看预报结果图(图 8.23)。

图 8.23　小麦蚜虫发生发展气象等级预报图查看界面

单击下载按钮可将选中的产品数据下载到本地。单击重做按钮可重做当前日期的业务产品。

8.3.3.4　小麦白粉病发生发展气象等级预报

单击【小麦白粉病】菜单,进入小麦白粉病发生发展气象等级预报功能。设置业务预报时间。设置业务区域,可选【华北地区、黄淮地区、江淮江汉、全部区域】(图 8.24)。

图 8.24　小麦白粉病发生发展气象等级预报模块参数设置界面

单击指标设置按钮,弹出指标设置窗口(图 8.25),可设置业务指标数据,设置完成后单击保存按钮保存。

发生发展气象等级	气象条件描述	判别指标
1	不适宜	0 ≤达标日数≤ 5
2	较适宜	5 <达标日数< 10
3	适宜	10 ≤达标日数

指标判别标准设置　　　　　　　　　　　　　　　　✕

保存　　确定　　取消

图 8.25　小麦白粉病发生发展气象等级预报模块指标设置界面

单击提交任务按钮,开始计算并制作预报图,得到产品列表(图 8.26)。

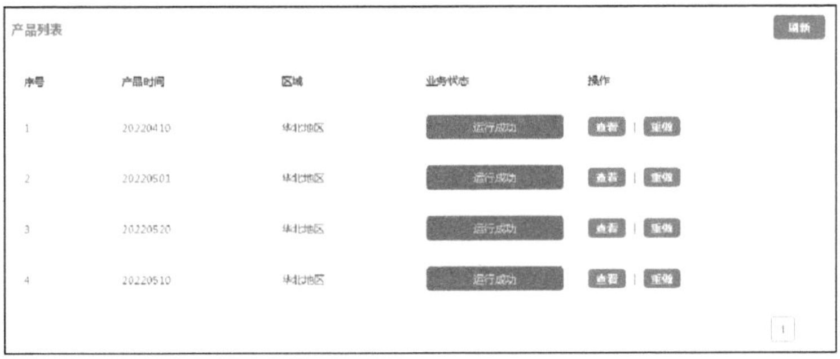

图 8.26　小麦白粉病发生发展气象等级预报模块产品列表界面

单击查看按钮,可以切换查看预报结果图(图 8.27)。

图 8.27　小麦白粉病发生发展气象等级预报图查看界面

单击下载按钮可将选中的产品数据下载到本地。单击重做按钮可重做当前日期的业务产品。

8.3.4 小麦病虫害防治气象等级预报

单击顶部菜单【业务系统】,进入菜单【病虫害子系统】子菜单【防治气象等级预报】—【小麦病虫害防治气象等级预报】,进入小麦病虫害防治气象等级预报功能。

8.3.4.1 小麦赤霉病防治气象等级预报

单击【小麦赤霉病】菜单,进入小麦赤霉病防治气象等级预报功能。设置业务预报时间。设置业务区域,可选【西南地区、江淮江汉、全部区域】(图 8.28)。

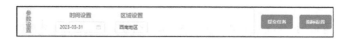

图 8.28 小麦赤霉病防治气象等级预报模块参数设置界面

单击指标设置按钮,弹出指标设置窗口(图 8.29),可设置业务指标数据,设置完成后单击保存按钮保存。

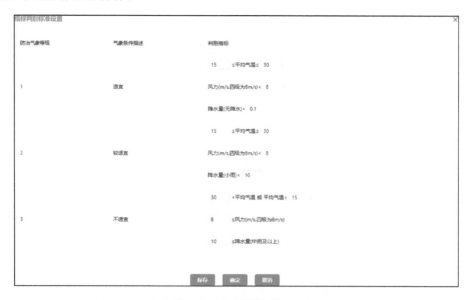

图 8.29 小麦赤霉病防治气象等级预报模块指标设置界面

单击提交任务按钮,开始计算并制作预报图,得到产品列表(图 8.30)。单击查看按钮,可以切换查看预报结果图(图 8.31)。单击下载按钮可将选中的产品数据下载到本地。单击重做按钮可重做当前日期的业务产品。

图 8.30　小麦赤霉病防治气象等级预报模块产品列表界面

图 8.31　小麦赤霉病防治气象等级预报图查看界面

8.3.4.2　小麦条锈病防治气象等级预报

单击【小麦条锈病】菜单,进入小麦条锈病防治气象等级预报功能。设置业务时间。设置业务区域,可选【西北地区中东部、黄河中下游地区、西南地区】(图 8.32)。

图 8.32　小麦条锈病防治气象等级预报模块参数设置界面

单击指标设置按钮,弹出指标设置窗口(图 8.33),可设置业务预报指标数据,设置完成后单击保存按钮保存。

单击提交任务按钮,开始计算并制作预报图,得到产品列表(图 8.34)。

单击查看按钮,可以切换查看预报结果图(图 8.35)。

单击下载按钮可将选中的产品数据下载到本地。

单击重做按钮可重做当前日期的业务产品。

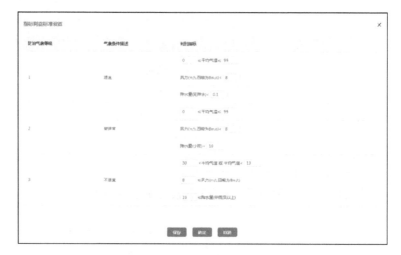

图 8.33　小麦条锈病防治气象等级预报模块指标设置界面

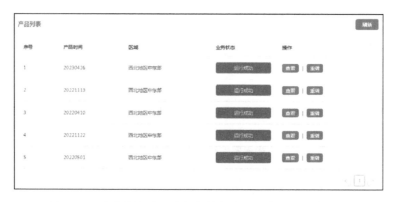

图 8.34　小麦条锈病防治气象等级预报模块产品列表界面

图 8.35　小麦条锈病防治气象等级预报图查看界面

8.3.4.3 小麦蚜虫防治气象等级预报

单击【小麦蚜虫】菜单,进入小麦蚜虫防治气象等级预报功能。设置业务时间。设置业务区域,可选【华北地区、黄淮地区】(图 8.36)。

图 8.36 小麦蚜虫防治气象等级预报模块参数设置界面

单击指标设置按钮,弹出指标设置窗口(图 8.37),可设置业务预报指标数据,设置完成后单击保存按钮保存。

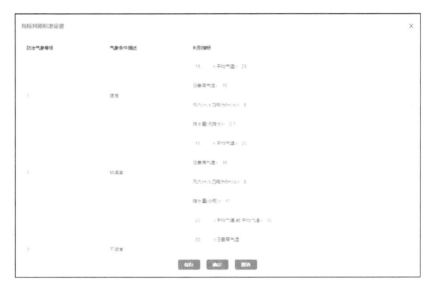

图 8.37 小麦蚜虫防治气象等级预报模块指标设置界面

单击提交任务按钮,开始计算并制作预报图,得到产品列表(图 8.38)。

图 8.38 小麦蚜虫防治气象等级预报模块产品列表界面

单击查看按钮,可以切换查看预报结果图(图 8.39)。

图 8.39   小麦蚜虫防治气象等级预报图查看界面

单击下载按钮可将选中的产品数据下载到本地。单击重做按钮可重做当前日期的业务产品。

8.3.4.4   小麦白粉病防治气象等级预报

单击【小麦白粉病】菜单,进入小麦白粉病防治气象等级预报功能。设置业务时间;设置业务区域,可选【华北地区、黄淮地区、江淮江汉、全部区域】(图 8.40);

图 8.40   小麦白粉病防治气象等级预报模块参数设置界面

点击指标设置按钮,弹出指标设置窗口(图 8.41),可设置业务指标数据,设置完成后单击保存按钮保存;单击提交任务按钮,开始计算并制作预报图,得到产品列表(图 8.42);单击查看按钮,可以切换查看预报结果图(图 8.43);单击下载按钮可将选中的产品数据下载到本地。单击重做按钮可重做当前日期的业务产品。

8.3.5   玉米病虫害发生发展气象等级监测预报

单击顶部菜单【业务系统】,进入菜单【病虫害子系统】子菜单【发生发展气象等级预报】—【玉米病虫害发生发展气象等级预报】,进入玉米病虫害发生发展气象等级预报功能。

图 8.41　小麦白粉病防治气象等级预报模块指标设置界面

图 8.42　小麦白粉病防治气象等级预报模块产品列表界面

图 8.43　小麦白粉病防治气象等级预报图查看界面

8.3.5.1　草地贪夜蛾发生发展气象等级监测预报

单击【草地贪夜蛾】菜单,进入草地贪夜蛾发生发展气象等级预报功能。设置业务时间。设置业务预报次数,可选【第一次/第二次/第三次/第四次/第五次/第六次】(图 8.44)。

图 8.44　草地贪夜蛾发生发展气象等级动态监测预报模块参数设置界面

单击指标设置按钮,弹出指标设置窗口(图 8.45),可设置业务预报指标数据,设置完成后单击保存按钮保存。

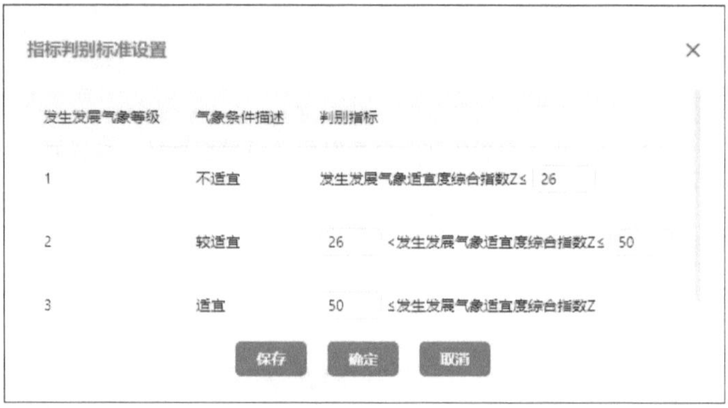

指标判别标准设置　　　　　　　　　　　　　　　　　　　×

发生发展气象等级	气象条件描述	判别指标
1	不适宜	发生发展气象适宜度综合指数 Z≤ 26
2	较适宜	26 ＜发生发展气象适宜度综合指数 Z≤ 50
3	适宜	50 ≤发生发展气象适宜度综合指数 Z

保存　　确定　　取消

图 8.45　草地贪夜蛾发生发展气象等级监测预报模块指标设置界面

单击提交任务按钮,开始计算并制作预报图,得到产品列表(图 8.46)。

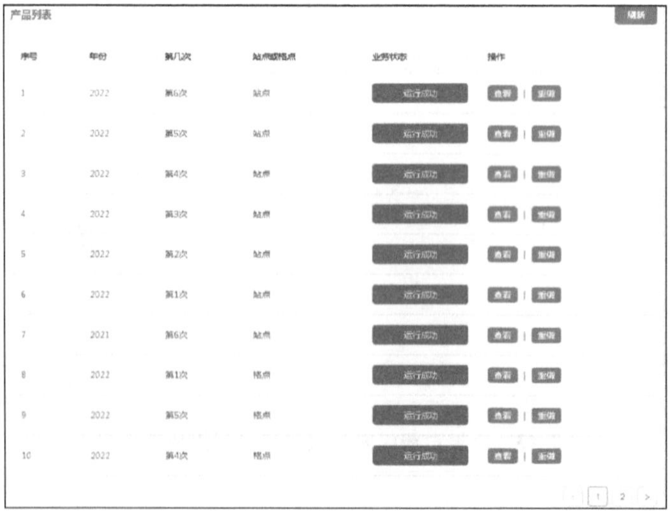

产品列表

序号	年份	第几次	站点或格点	业务状态	操作
1	2022	第6次	站点	运行成功	查看 重新
2	2022	第5次	站点	运行成功	查看 重新
3	2022	第4次	站点	运行成功	查看 重新
4	2022	第3次	站点	运行成功	查看 重新
5	2022	第2次	站点	运行成功	查看 重新
6	2022	第1次	站点	运行成功	查看 重新
7	2021	第6次	站点	运行成功	查看 重新
8	2022	第1次	格点	运行成功	查看 重新
9	2022	第5次	格点	运行成功	查看 重新
10	2022	第4次	格点	运行成功	查看 重新

1　2　＞

图 8.46　草地贪夜蛾发生发展气象等级监测预报模块产品列表界面

单击查看按钮,可以切换查看预报结果图。图 8.47 是以 2022 年 8 月 1 日为例,草地贪夜蛾发生发展气象等级预报图情况。

图 8.47　草地贪夜蛾发生发展气象等级预报图查看界面

单击下载按钮可将选中的产品数据下载到本地。单击重做按钮可重做当前日期的业务产品。

8.3.5.2　玉米黏虫发生发展气象等级监测预报

单击【黏虫】菜单,进入玉米黏虫发生发展气象等级预报功能。设置业务时间(图 8.48)。

图 8.48　玉米黏虫发生发展气象等级监测预报模块参数设置界面

单击指标设置按钮,弹出指标设置窗口(图 8.49),可设置业务指标数据,设置完成后单击保存按钮保存。

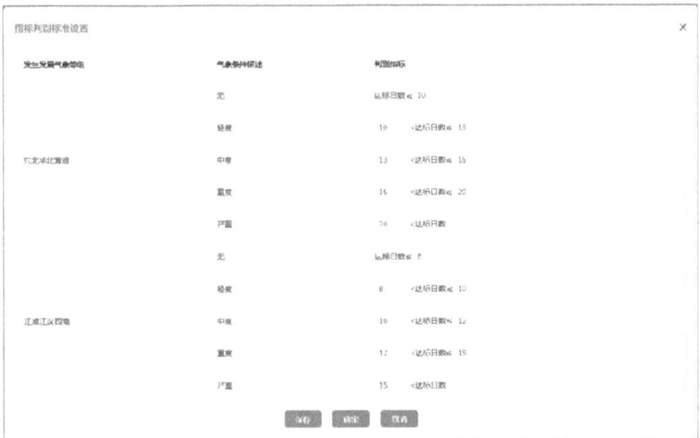

图 8.49　玉米黏虫发生发展气象等级监测预报模块指标设置界面

单击提交任务按钮,开始计算并制作预报图,得到产品列表(图8.50)。

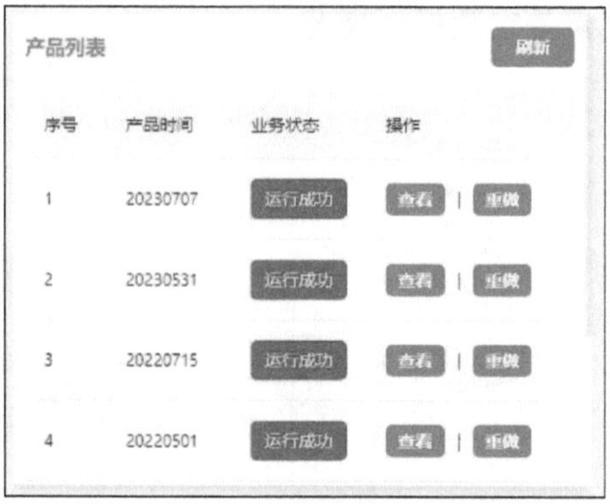

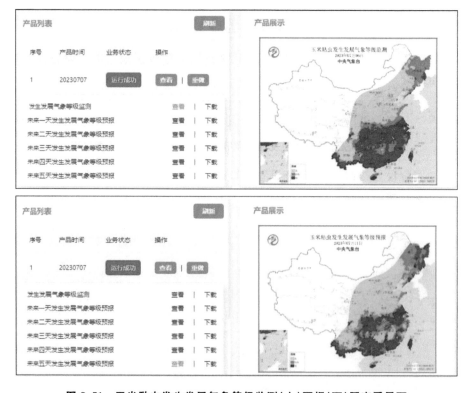

图 8.50 玉米黏虫发生发展气象等级监测预报模块产品列表界面

单击查看按钮,可以切换查看监测预报结果图(图8.51)。

图 8.51 玉米黏虫发生发展气象等级监测(上)预报(下)图查看界面

单击下载按钮可将选中的产品数据下载到本地。单击重做按钮可重做当前日期的业务产品。

8.3.5.3　玉米螟发生发展气象等级监测预报

单击【玉米螟】菜单，进入玉米螟发生发展气象等级预报功能。设置业务时间。设置业务预报次数，可选【第一次/第二次】。设置业务区域，可选【西南地区、东北地区】(图 8.52)。

参数设置
第几次
年份
区域设置
2023
提交任务

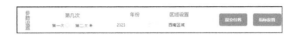

图 8.52　玉米螟发生发展气象等级监测预报模块参数设置界面

单击指标设置按钮，弹出指标设置窗口(图 8.53)，可设置业务预报指标数据，设置完成后单击保存按钮保存。

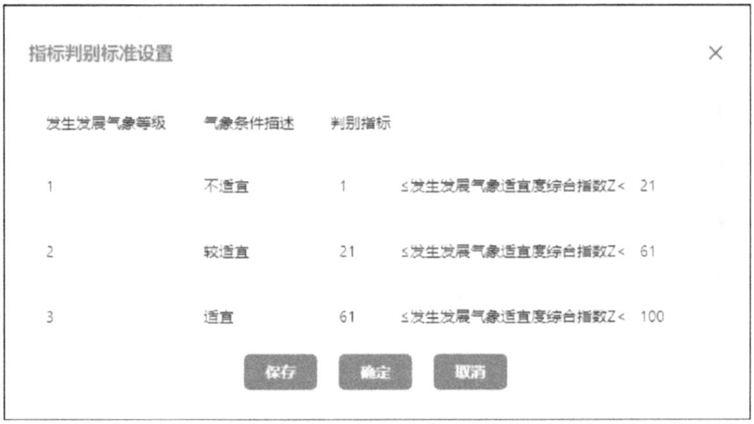
指标判别标准设置
发生发展气象等级
气象条件描述
判别指标
1
不适宜
1
≤发生发展气象适宜度综合指数Z<
21
2
较适宜
21
≤发生发展气象适宜度综合指数Z<
61
3
适宜
61
≤发生发展气象适宜度综合指数Z<
100
保存
确定
取消

图 8.53　玉米螟发生发展气象等级监测预报模块指标设置界面

单击提交任务按钮，开始计算并制作预报图，得到产品列表(图 8.54)。

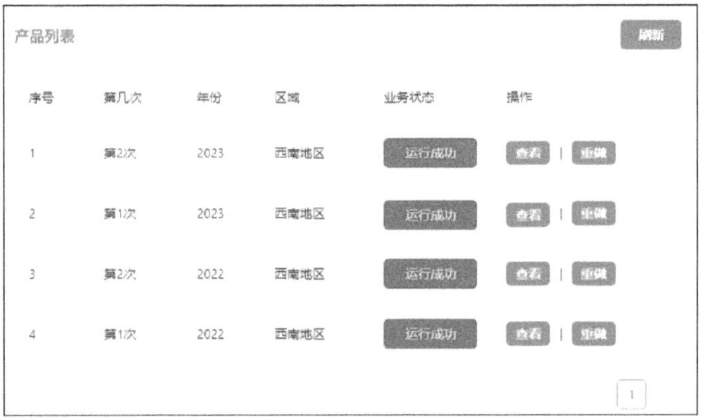
产品列表
刷新
序号
第几次
年份
区域
业务状态
操作
1
第2次
2023
西南地区
运行成功
查看
重做
2
第1次
2023
西南地区
运行成功
查看
重做
3
第2次
2022
西南地区
运行成功
查看
重做
4
第1次
2022
西南地区
运行成功
查看
重做
1

图 8.54　玉米螟发生发展气象等级监测预报模块产品列表界面

单击查看按钮,可以切换查看预报结果图(图 8.55)。

图 8.55　玉米螟发生发展气象等级预报图查看界面

单击下载按钮可将选中的产品数据下载到本地。单击重做按钮可重做当前日期的业务产品。

8.3.5.4　玉米大斑病发生发展气象等级监测预报

单击【大斑病】菜单,进入玉米大斑病发生发展气象等级预报功能。设置业务预报时间(图 8.56)。

图 8.56　玉米大斑病发生发展气象等级监测预报模块参数设置界面

单击指标设置按钮,弹出指标设置窗口(图 8.57),可设置业务指标数据,设置完成后单击保存按钮保存。

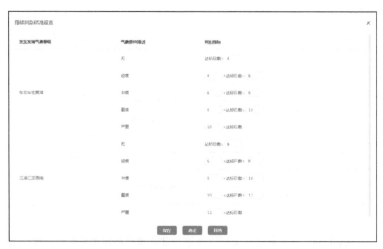

图 8.57　玉米大斑病发生发展气象等级监测预报模块指标设置界面

单击提交任务按钮,开始计算并制作预报图,得到产品列表(图 8.58)。

图 8.58 玉米大斑病发生发展气象等级监测预报模块产品列表界面

单击查看按钮,可以切换查看监测预报结果图(图 8.59)。

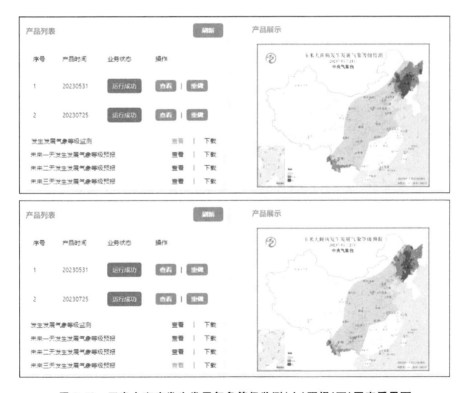

图 8.59 玉米大斑病发生发展气象等级监测(上)预报(下)图查看界面

单击下载按钮可将选中的产品数据下载到本地。单击重做按钮可重做当前日期的业务产品。

8.3.5.5　玉米小斑病发生发展气象等级监测预报

单击【小斑病】菜单,进入玉米小斑病发生发展气象等级监测预报功能。设置业务时间(图 8.60)。

图 8.60　玉米小斑病发生发展气象等级监测预报模块参数设置界面

单击指标设置按钮,弹出指标设置窗口(图 8.61),可设置业务预报指标数据,设置完成后单击保存按钮保存。

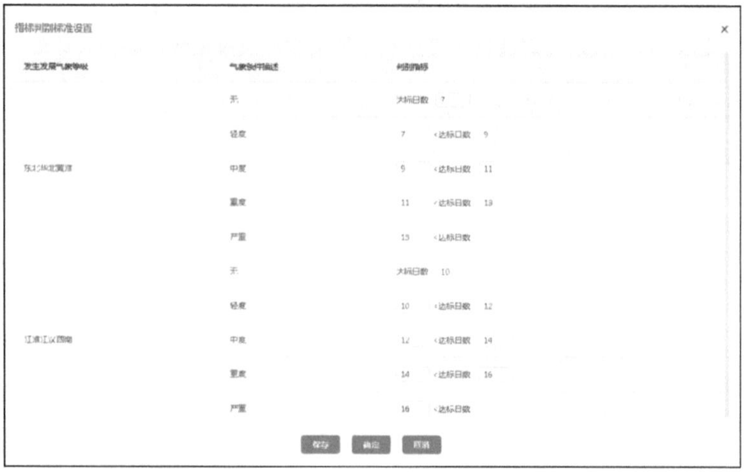

图 8.61　玉米小斑病发生发展气象等级监测预报模块指标设置界面

单击提交任务按钮,开始计算并制作预报图,得到产品列表(图 8.62)。

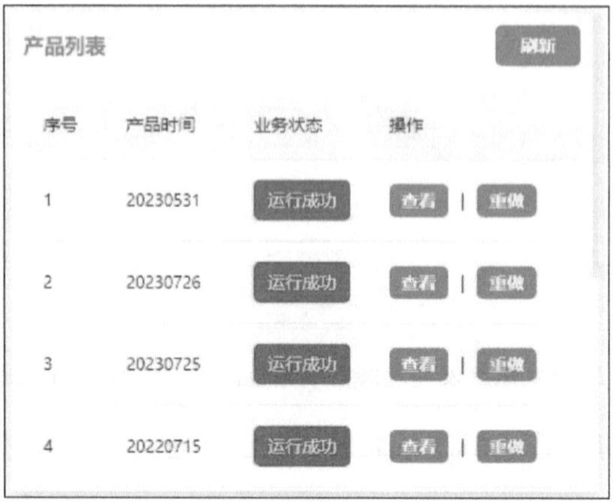

图 8.62　玉米小斑病发生发展气象等级监测预报模块产品列表界面

单击查看按钮,可以切换查看结果数据(图 8.63)。

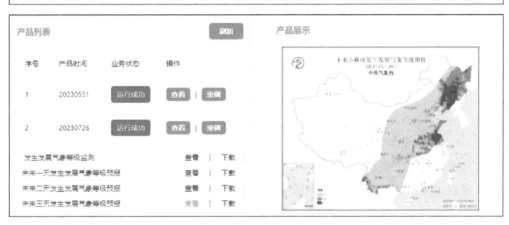

图 8.63　玉米小斑病发生发展气象等级监测(上)预报(下)图查看界面

单击下载按钮可将选中的产品数据下载到本地。单击重做按钮可重做当前日期的业务产品。

8.3.6　玉米病虫害防治气象等级预报

单击顶部菜单【业务系统】,进入菜单【病虫害子系统】子菜单【防治气象等级预报】—【玉米病虫害防治气象等级预报】,进入玉米病虫害防治气象等级预报功能。

8.3.6.1　玉米螟生物防治气象等级预报

单击【玉米螟生物防治】菜单,进入玉米螟生物防治气象等级预报功能。设置业务时间。设置预报方法,可选【白僵菌防治、赤眼蜂防治】(图 8.64)。

图 8.64　玉米螟生物防治气象等级预报模块参数设置界面

单击指标设置按钮,弹出指标设置窗口(图 8.65),可设置业务预报指标数据,设置完成后单击保存按钮保存。

图 8.65　玉米螟生物防治气象等级预报模块指标设置界面

单击提交任务按钮,开始计算并制作预报图,得到产品列表(图 8.66)。

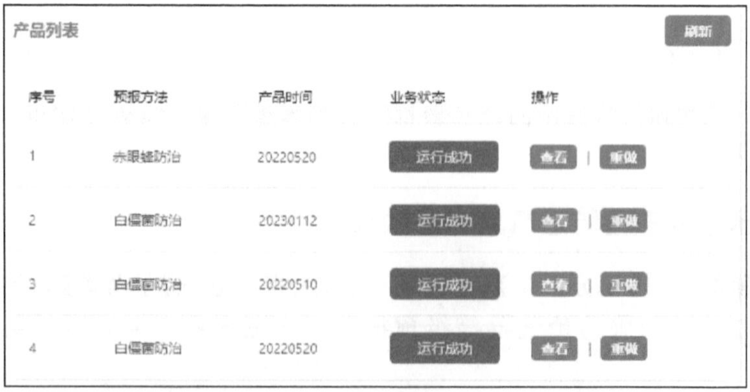

图 8.66　玉米螟生物防治气象等级预报模块产品列表界面

单击查看按钮,可以切换查看预报结果图(图 8.67)。单击下载按钮可将选中的产品数据下载到本地。单击重做按钮可重做当前日期的业务产品。

图 8.67　玉米螟生物防治气象等级预报图查看界面

8.3.6.2　玉米病虫害化学防治气象等级预报

单击【玉米病虫害化学防治】菜单,进入玉米病虫害化学防治气象等级预报功能。设置业务时间(图 8.68)。

图 8.68　玉米病虫害化学防治气象等级预报模块参数设置界面

单击指标设置按钮,弹出指标设置窗口(图 8.69),可设置业务预报指标数据,设置完成后单击保存按钮保存。

图 8.69　玉米病虫害化学防治气象等级预报模块指标设置界面

单击提交任务按钮,开始计算并制作预报图,得到产品列表(图 8.70)。

图 8.70　玉米病虫害化学防治气象等级预报模块产品列表界面

单击查看按钮,可以切换查看预报结果图(图 8.71)。

图 8.71　玉米病虫害化学防治气象等级预报图查看界面

单击下载按钮可将选中的产品数据下载到本地。单击重做按钮可重做当前日期的业务产品。

8.3.7　迁飞害虫迁飞气象条件预报

单击顶部菜单【业务系统】,进入菜单【病虫害子系统】子菜单【迁飞气象等级预报】,进入迁飞气象等级预报功能。

8.3.7.1　迁飞害虫迁入迁出气象等级预报

单击顶部菜单【业务系统】,进入菜单【病虫害子系统】子菜单【迁飞气象等级预报】—【玉米病虫害迁入迁出气象等级预报】进入玉米病虫害迁入迁出气象等级预报功能。

　　单击【草地贪夜蛾】菜单，进入草地贪夜蛾迁入迁出气象等级预报功能。设置业务时间（图 8.72）。

图 8.72　草地贪夜蛾迁入迁出气象等级预报模块参数设置界面

　　单击【指标设置】按钮，弹出指标设置窗口（图 8.73），可设置业务指标数据，设置完成后单击【保存】按钮保存。

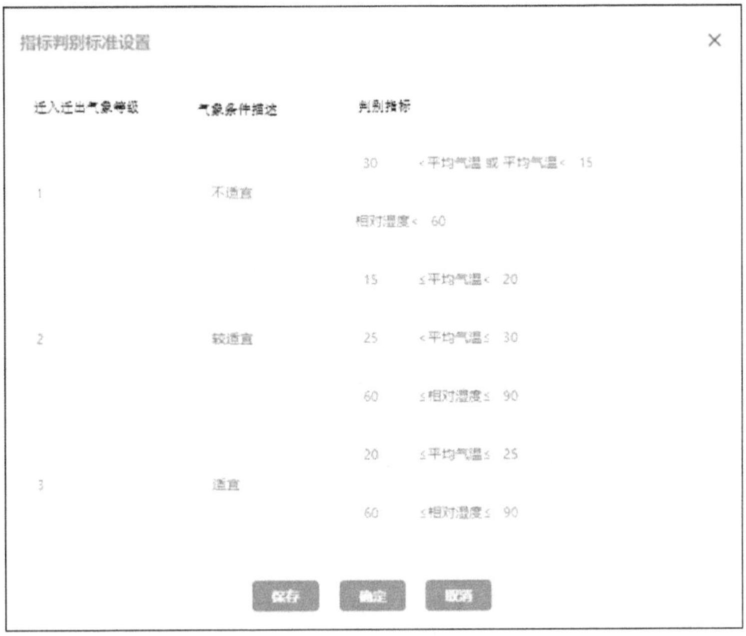

指标判别标准设置			×
迁入迁出气象等级	气象条件描述	判别指标	
1	不适宜	30	<平均气温 或 平均气温< 15
		相对湿度< 60	
2	较适宜	15	≤平均气温< 20
		25	<平均气温≤ 30
		60	≤相对湿度≤ 90
3	适宜	20	≤平均气温≤ 25
		60	≤相对湿度≤ 90

保存　　确定　　取消

图 8.73　草地贪夜蛾迁入迁出气象等级预报模块指标设置界面

　　单击【提交任务】按钮，开始计算并制作预报图，得到产品列表（图 8.74）。单击【查看】按钮，可以切换查看预报结果图（图 8.75）。单击【下载】按钮可将选中的产品数据下载到本地。单击【重做】按钮可重做当前日期的业务产品。

8.3.7.2　害虫迁飞轨迹气象模拟预报

（1）Trajectory 轨迹分析模型

　　单击顶部菜单【业务系统】，进入菜单【病虫害子系统】子菜单【迁飞气象等级预报】—【病虫害迁飞扩散气象模拟】，进入病虫害迁飞扩散气象模拟功能。

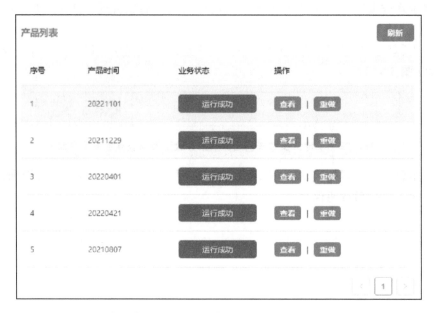

图 8.74　草地贪夜蛾迁入迁出气象等级预报模块产品列表界面

图 8.75　草地贪夜蛾迁入迁出气象等级预报图查看界面

单击【Trajectory 轨迹分析模型】菜单,进入 Trajectory 轨迹分析模型功能,进行轨迹预测。设置业务预报时间。设置起始点经纬度。设置迁飞高度(图 8.76)。

图 8.76　迁飞害虫迁飞模拟模块参数设置界面

单击【提交任务】按钮,开始计算并制作预报图,得到产品列表(图 8.77)。

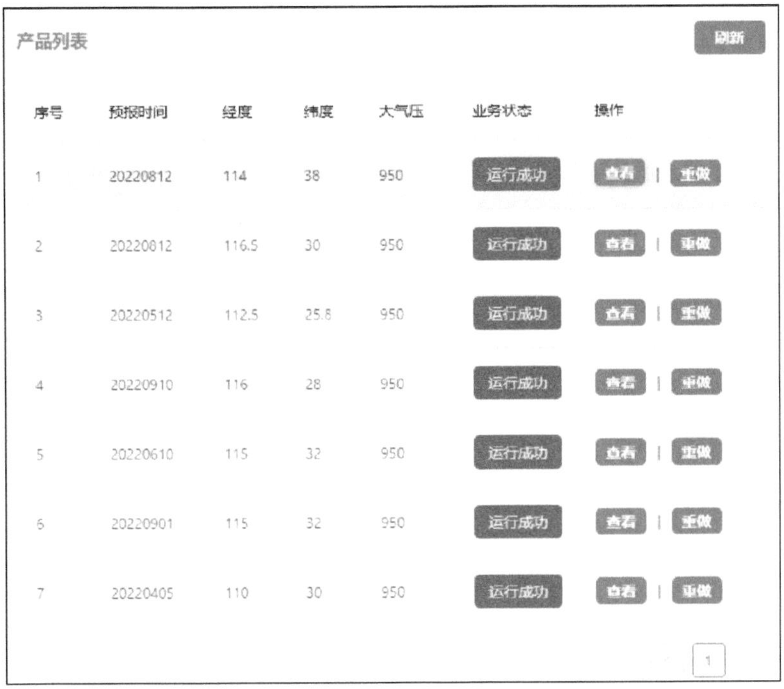

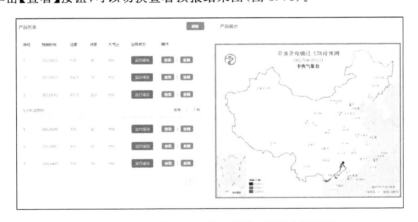

图 8.77　迁飞害虫迁飞模拟模块产品列表界面

单击【查看】按钮,可以切换查看预报结果图(图 8.78)。

图 8.78　迁飞害虫迁飞模拟模块预报图查看界面

单击【下载】按钮可将选中的产品数据下载到本地。单击【重做】按钮可重做当前日期的业务产品。

（2）HYSPLIT LOCUST 模型

该模型除了模拟蝗虫迁飞轨迹外，也可用于模拟其他种类的迁飞害虫飞行轨迹。单击【HYSPLIT LOCUST 模型】菜单进入 HYSPLIT LOCUST 模型功能，进行轨迹预报。也可从网址 https://locusts.arl.noaa.gov/ 进入该预报界面（图 8.79）。单击"Start a new single swarm run"为执行单点模拟，单击"start a new batch run"为执行批处理模拟。"start a new matrix run"为阵列（矩阵）模拟。下面以前两种应用为例进行说明。

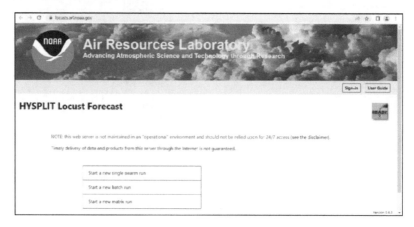

图 8.79　HYSPLIT LOCUST 害虫迁飞模型网络系统预报界面

单点模拟：单击"Start a new single swarm run"后，出现图 8.80 界面，按后面步骤设置"HYSPLIT Locust Forecast"参数，即所要模拟的迁飞害虫对应的迁飞参数，设置开始时间、起始点位置、飞行高度、飞行速度等参数。下面以草地贪夜蛾为例，说明参数设置情况。

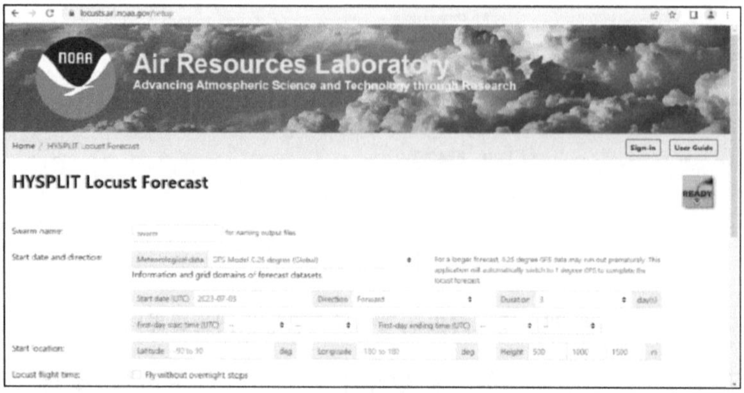

图 8.80　HYSPLIT LOCUST 害虫迁飞模型网络版系统单点模拟参数设置界面

① 虫名"Swarm name"自设后,设置" Start date and direction"

(a)气象数据"Meteorological data":选择全球模式细网格"GFS Model 0.25 degree(Global)"。

(b)开始时间"Start date(UTC)":选择当天日期时,仅能模拟未来 3 d 轨迹,如模拟一周或以上,需将日期相应后退,因当日只有未来 3 d 的预报数据。

(c)飞行方向"Direction":选择前向模拟"Forward"。如逆推飞行轨迹,则选择"Backward"。

(d)飞行持续时间"Duration":以草地贪夜蛾为例,通常可连续飞行 3 d 左右(第一天夜间飞行,第二天早上降落,第二天夜间继续飞行,如此循环),故设置为"3"天。

(e)第一天起飞时间"First-day start time(UTC)"和结束时间"First-day ending time(UTC)"设置:因草地贪夜蛾通常 18:00 后起飞,第二天 06:00 左右降落休整。故开始时间可设置为"10:15"或之后,结束时间可设置为最晚"22:30"左右。系统可选的起始、结束时间分钟间隔为 5 min,可根据需要设置。

注:UTC 时间+8 h=北京时间

② 设置"Start location"

根据实况,设置害虫迁飞起始位置的经纬度,迁飞高度可一次选择模拟三个飞行高度,如 500 m、700 m、800 m。

③ 设置"Locust flight time":勾选"Fly without overnight stops"。与蝗虫在白天进行迁飞活动不同,草地贪夜蛾不过夜停留,而是夜晚飞行。起飞和降落时间选择系统默认时间。

④ 避开水体设置"Water avoidance":不勾选。因草地贪夜蛾降落位置与降水量大小有一定关系,有落入水体的可能。

⑤ 设置出图操作"Plot options":一般选择系统默认参数设置,但"GIS file"一般选择"by day"或"all trajectories in one file"。

⑥ 高级设置"Advanced":选择模型默认参数。

然后单击【Start simulation】按钮,等待模型运行结束。

模型运行结束后,下载运行结果,具体见"Zipped file of all graphics and diagnostics(for redistribution)"压缩文件,保存结果,其中 pdf 文件如" swarm_7463_trajplot.pdf"即为轨迹结果图。轨迹经纬度位置见文本文件,如"swarm_7463_landing_pts.txt"等。每天模拟结果可导入 GIS 出图也可直接采用 pdf 文件中的图。

批处理模拟:单击"start a new batch run"后,出现图 8.81 界面。

设置批处理参数:单击"Download a sample CSV file",下载(见图 8.82),表格可加行,每一行代表一个单点模拟的参数,采用上述单点模拟参数设置方法,修改参数,之后将修改参数后或加行后的表格拖拽至图 8.81 界面中的"Batch file drop zone"区域,然后单击【Start batch simulation】按钮,执行模型模拟,待模型运行结束后,下载文件,即可导入 GIS 出图。

图 8.81 HYSPLIT LOCUST 害虫迁飞模型网络版系统批处理多点模拟参数设置界面

图 8.82 HYSPLIT LOCUST 害虫迁飞模型网络版系统批处理多点模拟参数设置表格界面

参考文献

白蕤,李宁,吴立,等,2017.大气环流指数对海南省稻飞虱发生的影响[J].江苏农业科学,45(15)：80-85.

包云轩,王永平,严明良,等,2008.2003年我国稻纵卷叶螟发生特征及其灾变大气背景的研究[J].气象科学,28(2)：184-189.

包云轩,谢杰,向勇,等,2009.低空急流对中国褐飞虱重大北迁过程的影响[J].生态学报,29(11)：5773-5782.

包云轩,黄金颖,谢晓金,等,2013.季风进退和转换对中国褐飞虱迁飞的影响[J].生态学报,33(16)：4864-4877.

包云轩,曹云,谢晓金,等,2015.中国稻纵卷叶螟发生特点及北迁的大气背景[J].生态学报,35(11)：3519-3533.

包云轩,孙梦秋,严明良,等,2016.基于两种轨迹模型的褐飞虱迁飞轨迹比较研究[J].生态学报,36(19)：6122-6138.

包云轩,唐辟如,孙思思,等,2018.中南半岛前期异常气候条件对中国南方稻区褐飞虱灾变性迁入的影响及其预测模型[J].生态学报,38(8)：2934-2947.

包云轩,王明飞,陈粲,等,2019.东亚夏季风进退对我国南方水稻主产区稻纵卷叶螟发生的影响[J].生态学报,39(24)：9351-9364.

曹祥康,陈爱光,田平阳,1994.福建省小麦赤霉病气候预报初探[J].中国农业气象,15(3)：33-35.

曹学仁,周益林,段霞瑜,等,2009.白粉菌侵染后田间小麦叶绿素含量与冠层光谱反射率的关系[J].植物病理学报,39(3)：290-296.

曹雅忠,郭予元,胡毅,等,1989.麦长管蚜自然种群生命表研究初报[J].植物保护学报(4)：239-243.

曹雅忠,尹姣,李克斌,等,2006.小麦蚜虫不断猖獗原因及控制对策的探讨[J].植物保护(5)：72-75.

陈怀亮,张弘,李有,2007.农作物病虫害发生发展气象条件及预报方法研究综述[J].中国农业气象,28(2)：212-216.

陈辉,武明飞,刘杰,等,2020a.我国草地贪夜蛾迁飞路径及其发生区划[J].植物保护学报,47(4)：747-757.

陈辉,杨学礼,谌爱东,等,2020b.我国最早发现为害地草地贪夜蛾的入侵时间及其虫源分布[J].应用昆虫学报,57(6)：1270-1278.

陈沛,弓惠芬,王瑞,等,1986.光周期和温度与亚洲玉米螟滞育发育关系的研究[J].北京农学院学报(1)：1-5.

陈然,李俊凯,李黎,等,2014.小麦赤霉病生物防治研究进展[J].河南农业科学,43(12)：1-5.

陈永明,林付根,赵阳,等,2015.论江苏东部麦区赤霉病流行成因与监控对策[J].农学学报,5(5):
　33-38.

陈云,王建强,杨荣明,等,2017.小麦赤霉病发生危害形势及防控对策[J].植物保护,43(5):11-17.

陈正洪,马德栗,2011.湖北省1961—2008年冷冬时空变化特征∥中国气象局国家气候中心暨气
　候研究开放实验室2010年度学术年会论文集[C].北京:国家气候中心,中国气象局气候研究开
　放实验室:56.

程芳芳,王玉岗,李红卫,等,2012.郑州市麦蚜发生气象条件分析及预报研究[J].气象与环境科
　学,35(3):81-84.

戴鹏,2016.不同干旱地区麦长管蚜对缺水胁迫的响应及其遗传基础[D].杨凌:西北农林科技
　大学.

刁春友,朱叶芹,2006.农作物主要病虫害预测预报与防治[M].南京:江苏科学技术出版社.

丁一汇,李霄,李巧萍,2020.气候变暖背景下中国地面风速变化研究进展[J].应用气象学报,31
　(1):1-12.

封传红,翟保平,张孝羲,等,2002.我国低空急流的时空分布与稻飞虱北迁[J].生态学报,22(4):
　559-565.

冯炼,吴玮,陈晓玲,等,2010.基于HJ卫星CCD数据的冬小麦病虫害面积监测[J].农业工程学
　报,26(7):213-219.

冯伟,王晓宇,宋晓,等,2013a.白粉病胁迫下小麦冠层叶绿素密度的高光谱估测[J].农业工程学
　报,29(13):114-123.

冯伟,王晓宇,宋晓,等,2013b.基于冠层反射光谱的小麦白粉病严重度估测[J].作物学报,39(8):
　1469-1477.

高苹,武金岗,杨荣明,等,2008.江苏省稻纵卷叶螟迁入期虫情指标与西太平洋海温的遥相关及其
　长期预报模型[J].应用生态学报,19(9):2056- 2066.

弓惠芬,陈霈,王瑞,等,1984.光周期和温度对亚洲玉米螟滞育形成的影响[J].昆虫学报(3):280-
　286.DOI:10.16380/j.kcxb.1984.03.007.

郭安红,王纯枝,李轩,等,2012.东北地区落叶松毛虫灾害气象风险区划初步研究[J].灾害学,27
　(2):24-28.

郭安红,王纯枝,邓环环,等,2022.草地贪夜蛾迁飞大气动力条件分析及过程模拟[J].应用气象学
　报,33(5):541-554.

郭建平,2015.气候变化对中国农业生产的影响研究进展[J].应用气象学报,26(1):1-11.

郭建平,2016.农业气象灾害监测预测技术研究进展[J].应用气象学报,27(5):620-630.

郭翔,王明田,张国芝,2017.四川盆地冬繁区小麦条锈病气象等级预测[J].应用生态学报,28
　(12):3994-4000.

郭翔,马献菊,王明田,等,2019.基于GIS的四川盆区小麦条锈病风险评价与区划[J].生态学杂
　志,38(6):1783-1791.

韩海斌,刘爱萍,2017.草原蝗虫综合防治技术[M].北京:中国农业科学技术出版社.

韩永翔,葛秉钧,1995.甘肃省玉米产量的主成分分析[J].应用气象学报,6(2):252-256.

何莉梅,葛世帅,陈玉超,等,2019.草地贪夜蛾的发育起点温度、有效积温和发育历期预测模型

[J].植物保护,45(5):18-26.

何沐阳,李建芳,任璐,等,2019.基于有虫株率与幼虫密度关系的玉米苗期草地贪夜蛾发生程度分级研究[J].环境昆虫学报,41(4):748-753.

侯婷婷,霍治国,卢志光,等,2003.副热带高压与中国稻飞虱发生关系的研究[J].自然灾害学报,12(2):213-219.

侯英雨,张蕾,吴门新,等,2018.国家级现代农业气象业务技术进展[J].应用气象学报,29(6):641-656.

华南农学院,1981.农业昆虫学(上册)[M].北京:农业出版社.

黄嘉佑,2000.气象统计分析与预报方法[M].北京:气象出版社.

黄健,刘作挺,黄敏辉,等,2010.珠江三角洲区域大气输送和扩散的季节特征[J].应用气象学报,21(6):698-708.

霍治国,陈林,叶彩玲,等,2002a.气候条件对中国水稻稻飞虱为害规律的影响[J].自然灾害学报,11(1):97-102.

霍治国,陈林,刘万才,等,2002b.中国小麦白粉病发生地域分布的气候分区[J].生态学报,22(11):1873-1881.

霍治国,李世奎,王素艳,等,2003.主要农业气象灾害风险评估技术及其应用研究[J].自然资源学报,18(6):692-703.

霍治国,王石立,2009.农业与生物气象灾害[M].北京:气象出版社,285.

霍治国,李茂松,李娜,等,2012a.季节性变暖对中国农作物病虫害的影响[J].中国农业科学,45(11):2168-2179.

霍治国,李茂松,王丽,等,2012b.气候变暖对中国农作物病虫害的影响[J].中国农业科学,45(10):1926-1934.

霍治国,范雨娴,杨建莹,等,2017.中国农业洪涝灾害研究进展[J].应用气象学报,28(6):641-653.

霍治国,尚莹,邬定荣,等,2019.中国小麦干热风灾害研究进展[J].应用气象学报,30(2):129-141.

贾金明,2002.黄河中下游小麦赤霉病气象指数的建立与应用[J].气象,28(3):50-53.

姜明波,翟顺国,王守强,等,2018.信阳地区小麦赤霉病发生与春季降水的相关性分析[J].河南农业科学,47(11):80-84.

姜雪,黄启凤,杨新宇,2023.辽宁省大豆根腐病病原菌的分离鉴定及其生物学特性和对常用杀菌剂的敏感性[J].植物保护学报,50(1):240-248.

姜延涛,许镭,段覆瑜,等,2015.品种混种控制小麦白粉病及其对小麦产量和蛋白质含量的影响[J].作物学报,41(2):276-285.

姜燕,霍治国,李世奎,等,2006.全国小麦条锈病长期预报模型比较研究[J].自然灾害学报,15(6):109-113.

姜玉英,2006.雷达监测农作物迁飞性害虫研究与应用前景[J].中国植保导刊,26(4):17-18.

姜玉英,刘杰,谢茂昌,等,2019.2019年我国草地贪夜蛾扩散为害规律观测[J].植物保护,45(6):10-19.

姜玉英,刘杰,吴秋琳,等,2021.我国草地贪夜蛾冬繁区和越冬区调查[J].植物保护,47(1):212-217.

靳然,李生才,2015.基于小波神经网络的麦蚜发生程度预测模型[J].昆虫学报,58(8):893-903.

赖成光,陈晓宏,赵仕威,等,2015.基于随机森林的洪灾风险评价模型及其应用[J].水利学报,46(1):58-66.

雷文斌,2014.南方水稻黑条矮缩病毒对其介体昆虫发育、繁殖和取食行为的影响[D].北京:中国农业科学院.

李伯宁,周益林,段霞瑜,2008.小麦白粉病与温度的定量关系研究[J].植物保护,34(3):22-25.

李晶晶,2011.夜间温度升高对小麦蚜虫实验种群的影响[D].杨凌:西北农林科技大学.

李娟,2023.小麦赤霉病流行原因及防治方法[J].农村新技术(9):27-28.

李克斌,杜光青,尹娇,等,2014.利用吸虫塔对麦长管蚜迁飞活动的监测[J].应用昆虫学报,51(6):1504-1515.

李世奎,1999.中国农业灾害风险评价与对策[M].北京:气象出版社.

李世奎,霍治国,王素艳,等,2004.农业气象灾害风险评估体系及模型研究[J].自然灾害学报,13(1):77-87.

李韬,郑飞,秦胜男,等,2016.小麦 - 黑麦易位系 T1BL·1RS 在小麦品种中的分布及其与小麦赤霉病抗性的关联[J].作物学报,42(3):320-329.

李腾,2022.BnGLIP1.CO7 基因在油菜菌核病抗性中的功能及调控机制研究[D].苏州:江苏大学.

李祥瑞,陈智勇,巴吐西,等,2022.短时高温暴露对草地贪夜蛾存活及生殖的影响[J].植物保护,48(1):90-96.

李欣诺,王丽艳,张海燕,等,2015.不同温度下亚洲玉米螟实验种群生命表[J].湖北农业科学,54(08):1869-872.

李迅,肖悦岩,刘万才,等,2002.小麦白粉病地理空间分布特征[J].植物保护学报,29(1):41-46.

李祎君,王春乙,赵蓓,等,2010.气候变化对中国农业气象灾害与病虫害的影响[J].农业工程学报,26(Supp.1):263-271.

李云瑞,2006.农业昆虫学[M].北京:高等教育出版社:119-124

梁沛,谷少华,张雷,等,2020.我国草地贪夜蛾的生物学、生态学和防治研究概况与展望[J].昆虫学报,63(5):624-638.

林伟,徐森锋,权永兵,等,2019.基于 MaxEnt 模型的草地贪夜蛾适生性分析[J].植物检疫,33(4):69-73.

刘芳菊,2012.杨凌地区小麦蚜虫发生规律及大发生原因与控制技术[J].陕西农业科学(5):159-161.

刘杰,姜玉英,曾娟,等,2016.2015 年我国玉米南方锈病重发特点和原因分析[J].中国植保导刊,36(5):44-47.

刘可,沈丽,2002.四川地区小麦条锈病大流行特点及原因分析[J].西南农业大学学报,24(4):299-302.

刘明春,蒋菊芳,史志娟,等,2009.小麦蚜虫种群消长气象影响成因及预测[J].中国农业气象,30(3):440- 444.

刘宁,文丽萍,何康来,等,2005.不同地理种群亚洲玉米螟抗寒力研究[J].植物保护学报(2):163-168.

刘宁,文丽萍,王振营,等,2006.光周期和温度对亚洲玉米螟不同地理种群的滞育诱导作用[C].科技创新与绿色植保——中国植物保护学会 2006 学术年会论文集,254-258.

刘绍友,1990.农业昆虫学[M].杨凌:天则出版社:96-98.

刘思峰,党耀国,方志耕,等,2010.灰色系统理论及其应用(第 5 版)[M].北京:科学出版社.

刘小宁,刘海坤,黄玉芳,等,2015.施氮量、土壤和植株氮浓度与小麦赤霉病的关系[J].植物营养与肥料学报,21(2):306-317.

刘晓飞,胡劲骢,陈鹏,等,2021.云南草地贪夜蛾发生规律、主要影响因子及防控对策[J].云南大学学报(自然科学版),43(1):190-197.

刘芸芸,李维京,艾婉秀,等,2012.月尺度西太平洋副热带高压指数的重建与应用[J].应用气象学报,23(4):414-423.

芦芳,翟保平,胡高,2013.昆虫迁飞研究中的轨迹分析方法[J].应用昆虫学报,50(3):853-862.

鲁新,1997.亚洲玉米螟大发生的因素及预测预报[J].吉林农业科学(1):44-48.

鲁新,周大荣,李建平,1997.亚洲玉米螟化性与抗寒能力的关系[J].玉米科学,5(4):72-73,77.

鲁新,周大荣,李建平,1998.亚洲玉米螟越冬幼虫化性与复苏后发育历期的关系[J].玉米科学(S1):100-102.

鲁新,张国红,李丽娟,等,2005.吉林省亚洲玉米螟的发生规律[J].植物保护学报(3):241-245.

鲁新,周淑香,李雨娟,等,2015.吉林省不同地区亚洲玉米螟发生世代的变化[J].植物保护学报,42(6):978-984.

陆永跃,黄德超,章玉苹,2020.草地贪夜蛾监测与防治技术手册[M].广州:华南理工大学出版社.

罗盛富,黄志农,1983.稻纵卷叶螟生物学特性研究[J].昆虫知识,20(1):7-11.

马飞,许晓风,张夕林,等,2002.相空间重构与神经网络融合预测模型及其在害虫测报中的应用[J].生态学报,22(8):1297-1301.

马舒庆,陈洪滨,王国荣,等,2019.阵列天气雷达设计与初步实现[J].应用气象学报,30(1):1-12.

马玉芬,陆辉,刘海涛,2015.HYSPLIT 模式轨迹计算误差分析[J].南京信息工程大学学报(自然科学版),7(1):86-91.

马占鸿,2018.中国小麦条锈病研究与防控[J].植物保护学报,45(1):1-6.

马占鸿,孙秋玉,李磊福,等,2022.我国玉米南方锈病研究进展[J].植物保护学报,49(1):276-282.

毛留喜,魏丽,编著,2015.大宗作物气象服务手册[M].北京:气象出版社:8.

明章勇,王保通,周益林,等,2012.2009 年我国部分麦区小麦白粉病菌群体对温度的敏感性研究[J].植物病理学报,42(3):290-296.

莫建飞,陆甲,李艳兰,等,2012.基于 GIS 的广西农业暴雨洪涝灾害风险评估[J].灾害学,27(1):37-43.

牟吉元,1995.农业昆虫学[M].北京:中国农业科技出版社:225-237.

农业部种植业管理司,2020.玉米大斑病测报技术规范:NY/T 3546—2020[S].北京:中国农业出版社.

农业部种植业管理司,2002a.小麦蚜虫测报调查规范:NY/T 612—2002[S].北京:中国农业出版社.

农业部种植业管理司,2002b.小麦白粉病测报调查规范:NY/T 613—2002[S].北京:中国农业出版社.

农业农村部种植业管理司,2021.草地贪夜蛾测报技术规范:NY/T 3866—2021[S].北京:中国农业出版社:1-11.

农业农村部种植业管理司,全国农业技术推广服务中心,2021.一类农作物病虫害防控技术手册[M].北京:中国农业出版社.

蒲崇建,刘卫红,陈臻,2012.小麦条锈病中长期流行趋势预测方法探讨[J].植物病理学报,42(5):556-560.

齐国君,芦芳,高燕,等,2011.稻纵卷叶螟2010年的一次迁飞过程及其虫源分析[J].昆虫学报,54(10):1194-1203.

齐国君,马健,胡高,等,2019.首次入侵广东的草地贪夜蛾迁入路径及天气背景分析[J].环境昆虫学报,41(3):488-496.

钱拴,霍治国,2007.大气环流对中国稻飞虱为害的影响及其预测[J].气象学报,65(6):994-1002.

乔玉强,曹承富,赵竹,等,2013.秸秆还田与施氮量对小麦产量和品质及赤霉病发生的影响[J].麦类作物学报,33(4):727-731.

秦誉嘉,蓝帅,赵紫华,等,2019.迁飞性害虫草地贪夜蛾在我国的潜在地理分布[J].植物保护,45(4):43-47.

秦钟,章家恩,骆世明,等,2011.温度影响下的稻纵卷叶螟实验种群动态的系统动力学模拟[J].中国农业气象,32(2):303-310.

全国农业技术推广服务中心,2015.农作物重大病虫害监测预警工作年报(2014)[M].北京:中国农业出版社.

全国农业技术推广服务中心,2016.农作物重大病虫害监测预警工作年报(2015)[M].北京:中国农业出版社.

全国气象防灾减灾标准化技术委员会,2018.中国气象产品地理分区:GB/T 36109—2018.北京:中国标准出版社.

任三学,赵花荣,齐月,等,2020.气候变化背景下麦田沟金针虫爆发性发生为害[J].应用气象学报,31(5):620-630.

沈丽,罗林明,陈万权,等,2008.四川省小麦条锈病流行区划及菌源传播路径分析[J].植物保护学报,35(3):200-226.

施能,魏凤英,封国林,等,1997.气象场相关分析及合成分析中蒙特卡洛检验方法及应用[J].南京气象学院学报,20(3):355-359.

石礼娟,卢军,2017.基于随机森林的玉米发育程度自动测量方法[J].农业机械学报,48(1):169-174.

石守定,马占鸿,王海光,等,2004.应用GIS和地统计学研究小麦条锈病菌越冬范围[J].植物保护学报,17(2):253-256.

史培军,1991.灾害研究的理论与实践[J].南京大学学报(11):37-42.

史培军,1996.再论灾害研究的理论与实践[J].自然灾害学报,5(4):6-17.

史培军,2002.三论灾害研究的理论与实践[J].自然灾害学报,11(3):1-9.

史培军,2005.四论灾害系统研究的理论与实践[J].自然灾害学报,14(6):1-7.

史培军,2009.五论灾害系统研究的理论与实践[J].自然灾害学报,18(5):1-9.

史培军,吕丽莉,汪明,等,2014.灾害系统:灾害群、灾害链、灾害遭遇[J].自然灾害学报,23(6):1-12.

孙立德,孙虹雨,著,2015.农业病虫害气象学[M].沈阳:辽宁科学技术出版社.

孙崑,程志加,高月波,等,2018.三代黏虫成虫迁飞的雷达观测与分析[J].应用昆虫学报,55(2):160-167.

汤志成,高苹,1996.作物产量预报系统[J].中国农业气象,17(2):49-52.

唐为安,田红,杨元建,等,2012.基于GIS的低温冷冻灾害风险区划研究——以安徽省为例[J].地理科学,32(3):356-361.

陶法,官莉,张雪芬,等,2020.Ka波段云雷达晴空回波垂直结构及变化特征[J].应用气象学报,31(6):719-728.

田俊,霍治国,2018.江西省早稻雨洗花灾害指标构建与灾损评估[J].应用气象学报,29(6):657-666.

宛琼,丁克坚,段霞瑜,等,2010.2008年我国部分麦区小麦白粉病菌群体对温度的敏感性[J].植物病理学报,40(1):106-109.

万素琴,任永健,刘志雄,等,2012.湖北省稻飞虱迁入峰高峰日后向轨迹模拟分析[J].气象,38(12):1538-1545.

王超,阚瑷珂,曾业隆,等,2019.基于随机森林模型的西藏人口分布格局及影响因素[J].地理学报,74(4):664-680.

王春乙,王石立,霍治国,等,2005.近10年来中国主要农业气象灾害监测预警与评估技术研究进展[J].气象学报,63(5):659-671.

王纯枝,张蕾,郭安红,等,2019.基于大气环流的稻纵卷叶螟气象预测模型[J].应用气象学报,30(5):565-576.

王纯枝,霍治国,张蕾,等,2020.北方地区小麦蚜虫气象适宜度预报模型构建[J].应用气象学报,31(3):280-289.

王纯枝,霍治国,郭安红,等,2021.中国北方冬小麦蚜虫气候风险评估[J].应用气象学报,32(2):160-174.

王翠花,包云轩,王建强,等,2006.2003年稻纵卷叶螟重大迁入过程的大气动力机制分析[J].昆虫学报,49(4):604-612.

王建新,周明国,陆悦健,等,2002.小麦赤霉病菌抗药性群体动态及治理药剂[J].南京农业大学学报,25(1):43-47.

王丽,2012.冬小麦白粉病发生气象条件预报预警和评价技术研究[D].北京:中国气象科学研究院.

王利民,刘佳,杨玲波,等,2018.随机森林方法在玉米-大豆精细识别中的应用[J].作物学报,44(4):569-580.

王连喜,王田,李琪,等,2019.基于作物水分亏缺指数的河南省冬小麦干旱时空特征分析[J].江苏农业科学,47(12):83-88.

王龙俊,丁艳峰,郭文善,等,2017.农事实用旬历手册.3版[M].南京:江苏凤凰科学技术出版社.

王锐,张帆,胡程,等,2021.迁飞昆虫生物学参数反演及种类辨识分析[J].应用昆虫学报,58(3):
  565-578.

王维玮,张淑萍,2016.全球变暖引起的物候不匹配及生物的适应机制[J].生态学杂志,35(3):
  808-814.

王秀美,牟少敏,时爱菊,等,2016.局部支持向量回归在小麦蚜虫预测中的研究与应用[J].山东农
  业大学学报(自然科学版),47(1):52-56.

王秀娜,段霞瑜,周益林.2011.小麦品种多样性对白粉病及产量和蛋白质的影响[J].植物病理学
  报,41(3):285-294.

王玉洁,周波涛,任玉玉,等,2016.全球气候变化对我国气候安全影响的思考[J].应用气象学报,
  27(6):750-758.

王月,张强,顾西辉,等,2016.淮河流域夏季降水异常与若干气候因子的关系[J].应用气象学报,
  27(1):67-74.

王振营,周大荣,宋彦英,等,1995.亚洲玉米螟一、二代成虫扩散规律研究[J].植物保护学报(1):
  7-11.

王忠跃,1989.主要气象因素对亚洲玉米螟存活和繁殖的影响[D].北京:中国农业科学院研究
  生院.

吴传钧,2001.中国土地利用图(1:400万)[M].北京:测绘出版社.

吴春艳,李军,姚克敏,2003.小麦赤霉病发病程度的预测[J].中国农业气象,24(4):19-22.

吴福婷,符淙斌,2013.全球变暖背景下不同空间尺度降水谱的变化[J].科学通报,58(8):664-673.

吴华新,金珠群,韩敏晖,2003.用马尔可夫链分析法预测棉铃虫发生趋势[J].浙江农业学报(6):
  33-36.

吴孔明,2020.中国草地贪夜蛾的防控策略[J].植物保护,46(2):1-5.

吴孔明,杨现明,赵胜园,等,2020.草地贪夜蛾防控手册[M].北京:中国农业科学技术出版社:
  19-29.

吴敏金,1990.函数的百分位值与序化及其作用[J].华东师范大学学报(自然科学版),2:54-63.

徐敏,吴洪颜,张佩,等,2018.基于气候适宜度的江苏水稻气候年景预测方法[J].气象,44(9):
  1220-1227.

吴秋琳,姜玉英,吴孔明,2019a.草地贪夜蛾缅甸虫源迁入中国的路径分析[J].植物保护,45(2):
  1-6.

吴秋琳,姜玉英,胡高,等,2019b.中国热带和南亚热带地区草地贪夜蛾春夏两季迁飞轨迹的分析
  [J].植物保护,45(3):1-9.

吴秋琳,姜玉英,刘媛,等,2022.草地贪夜蛾在中国西北地区的迁飞路径[J].中国农业科学,55
  (10):1949-1960.

吴孝情,赖成光,陈晓宏,等,2017.基于随机森林权重的滑坡危险性评价:以东江流域为例[J].自
  然灾害学报,26(5):119-129.

仵均祥,1999.农业昆虫学[M].西安:世界图书出版公司.

武英鹏,原宗英,李颖,等,2009.小麦白粉病抗性基因在山西省的有效性评价[J].麦类作物学报,
  29(6):1105-1109.

冼晓青,翟保平,张孝羲,等,2007.江苏沿江和江淮区褐飞虱前期迁入量与太平洋海温场的遥相关及其可能机制[J].昆虫学报,50(6):578-587.

肖晶晶,霍治国,李娜,等,2011.小麦赤霉病气象环境成因研究进展[J].自然灾害学报,20(2):146-152.

肖靖秀,曾广飞,汤利,等,2011.小麦/蚕豆间作条件下硅对小麦白粉病发生的影响[J].中国农学通报,27(1):229-233.

徐敏,高苹,刘文菁,等,2017.水稻稻曲病气象等级预报模型及集成方法[J].江苏农业科学,45(17):95-98.

徐敏,高苹,徐经纬,等,2019.江苏省小麦赤霉病综合影响指数构建及时空变化特征[J].生态学杂志,38(6):1774-1782.

徐雅,2014.基于GIS技术的主要气象灾害风险评估技术研究[D].南宁:广西师范学院.

徐云,高苹,缪燕,等,2016.江苏省小麦赤霉病气象条件适宜度判别指标[J].江苏农业科学,44(8):188-192.

许红星,许云峰,耿立格,等,2011.我国小麦农家品种和近缘种对白粉病的苗期抗性[J].中国生态农业学报,19(5):1210-1214.

晏红明,王灵,2019.西北太平洋副高东西变动与西南地区降水的关系[J].应用气象学报,30(3):360-375.

杨效文,1991.麦长管蚜穗型蚜研究初报[J].华北农学报,6(2):103-107.

姚革,蒋滨,田承权,等,2004.四川省小麦条锈病持续流行原因及防治对策[J].西南农业学报,17(2):253-256.

姚克兵,庄义庆,尹升,等,2018.江苏小麦赤霉病综合防控关键技术研究[J].植物保护,44(1):205-209.

姚树然,霍治国,董占强,等,2013a.基于逐时温湿度的小麦白粉病指标与模型[J].生态学杂志,32(5):1364-1370.

姚树然,霍治国,司丽丽,2013b.基于经验法则的小麦白粉病气候年型分析[J].生态学杂志,32(4):981-986.

姚玉璧,杨金虎,肖国举,等,2018.气候变暖对西北雨养农业及农业生态影响研究进展[J].生态学杂志,37(7):2170-2179.

叶彩玲,霍治国,丁胜利,等,2005.农作物病虫害气象环境成因研究进展[J].自然灾害学报,14(1):90-97.

叶涛,史培军,王静爱,2014.种植业自然灾害风险模型研究进展[J].保险研究(10):12-23.

于彩霞,霍治国,张蕾,等,2014.中国稻飞虱发生的大气环流指示指标[J].生态学杂志,33(4):1053-1060.

于彩霞,霍治国,黄大鹏,等,2015.基于大尺度因子的小麦白粉病长期预测模型[J].生态学杂志,34(3):703-711.

郁振兴,武予清,蒋月,等,2011.利用HYSPLIT模型分析麦蚜远距离迁飞前向轨迹[J].生态学报,31(3):889-894.

袁福香,刘实,郭维,等,2008.吉林省一代玉米螟发生的气象条件适宜程度等级预报[J].中国农业气象,29(4):477- 480.

吉林省气象局,2017.玉米螟发生气象等级:DB 22/T 2729—2017[S].长春:吉林科学技术出版社.

曾晓葳,骆勇,周益林,等,2008.基于小麦白粉病菌 rDNA ITS 序列的 PCR 分子检测[J].植物病理学报,38(2):211-214.

翟保平,1999.追踪天使——雷达昆虫学 30 年[J].昆虫学报,42(3):315-326.

张福山,2007.植物保护对中国粮食生产安全影响的研究[D].福州:福建农林大学.

张汉琳,1987.气象因素与麦类赤霉病群体流行波动的研究[J].气象学报,45(3):338-345.

张红梅,尹艳琼,赵雪晴,等,2020.草地贪夜蛾在不同温度条件下的生长发育特性[J].环境昆虫学报,42(1):52-59.

张洪刚,何康来,王振营,等,2009.光周期和温度对亚洲玉米螟不同地理种群的滞育诱导反应[C]//中国植物保护学会 2009 年学术年会论文集:1038.

张雷,刘世荣,孙鹏森,等,2011a.气候变化对马尾松潜在分布影响预估的多模型比较[J].植物生态学报,35(11):1091-1105.

张雷,刘世荣,孙鹏森,等,2011b.气候变化对物种分布影响模拟中的不确定性组分分割与制图:以油松为例[J].生态学报,31(19):5749-5761.

张磊,靳明辉,张丹丹,等,2019.入侵云南草地贪夜蛾的分子鉴定[J].植物保护,45(2):19-24.

张蕾,霍治国,王丽,等,2012.气候变化对中国农作物虫害发生的影响[J].生态学杂志,31(6):1499-1507.

张蕾,霍治国,王丽,等,2015.河北省小麦白粉病发生气象等级动态预警[J].生态学杂志,34(9):2489-2497.

张蕾,郭安红,王纯枝,2016a.小麦白粉病气候风险评估[J].生态学杂志,35(5):1330-1337.

张蕾,杨冰韵,2016b.北方冬小麦不同生育期干旱风险评估[J].干旱地区农业研究,34(4):274-280,286.

张润杰,何新凤,1997.气候变化对农业害虫的潜在影响[J].生态学杂志,16(6):36-40.

张万民,马辉,洪晓燕,等,2017.东北玉米螟 2 代发生区绿色防控技术集成和管理模式探讨[J].中国植保导刊,37(2):77-80.

张孝羲,翟保平,牟吉元,等,1985.昆虫生态及预测预报[M].北京:中国农业出版社.

张旭辉,高苹,居为民,等,2008.小麦赤霉病气象等级预报模式研究[J].安徽农业科学,36(23):10030-10032.

张旭晖,高苹,居为民,等,2009.小麦赤霉病气象条件适宜程度等级预报[J].气象科学,29(4):552-556.

张志涛,1992.昆虫迁飞与昆虫迁飞场[J].植物保护,18(1):48-50.

张柱亭,李静,孙嵬,等,2013.干旱和洪涝灾害对亚洲玉米螟种群动态的影响[J].玉米科学,21(1):141-143.

赵圣菊,1981.东亚地区低层大气环流季节性变化与黏虫远距离迁飞[J].生态学报,1(4):315-326.

中国农业科学院植物保护研究所,中国植物保护学会,2015.中国农作物病虫害(上册)[M].北京:中国农业出版社.

中国农作物病虫害编辑委员会,1979.中国农作物病虫害(上册)[M].北京:农业出版社.

中国气象局,2015.中国气象灾害年鉴(2014年)[M].北京:气象出版社.

中华人民共和国农业部,2007.东亚飞蝗测报技术规范:GB/T 15803—2007[S].北京:中国标准出版社.

中华人民共和国农业部,2009a.稻飞虱测报调查规范:GB/T 15794—2009[S].北京:中国标准出版社.

中华人民共和国农业部,2009b.稻瘟病测报调查规范:GB/T 15790—2009[S].北京:中国标准出版社.

中华人民共和国农业部,2011a.稻纵卷叶螟测报技术规范:GB/T 15793—2011[S].中国标准出版社.

中华人民共和国农业部,2011b.稻纹枯病测报技术规范:GB/T 15791—2011[S].北京:中国标准出版社.

中华人民共和国农业部 2011c.小麦条锈病测报技术规范:GB/T 15795—2011[S].北京:中国标准出版社.

中华人民共和国农业部,2011d.小麦赤霉病测报技术规范:GB/T 15796—2011[S].北京:中国标准出版社.

中华人民共和国农业部,2011e.油菜菌核病测报技术规范 NY/T 2038—2011[S].北京:中国农业出版社.

中华人民共和国农业部种植业管理司,2010.马铃薯晚疫病测报技术规范:NY/T 1854-2010[S].北京:中国农业出版社.

仲凤翔,邰德良,梅爱中,等,2013.2012年小麦赤霉病大流行原因及防治对策[J].植物医生,26(1):4-5.

周广胜,何奇瑾,汲玉河,2016.适应气候变化的国际行动和农业措施研究进展[J].应用气象学报,27(5):527-533.

周树堂,王俊章,1991.河南小麦病虫害的演变和趋势[J].病虫测报(2):49-51.

周伟奇,王世新,周艺,等,2004.草原火险等级预报研究[J].自然灾害学报,13(2):75-79.

周益林,段霞瑜,陈刚,等,2002.40个小麦优良品种资源的抗白粉病基因推导[J].植物病理学报,32(4):301-305.

祝新建,2009.气候变化对农作物产量和病虫害的影响—以河南省获嘉县为例[J].安徽农业科学,37(15):7062-7064.

AWMACK C S,HARRINGTON R,LEATHER S R,1997. Host plant effects on the performance of the aphid 91Aulacorthum solani(Homoptera:Aphididae)at ambient and elevated CO_2[J]. Global Change Biology,3:545-549.

BENDER J,WEIGEL H J,2011. Changes in atmosphericchemistry and crop health:a review[J]. Agron Sustain Dev,31:81-89.

BIAU G,2012. Analysis of a random forests model[J]. The Journal of Machine Learning Research,13(1):1063-1095.

BREIMAN Breiman L,2001. Random forests[J]. Machine Learning,45(1):5-32.

CABI(Centre for Agriculture and Bioscience International),2016. Spodoptera frugiperda(fall armyworm)[M]. Wallingford,UK:CAB International.

CAO X R,DUAN X Y,ZHOU Y L,et al.,2011. Dynamics in concentrations of Blumeriagraminis f. sptritici conidia and its relationship to local weather conditions and disease index in wheat[J]. European Journal of Plant Pathology,132:525-535.

CHANCELLOR T, KUBIRIBA J, 2006. The effects of climate change on infectious diseases of plants[M]. Foresight project"Infectious diseases:preparing for the future". Department of Trade and Industry,UK Government.

CLEVELAND W S, DEVLIN S J, 1988. Locally weighted regression:an approach to regression analysis by local fitting[J]. Journal of American Statistical Association,83:596-610.

CRUZ-ESTEBAN S,ROJAS J C, Sánchez-Guillén D, et al.,2018. Geographic variation in pheromone component ratio and antennal responses,but not in attraction,to sex pheromones among fall armyworm populations infesting corn in Mexico[J]. Journal of Pest Science,91:973-983.

DONNELLY S,WALSH D,1996. Quality of life assessment in advanced cancer[J]. Journal of palliative medicine,10(4):275-283.

DRAKE V A,1994. The influence of weather and climate on agriculturally important insects:an Australian Perspective[J]. Australian Journal of Agricultural Research,45(3):487-509.

DRAKE V A,WANG H K,HARMAN I T,2002. Insect monitoring radar:Remote and network operation[J]. Computers and Electronics in Agriculture,35(2/3):77-94.

DRAKE V A,REYNOLDS D R,2012. Radar entomology:Observing insect flight and migration[J]. Radar Entomology Observing Insect Flight& Migration,27(2):282-311.

DRAXLER R R,1996. Boundary layer isentropic and kinematic trajectories during the August 1993 North Atlantic regional experiment intensive[J]. Journal of Geophysical Research,101(D22):29255-29268.

DRAXLER R R,HESS G D,1998. An overview of the HYSPLIT 4 modeling system for trajectories,dispersion,and deposition[J]. Australian Meteorological Magazine,47:295-308.

ESCUDERO M, STEIN A, DRAXLER R R, et al.,2006. Determination of the contribution of northern Africa dust source areas to PM10 concentrations over the central Iberian Peninsula using the Hybrid Single-Particle Lagrangian Integrated Trajectory model(HYSPLIT)[J]. Journal of Geophysical Research(Atmosphere),111(D6),doi:10.1029/2005JD006395.

EVERSMEYER M G,KRAMER C L,1998. Models of early spring survival of wheat leaf rust in the central Great Plains[J]. Plant Dis,82:987-991.

FAO,2018. Fall armyworm keeps spreading and becomes more destructive [EB/OL]. (2018-06-28)[2022-09-20]. https://www.fao.org/news/story/en/item/1142085/icode/.

Gu L,LI M,WANG G,et al.,2019. Multigenerational heat acclimation increases thermal tolerance and expression levels of Hsp70 and Hsp90 in the rice leaf folder larvae[J]. Journal of Thermal Biology,81:103-109.

HAN J W,KAMBER M,2007. 数据挖掘:概念与技术[M]. 范明,孟小峰译. 北京:机械工业出版社,488pp.

HARTMANN D L, TANK A M G K, RUSTICUCCI M, 2013. Working Group Ⅰ Contribution to the IPCC Fifth Assessment Report, Climate Change 2013: The Physical Science Basic[M]. Cambridge: Cambridge University Press: 1535.

HUANG Q X, HSAM S L K, ZELLER F J, et al. , 2000. Molecular mapping of the wheat powdery mildew resistance gene Pm24 and marker validation for molecular breeding[J]. Theo Appl Genet, 101: 407-414.

IUGS, 1997. Quantitative Risk Assessment for Slopes and Landslides—the State of the Art[C]// Cruden D M et al. , eds. Landslide Risk Assessment. Rotterdam: Balkema.

IVERSON L R, PRASAD A M, MATTHEWS S N, et al. , 2008. Estimating potential habitat for 134 eastern US tree species under six climate scenarios[J]. Forest Ecology and Management, 254 (3): 390-406.

JONES D G, Clifford B C, 1983. Cereal disease. Their pathology and control. 2nd ed[M]. John Wiley & Sons, New York.

JUROSZEK P, TIEDEMANN AV, 2013. Climate change and potential future risks through wheat diseases: A review[J]. European Journal of Plant Pathology, 136: 21-33.

LACKERMANN K V, CONLEY S P, GASKA J M, et al. , 2011. Effect of location, cultivar, and diseases on grain yield of soft red winter wheat in Wisconsin[J]. Plant Dis, 95: 1401-1406.

LI C, LIAO JH, YA YK, et al. , 2022. Analysis of potential distribution of Spodoptera frugiperda in western China[J]. Journal of Asia-Pacific Entomology, 25: 101985.

LI N, JIA S F, WANG X N, et al. , 2012. The effect of wheat mixtures on the powdery mildew disease and some yield components[J]. J Integr Agr, 11: 611-620.

LI X J, WU M F, MA J, et al. , 2020. Prediction of migratory routes of the invasive fall armyworm in eastern China using a trajectory analytical approach[J]. Pest Management Science, 76: 454-463.

LIU R X, KUANG J, GONG Q, et al. , 2003. Principal component regression analysis with SPSS [J]. Computer Methods and Programs in Biomedicine, 71(2): 141-147.

LOBELL D B, SCHLENKER W, COSTA-ROBERTS J, 2011. Climate trends and global crop production since 1980[J]. Science, 333: 616-620.

LOPEZ J A, ROJAS K, SWART J, 2015. The economics of foliar fungicide applications in winter wheat in Northeast Texas[J]. Crop Prot. 67: 35-42.

LUGINBILL P, 1928. The fall armyworm[J]. USDA Technical Bulletins, 34: 1-91.

PARK H H, AHN J J, PARK C G, 2014. Temperature-dependent development of Cnaphalocrocis medinalis Guenée(Lepidoptera: Pyralidae)and their validation in semi-field condition[J]. Journal of Asia-Pacific Entomology, 17: 83-91.

PETAK W J, ATKISSON A A, 1993. 自然灾害风险评价与减灾对策[M]. 向立云, 等译. 北京: 地震出版社, 10- 40.

PRETTY J, 2008. Agricultural sustainability: Concepts, principles and evidence[J]. Philos Trans R Soc B, 363: 447-465.

RAXLER R R, 1995. Meteorological factors of ozone predictability at Houston, Texas[J]. Journal of the Air & Waste Management Association,50(2):259-271.

ROLPH G D,DRAXLER R R,DE PENA R G,1992. Modeling sulfur concentrations and depositions in the United States during ANATEX[J]. Atmospheric Environment,26(1):73-93.

SCHLEMMER M,2018. Effect of temperature on development and reproduction of Spodoptera frugiperda(Lepidoptera:Noctuidae)[D]. Evanston:North-West University.

SPARKS AN,1979. A review of the biology of the fall Armyworm[J]. The Florida Entomologist, 62:82-87.

SUN Q,LI L,GUO F,et al. ,2021. Southern corn rust caused by Puccinia polysora Underw:a review[J]. Phytopathology Research,3:25. https://doi. org/10. 1186/s42483-021-00102-0.

SUN X X,HU C X,JIA H R,et al. ,2021. Case study on the first immigration of fall armyworm, Spodoptera frugiperda invading into China[J]. Journal of Integrative Agriculture,20:664-672.

TEBEEST D E,PAVELEY N D,SHAW M W,et al. ,2008. Disease-weather relationships for powdery mildew and yellow rust on winter wheat[J]. Phytopathology,98:609-617.

UNISDR,2004. Living with Risk. A Global Review of Disaster Reduction Initiatives[M]. Geneva: United Nations Publication.

VERIKAS A,GELZINIS A,BACAUSKIENE M,2011. Mining data with random forests:a survey and results of new tests[J]. Pattern Recognition,44(2):330-349.

WAN N,JI X,CAO L,et al. ,2015. The occurrence of rice leaf roller, Cnaphalocrocis medinalis Guenée in the large-scale agricultural production on Chongming Eco-island in China[J]. Ecological Engineering,77:37-39.

WANG R L,JIANG C X,GUO X,et al. ,2020. Potential distribution of Spodoptera frugiperda(J. E. Smith)in China and the major factors influencing distribution[J]. Global Ecology. and Conservation,21:e00865.

WEST J S,TOWNSEND J A,STEVENS M,et al. ,2012. Comparative biology of different plant pathogens to estimate effects of climate change on crop diseases in Europe[J]. Eur J Plant Pathol, 133:315-331.

WESTBROOK J,NAGOSHI R,MEAGHER R,et al. ,2016. Modeling seasonal migration of fall armyworm moths[J]. International Journal of Biometeorology,60:255-267.

WIESE M V,1987. Compendium of wheat diseases. 2nd ed[M]. American Phytopathological Society,St. Paul,MN.

WIIK L,EWALDZ T,2009. Impact of temperature and precipitation on yield and plant diseases of winter wheat in southern Sweden 1983-2007[J]. Crop Prot,28:952-962.

WOHLLEBEN S,2004. Plant diseases and pest insects in organic arable crops:first results of a field experimentin 2003[J]. Gesunde Pflanzen,56:17-26.

WOLF W W,WESTBROOK J K,RAULSTON J,et al. ,1990. Recent airborne radar observations of migrant pests in the United States. Phil[J]. Trans R Soc Lond,B328:619-630.

WOLF W W,WESTBROOK J K,RAULSTON J,et al. ,1995. Radar observation of orientation of noctuids migrating from corn fields in the Lower Rio Grande Valley[J]. Southwestern Entomologist Supplement(USA),18:45-61.

WU QL,HE L M,SHEN X J,et al. ,2019. Estimation of the potential infestation area of newly-invaded fall armyworm Spodoptera frugiperda in the Yangtze River Valley of China[J]. Insects,9: 2075-4450.

YUAN L,HUANG Y B,LORAAMM R W,et al. ,2014. Spectral analysis of winter wheat leaves for detection and differentiation of diseases and insects[J]. Field Crops Research,156:199-207.

ZHANG J C,PU R P,WANG J H,et al. ,2012. Detecting powdery mildew of winter wheat using leaf level hyperspectral measurements[J]. Computers and Electronics in Agriculture,85:13-23.

ZHANG K,PAN Q,YU D,et al. ,2019. Systemically modeling the relationship between climate change and wheat aphid abundance[J]. Science of The Total Environment,674:392-400.

ZHANG L,LIU B,ZHENG W,et al. ,2020. Genetic structure and insecticide resistance characteristics of fall armyworm populations invading China [J]. Molecular Ecology Resources, 20: 1682-1696.

ZHANG L,YANG B,LI S,et al. ,2017. Disease-weather relationships for wheat powdery mildew under climate change in China[J]. The Journal of Agricultural Science,155:1239-1252.